複利的本質

ONE THOUSAND WAYS TO MAKE

$1000

F.C·米納克 F.C. MINAKER——著　　溫澤元——譯

賺1,000美元的1,000種方法
啟蒙股神巴菲特致富心態的第一本書，
讓人生持續複利的雪球式思考

Contents

01

開創事業的第一步

HOW TO START YOUR OWN BUSINESS

複利的本質

開始賺錢的方法就是實際展開行動。

古斯塔夫斯・史威夫特（Gustavus Swift）一開始只是一位穿著過膝馬褲的年輕人，但當他將第一頭小牛完整屠宰、賣給鱈魚角（Cape Cod）的漁民時，就替世上最大的肉品包裝業務奠定基礎了。賺錢以及自己做生意的欲望，是年輕史威夫特的動力。在巴恩斯特布爾（Barnstable），大家都知道史威夫特是個積極進取的青年。所以當他有了賺錢的渴望，自然沒有把時間浪費在等待與盼望上，而是鼓起勇氣在父親的後院開始做起屠宰牛肉生意。

　　當然，巴恩斯特布爾也有其他想賺錢的年輕人。不過當他們還在思考怎麼樣才能賺到錢的時候，史威夫特早就解開這個死結。他覺得要賺錢就得工作。不過這種賺錢方式並不輕鬆，他很有可能在將小牛屠宰處理後卻賣不出去。由於鱈魚角當時還是一個「分散」的地區，他得走上幾公里的路來推銷肉品。但史威夫特不以為意。他想賺錢。屠宰、走路跟冒險對他來說都很有趣。就是因為他把賺錢當成樂趣而非工作，後來才能到芝加哥展開偉大的史威夫特肉品分裝業務。他跟當今的一般年輕人非常不同。現在年輕人關心的，通常是如何過上舒適愜意的生活，而不是替自己的事業打下穩健基礎。做生意有太多限制了！所以他們把重心放在休閒享樂上，泰然自若地相信明天又是新的一天。有這種想法的不盡然都是年輕人，倘若這些人將放在享受美好人生這方面的心思，挪出一半來努力賺錢，他們就會變得很富有。

　　有些人願意工作，也確實很努力工作，但始終未能成功。這是因為他們缺乏目標。他們像是用霰彈槍獵捕大型獵物，射了很多發子彈，捕到的獵物卻很少。除了願意為了成功付出辛苦的代價，最重要的是擁有明確、清晰的目標。人都是先學會爬之後才能走，所以我們建議將目標定為 1,000 美元，並視為你的第一桶金。

　　讀到這裡，你可能會問為什麼要止步於 1,000 美元。為什麼不將目標定為 10 萬美元。雖然將目標定得很高不是壞事，但我們也不要好高騖遠。先設立一個你知道自己真的能達到的目標。實現第一個目標後，你可以接著思

考下一個目標是什麼。請謹記，開始經商之後會遇到各式各樣的挫折。儘管現在看起來很容易，兩個月後可能就不是如此。如果能設定一個觸手可及的目標，你將更有勇氣熬過這個令人氣餒的階段。

錢的故事

　　由於這本書的主旨是賺錢，而且會經常提到錢，所以我們必須對金錢有清楚明確的概念。錢本身沒有實際用途，不能拿來吃也不能拿來穿。除了用來換取你需要的物品，錢其實沒有其他功能。這就是為什麼大家都將錢稱為「交易媒介」。錢可以是任何東西。早期在西部，民眾將威士忌當成錢，大家都會說一座農場值好多桶的威士忌。印地安人用珠子來進行交換與買賣，曼哈頓島就是用幾顆珠子從印地安人那裡買來的。早在西元前，人類就首次將硬幣當成貨幣來使用。為了省去替每一枚硬幣秤重、確定價值的麻煩，政府在硬幣上壓印專屬戳章。這樣一來，民眾就能在買賣的過程中交換硬幣而無需使用磅秤。不過就連現在，英國的銀行也會將收到的金幣拿去秤重，來判斷金幣的磨損程度有多嚴重。

　　最早使用信用貨幣作為交易媒介的其中一個國家是英國。民眾將自己的白銀送到英國國庫，並且得到一根名叫符木（tally stick）的小木棍。根據他們借給政府的銀子「磅」數，政府會在棍子上刻出凹口。這種小木棍寬 0.75 英寸，長約 10 英寸（編按：1 英寸＝ 2.54 公分）。刻出凹口後，棍子會被分成兩半，一半掛在英國國庫，另一半則交給借出銀子的人。起先，這些小木棍只被當成收據，但經過一段時間，民眾開始拿這根棍棒換取自己需要的東西。後來，英國國庫發行了刻有凹口的小木棍，以此代表不同的白銀磅數，例如 1 磅、5 磅以及 20 磅等（編按：1 磅＝ 453.59237 克）。比起隨身攜帶

真正的白銀，這種方法輕鬆多了。最後，符木被紙本票據取代，而這就是我們目前使用的紙鈔前身。這種小木棍的最大優點在於每根棍棒的凹口都不一樣。所以，符木的持有者到國庫領白銀時，棍棒上的缺口就能證明他是這些銀子的擁有者。將貨幣發展推行到下一個階段的人，是著名蘇格蘭銀行家約翰・羅（John Law）。在他的構想中，貨幣是以各種資產為擔保（但通常沒有任何擔保物）的紙張。

我們必須了解當前貨幣制度的發展歷程，才能明白金錢在我們商業計畫中扮演的真正角色。決定要賺 1,000 美元時，你心裡想的並不是十張 100 美元的鈔票，而是能用這筆錢買到什麼東西。而那些拿錢跟你換取商品或服務的民眾也是這樣想的。大家口中都在談論錢，好像錢比一切都重要，但實際上你們是在交換服務。所以，能否成功賺到第一筆 1,000 美元的關鍵，在於你是否有能力製造或提供一些對社會有明確價值的東西。而且民眾對這些東西的需求，還要高過於他們用同等價值的錢換取其他東西的渴望。

在過去那段歲月，製造和銷售馬車是能賺錢的生意。單從數字上來看，開始做馬車生意似乎不是件壞事。但就連最不嚴謹的問卷調查也顯示出這是個愚蠢的主意。今日的社會大眾需要的是價格低廉的飛機、靠燃油運作的汽車，以及類似的發明。所以說，在其他條件相同的情況下，如果今天有兩個人要創業，一個生產馬車、另一個製造柴油汽車，做馬車的人或許可以靠這份生意勉強維生，但永遠不會賺大錢。他也不笨啊，甚至還有可能是個更好的生意人，但社會不願意用錢來換取更好的馬車。對民眾來說，他們更願意把錢拿去交換每加侖原油能跑 100 英里的汽車！（編按：1 英里 = 1.609344 公里）

賺錢的第一步

　　某些地區比其他地區擁有更多賺錢機會。比方說，在加州淘金熱期間，奧格登（Ogden）這位五金商人靠販賣鏟子而致富。由於許多人湧入西部到處挖金子，他立刻看出鏟子的需求會大增。於是，他寫信回東部，收購所有自己能買到的鏟子。要把鏟子賣掉很簡單，他需要做的就是告訴大家他有很多鏟子，探礦者就會以過高的價格從他那邊把鏟子買走。這種銷售方式不需要任何技巧，也不需要任何與商業原則相關的知識。如今淘金熱結束，民眾已在西部地區安頓下來。如果想在今日取得商業成功，你需要的不僅是商品庫存，還必須知道如何以賺取利潤的方式銷售商品。今天，每十個剛創業的人當中有九個會失敗，正是因為他們無法達到這些要求，尤其是公式中的最後一個要素，也就是利潤。

　　所以，自行創業的第一步，是對你要做的生意有所了解。你不需要了解其中的所有事情，但也不能一無所知。幸運的是，你需要的許多知識都能在書籍和商業期刊中找到。剛開始做生意時，你會需要一些設備，而這些設備的廠商通常也能提供你基本資訊。聯邦政府與州政府亦有一些能讓你獲益良多的出版品。這些都是不必付出龐大成本就能得到的經驗，但這些經驗卻花了他人許多時間與金錢。所以說，請盡可能閱讀所有與你的創業主題相關的書面資料，多多吸收其他人的綜合經驗，並在詳讀之後制定自己的計畫。

　　你會發現很多人對於靠讀書來學習賺錢之道很嗤之以鼻。他們會說一個人是否能成功經商，全取決於天生的交易能力以及行動。他們會說有些人一輩子沒讀過半本書，但還是靠做生意賺了很多錢。不要被這種觀念影響。所有人在剛創業的時候，都必須靠參考其他人的經驗來縮短自己站穩腳步的時間。閱讀與經商創業相關的書，就像受邀到作者家做客、跟他或她討論你的問題那樣。只有那些認為自己什麼都懂，而且知道的比別人更多的人，才會

覺得這種經驗交流的點子很蠢。如果已經有人試圖在書中或雜誌裡清楚告訴你某個想法行不通，為何還要浪費幾百美元去證明某個商業想法或計畫注定失敗呢？好好查閱參考資料，或許就能避免很多悲傷與損失。

不過別誤會，光靠閱讀可無法讓你成功經商。所有跟賺錢相關的絕妙點子在真的被付諸行動之前，其實一點價值都沒有。你肯定認識一些腦中裝滿絕妙賺錢點子的人，他們的想法簡直多如牛毛，但他們身上的錢卻永遠不夠買一輛二手車。問題出在哪？他們大概就像那些一直都在發想靈感，但始終沒有真的把靈感付諸實踐、拿去賣錢的發明家。在最聰明的人們腦中嗡嗡作響的數千個靈感，也不敵一個能真正賺錢的好點子。

如何開始賺錢？

開始賺錢的方法就是實際展開行動。這聽起來可能很蠢，但美國有成千上萬名想賺大錢的人根本沒賺到錢，因為他們總是東等西等、被動等待好事發生。有些人在等生意好轉，有些人在等對的時機，而在多數情況下他們的等待毫無根據，只是把那些今天該做的事拖到明天而已。經商是一門「收與放」的學問，在你還沒「放」之前是不能「收」的。

有些人常會拖著遲遲不開始做生意，因為他們沒有清楚的未來藍圖。於是他們向朋友尋求建議，而人通常有一個特點，就是在給朋友建議時超級保守。別忘了，班傑明·富蘭克林（Benjamin Franklin）問朋友該不該在費城成立報社、成功機率有多高時，大家都異口同聲建議他不要這樣做，因為當地已經有太多報紙。他們沒有考慮到富蘭克林的能力以及他成功的才能。如果他們有停下來分析情況，就會建議他用盡一切方法投入行動。費城有這麼多報紙，這代表他其實有更大的機會能推出一份更好的報紙！一般來說，面

對那些想承擔經商風險的友人來說，多數人都會給出「不要」的建議。把所有朋友都找來問過一輪之後，你八成什麼事都不會動手去做。

　　真正有資格給你建議、告訴你能做什麼的人，其實就是你自己。你比別人更了解自己。你，而且也只有你，才知道自己有多大決心想把這門生意做起來。說到底，成功的事業有九成都是來自那種我們無法定義的東西。因為沒有更好的說法，我們將這個無法定義的東西稱為「膽量」。如果你有「膽量」在必要時每天工作十八小時；如果為了讓生意度過難關，你有「膽量」不為自己留下任何零用錢；如果你有「膽量」在別人說你在浪費時間時堅持下去。如果這些如果都成立，那你極有可能會成功，因為這就是成功的要素。

　　所以說，不要過度擔心那些創業初期會碰到的真實難題或想像中的障礙。我們沒有必要在啟航前看見航線尾端的港口。如果你直線航行、不斷前進，最後就能到達目的地。但除非你揚帆啟航，否則是不可能到達終點或任何地方的。只要展開行動，多數難題都會在你對成功的熱情與決心面前退讓。到最後，你很有可能會經營跟自己起先的構想截然不同的事業，也有可能必須多次調整自己的計畫，但這又何妨？最重要的是你已經開始了。

　　在接下來的內容，你會讀到數百人的親身故事，他們跟你一樣都有賺取1,000美元的衝動。有的人是靠自己製作東西賺錢，有的人則靠銷售商品賺錢。有些人賺得快，有些人賺得慢。但你會發現這本書中每則故事的共同點：**大家都是在展開行動後才開始賺錢。**要是這些人沒有做出決定、開始做自己的生意，他們永遠賺不到錢。成功始於展開行動的決定，而這個道理也適用在你身上。

募資創業

　　許多有好點子的人因為缺乏資金而對創業裹足不前。資本非常重要，而缺乏資本是許多生意失敗的主因之一，這點也不可否認。不過真正有決心的人是不會就此罷休的。俗話說有志者事竟成，這點在此依然成立。

　　有時候，只要一個賺錢的點子夠好，擁有資本的人就會提供資金讓你創業。許多知名企業就是這樣開始的。海爾斯根汁啤酒（Hires）就是一例。早在 1877 年，查爾斯‧海爾斯（Charles E. Hires）就在一座農舍中開發出他的根汁啤酒配方。某天早上，費城《公眾紀錄報》（*Public Ledger*）的發行人喬治‧柴爾斯（George W. Childs）跟海爾斯一起搭電車。他說：「海爾斯，你幹嘛不幫你的根汁啤酒打廣告？」

　　「要怎麼打廣告？我又沒錢。」海爾斯先生回道。

　　「要做廣告才能賺錢。明天到《紀錄報》辦公室來，我會跟會計說，等到你主動說要付廣告費時再把帳單寄給你。」

　　海爾斯先生向來行動力十足，他知道不冒險就沒有收穫，於是他大膽接受柴爾斯先生的提議。從那時起，《公眾紀錄報》上每天都會刊登一小欄廣告。根汁啤酒的營業額開始緩慢但穩定攀升。後來，當廣告帶來的利潤讓海爾斯先生覺得自己有能力支付廣告費時，費用總共是 700 美元，但這是一次很不錯的投資。這就是海爾斯的事業賴以發展的資本。接下來的十年，海爾斯先生將所有利潤都拿去打廣告，身邊只留勉強能維持生活的金額。後來，他成為全美規模最大的廣告業主之一，每年撥款超過 60 萬美元。

　　假如某項產品能吸引消費者不斷回購，廣告代理商有時會願意接受廠商賒帳，讓廠商把事業做起來。如果某個商業點子具備無窮廣告潛力，有些比較大的廣告公司也願意接受用公司股票來抵廣告費。市場上目前就有一些知名商品是以這種方式發跡，或是部分股權由廣告公司持有，像是：白速得牙

膏（Pepsodent）、巴爾巴索刮鬍泡（Barbasol）、寶納米清潔劑（Bon-Ami）、沙波利歐肥皂（Sapolio）、棕欖肥皂（Palmolive）跟范坎普豆（Van Camp）。大家很快就能看出這些產品有兩大共同點。第一，這些是能賣給普羅大眾的產品。再來，這些產品的回購速度很快。第二點非常重要，因為一般來說，你必須花費與消費者第一次購買產品的售價相等金額的成本，才能誘使消費者試用一款產品。所以你透過廣告來獲利的唯一機會就是讓消費者回購。不管是透過廣播還是平面媒體，產品必須具備能大規模宣傳的真正優點，而且還得是非常突出的優點。

另一種為企業融資的方法是成立股份有限公司，將股票賣給有剩餘資金可用來投資的朋友或當地商人。選擇這條路時，你必須將公司的投票權保留在自己手上，否則當你發現公司開始轉虧為盈、大賺錢時，自己早就被打發走了。以所需資本額 2 倍的數字來成立公司，並將 51% 的普通股或有表決權的股票留在自己手上，用這些股份來換取任何讓事業具吸引力的想法或專利。但是比起籌組股份有限公司，以實支實付的方式、用企業的獲利與收入作為資金更為理想。原因如下：第一、把股票賣給別人，就代表對方會成為合夥人。合夥人越多，你對企業政策的控制權就越少，意見分歧的危機也越大。第二、除了最初的資本外，少數股東對企業的貢獻很小（除非他們本身是公司員工）。沒有道理讓他們獲得 49% 的利潤。他們有權利因其資金的使用與承擔的風險而領取「租金」，但如果企業經營非常成功，普通股股息通常都是每年好幾個百分比的報酬。

籌措創業所需資金的最佳方式，以及長遠看來對你最有利的方式，是找到你能夠銷售的東西。將賺到的錢存在銀行帳戶裡，直到金額足以讓你開始做小規模生意。接著，就像海爾斯先生那樣，善加利用你的錢，把利潤再投入，致力於壯大業務規模，你的事業就會日漸茁壯。藉由這種方式你就能保有主控權，不必與他人分享比例過高的收益。

收銀機的故事

　　俄亥俄州代頓（Dayton）的國家收銀機公司（National Cash Register），是美國企業界的成功典範之一。這家企業是創辦人約翰·亨利·帕特森（John H. Patterson）的智慧結晶，很好地展現出一位有想法與決心的人能締造多了不起的成就。帕特森在 1884 年推出收銀機時，大概沒有其他產品的前景比收銀機還要慘淡。沒有人否認這是一項有用的發明，但由於這個發明的價值似乎取決於收銀台員工不誠實的假設，因此這項商品遭到零售店員的強烈反對。

　　帕特森先生之所以成功，一大原因是他將看似不可推翻的異議，轉化為購買的理由。收銀機的推銷員經過指導後，掌握了如何將反對意見轉化為自己的優勢。他們告訴零售店舖的雇主，假如雇主將誘惑擺在店員眼前，那他們就跟從抽屜中偷現金的店員一樣是有罪的。收銀機公司將問題導向企業經營者，將指責的矛頭指向業主而非店員。一旦找到解決銷售問題的正確方法，企業就會開始成長茁壯，這種狀況屢見不鮮。即便在今天，這家偉大的公司依然在全球的銷售領域位居龍頭，成功關鍵就在於他們將反對意見變成購買的理由。一位知名收銀機銷售員就說：「用對方遞給你的武器來把產品賣給他。」

　　其實，收銀機並不是約翰·亨利·帕特森所發明。他早年是在煤炭產業做事。40 歲那年他來到代頓，花了 6,500 美元購買國家製造公司（National Manufacturing Company）的控股權，該公司擁有收銀機的基本專利。這個設備相當粗糙，功能是在紙條的適當欄目上打洞。市場上似乎沒有任何對收銀機的需求，帕特森花錢投資這個企業也成為當地的笑柄。事實上，帕特森的老同事對收銀機大肆譏笑，以至於他竟提出要多給股票賣家 2,000 美元來解約。但賣家不願意把股票當成禮物回收！提議被拒後，帕特森便下定決心要

把收銀機生意給做起來。

　　或許算他好運，帕特森對製造業一無所知。要是他知道的話，大概就不會去碰這項提議了。要是他多少有點了解，就會知道在市場對產品沒有既定需求的情況下，要經營這項業務有多麼困難。但帕特森並不曉得「這是不可能的」。1884 年 12 月，他將公司改名為國家收銀機公司。從那時起直到他78 歲去世，他的生命中只有收銀機。沒有人看好收銀機的未來，但他拒絕因為別人沒有遠見而改變自己的願景。帕特森下定決心，徹底從零開始打拼。他必須改善這種笨拙的老機器，必須找到並且開發市場，必須製作廣告來銷售產品，還得培養銷售人員來進行銷售。說他發明現代銷售技巧也不為過，因為在那之前，多數銷售只是接訂單而已。

　　到了 1888 年，該公司實力日漸雄厚，成為強盛的企業龍頭。這家公司熬過 1893 年的恐慌與後來的經濟蕭條。面對幾乎無法克服的難題，帕特森日以繼夜努力工作。中間有好幾次，假如他承認自己有可能破產，就一定會失敗。但他不承認失敗，也不能失敗。藉由不斷調整產品、改善銷售方法與生產設施，他在代頓建立起一座世界級企業，替帕特森家族賺進數百萬美元。這個例子很好地示範了一位有想法和「膽量」的人將會有何等成就。

J. C. 潘尼如何賺到第一桶金

　　詹姆斯・卡什・潘尼（James C. Penney）第一份工作月薪是 2.27 美元。三十二年後，他成功主掌一家規模龐大的企業，擁有一千多位合夥人。他只是一位來自農村小鎮的普通男孩。這算他好運嗎？這也不盡然。他的成功是熱忱、遠見、目標一致，以及勤奮認真綜合的成果。他坦承光是埋頭苦幹是不會成功的，但努力工作加上抱持明確目標就能有所成就。

在 T. M. 卡拉漢（Callahan）與其合夥人共有的店鋪當了一陣子店員後，年輕的潘尼得到成為該企業合夥人的機會，還有一間新店能讓他管理。但他的存款只有 500 美元，這個數字根本還差得遠。不過，兩位合夥人同意以 8% 的利率，把額外需要的金額借給他。不過，潘尼那時可是非常精明，他四處打聽後，發現其實以 6% 的利率就能跟銀行借到這筆錢。

　　新店鋪在 1902 年 4 月 14 日開張，資本為 6,000 美元，其中有三分之一是潘尼的。這家店起先就大獲成功。第一年的銷售額高達 2 萬 8,891 美元又 11 美分，潘尼的利潤份額遠超過 1,000 美元。長時間、持續不間斷地向顧客推銷產品以及購買股票，這種工作對許多人而言可能是苦差事，但對潘尼來說卻樂趣十足。銷售產品是他所擅長的，這就是他想做的工作，而機會剛好也找上門。他只需要具備把生意做起來的精力就行了，這他一點都不缺。

　　到了 1904 年，潘尼開了他的第三家店。就在這時，卡拉漢和他的第一位合夥人決定拆夥。他們提議將自己在這三家店的股份賣給潘尼，儘管潘尼沒錢把股份買下來，但兩位合夥人對他充滿信心，所以接受了潘尼開出的 3 萬美元票據。

　　在此時期，這些商店被稱為「黃金法則」（Golden Rule）商店。潘尼一開始就提出了相當不尋常的點子，那就是培養店鋪經理。他培養一群人才，讓這些人去開設新店鋪。而這些人也同樣會繼續培訓未來的店鋪經理，並派這些人去開設更多新店。透過這種方式，每家新店都會累積足夠的資本來開設下一家店。當然，每位開設新店的經理都能分享那家店的利潤。所以說，潘尼挑選出來拓點的下屬不僅拓展業務，還協助培養下一個能掌管業務的人。這就是他的點子跟遠見。只要看一看最近的銷售數字，竟然遠高於 2 億 5,000 萬美元，就知道這個辦法成功了。

激勵人心的「晨光」番茄汁

伊利諾州埃文斯頓（Evanston）的斯尼德（Snead）一家正面臨困難，情況就跟大蕭條初期成千上萬的美國家庭一樣。家中的兩個兒子準備到達特茅斯學院（Dartmouth）唸書，而父親正好失業了。要是這家人的意志沒那麼堅定，可能會覺得自己運氣很背，就此放棄努力。但斯尼德夫婦不是這種人。

夫婦倆集思廣益，決定買下某種萊姆果汁的代理權，這種飲料能跟當地的琴酒混合，而他們的打算是看能不能將這種飲料賣給芝加哥北岸的有錢人。不過，北岸的民眾對斯尼德一家的萊姆調酒似乎不怎麼感興趣。

就在斯尼德一家的士氣跌到谷底時，某天一位在伊利諾州邊界經營農場的朋友送來一箱品質很好的番茄。由於不知該如何處理，斯尼德太太決定把這些番茄做成番茄汁。身為好鄰居，她親切地拿出幾瓶番茄汁分送給左鄰右舍。結果大家都讚不絕口。斯尼德太太開始思考，如果讓先生跟兒子銷售她親手製作的番茄汁，銷量會不會比萊姆汁更好。斯尼德又開了一次家庭會議。由於萊姆調酒的生意並沒有迅速好轉，他們決定試試看母親提出的點子。他們將番茄汁稱為「晨光」（Morning Glory）番茄汁，因為不管前天晚上心情有多糟，番茄汁都能讓人在隔天一早容光煥發。

以品種精良的番茄為原料，自家製作的新鮮番茄汁頗受好評。斯尼德一家的番茄汁定價比雜貨店的番茄汁還高，但沒有任何人抱怨。人就是這樣。已故的西蒙斯上校（Colonel Simmons）曾說：「就算消費者把價格給忘了，對品質依然記憶猶新。」斯尼德一家很小心維持番茄汁的品質，他們跟一位培植番茄種苗的年輕人合作，所以能擁有最優秀的番茄品種。他們會買下那位年輕人的所有番茄收成，然後將番茄榨汁去籽。就這樣，他們不僅得到風味極佳的果汁，還以最低價格取得原物料。更重要的是，這是一個吸引人的

銷售話題，而一個好的銷售話題能決定事業的成敗。

　　過沒多久，斯尼德一家就把他們在廚房工廠裡能生產的所有番茄汁賣完了，不得不擴大生產設備。他們在鐵道旁租了一間廠房，打算進軍全國市場。他們考慮了所有經銷方式，例如透過中間人來銷售，許多食品製造商也都是這麼做的，但中間人說他們的價格太高了。他們也想過要雇用大學生來挨家挨戶兜售，但這個點子需要太多資金。最後，他們決定延用自己在北海岸使用過、而且成功奏效的方案。

　　所以，他們在選定的幾座城市中選了幾位社會領袖，然後寫信向他們介紹晨光番茄汁，例如費城的卓克索（Drexel）和比德爾（Biddle）家族。用接單製作的方式來銷售番茄汁，這個方法吸引不少消費者。訂單開始湧入。得到這些大人物的支持與認可後，斯尼德先生繼續擴張業務版圖，他到這幾座城市的高級酒店推銷番茄汁，讓酒店有機會提供賓客那些城裡上流家庭早餐最愛的番茄汁。這個策略成功讓酒店排隊下訂單，而斯尼德一家的下一個目標則是向鐵路局推銷番茄汁。賓州鐵路公司總是在找品質更好的產品，他們訂了一批試喝的番茄汁，把這批番茄汁放上特快車的車廂菜單中。接著，伊利諾中央鐵路公司也加入行列。就這樣，「晨光」番茄汁獲得價值數千美元的廣告，但斯尼德一家卻不用花半毛錢。很快，斯尼德的番茄汁就大受歡迎。這個在大蕭條谷底時期想出來的權宜之計，如今已發展為相當成熟穩健的企業，而且他們不僅販賣番茄汁，產品線還包含其他食品。這一家人得來不易的成功，完全證明一項常被忽視的真理：要把產品賣給大眾，首先要賣給上流階層。

偉大沃納梅克的膽量與信念

約翰·沃納梅克（John Wanamaker）存了 1,900 美元，而他的妹婿內森·布朗（Nathan Brown）存摺裡有 1,600 美元，並表示願意拿這筆錢冒險跟沃納梅克合夥創業。「我們為什麼不開始做生意呢？」沃納梅克說。他發現只要真的採取行動，任何時候都是開始做生意的好時機。當時的大環境很糟，1857 年許多銀行關閉後出現的全國大蕭條，讓民眾面臨失業、低工資，以及製造商與批發商意志消沉的慘況。費城更整個陷入憂鬱的陰霾。當時是 1861 年，內戰即將引爆。然而，沃納梅克心意已決，他在 1861 年 2 月簽了一份租約，隨後立刻開張營業。年僅 23 歲的他已經準備好承擔經營事業的責任，完全不顧國家事務、商業環境的影響，也不因那些試圖勸退他的朋友的好心建議而打退堂鼓。

店鋪的固定裝潢花了 375 美元，服裝布料的成本為 739 美元。店鋪在 4 月 8 號開張，但連續幾天都沒賣出任何東西。許多人路過店門口，但很少有人走進店內。4 月 18 號，店內帳目顯示那天有人來買了總金額 24.67 美元的「紳士領片、袖扣與領帶」。此時，沃納梅克跟妹婿一起湊出來的 3,500 美元很快就會燒完了，他們還能撐多久？

幸運的是，他當時有機會買一家服裝廠商的股票，這家廠商那時非常緊張，深怕戰爭會嚴重影響生意。沃納梅克在三十天期限內迅速接手這支股票，並將身上僅存的 24 美元拿來在費城的報紙上刊登六份廣告。這發生在 1861 年 4 月 27 日。這批廣告達到預期效果，手上的股票在兩週內全數售出。

從那時起，沃納梅克的策略是將能省下來的每一塊錢拿去打廣告，商店業績也不斷成長。到了 1869 年，沃納梅克與布朗成為全美規模最大的男裝零售商。布朗去世後，約翰·沃納梅克公司也被重新組織成為百貨商店。目

前，沃納梅克的連鎖商店是世界上最了不起的店鋪，同時也是對廣告抱持滿滿信念的耀眼標誌。

沃納梅克的方法是不斷擴張，並且靠廣告來填補空白。競爭對手都笑他蠢，但他只是堅信廣告能夠創造銷量，並發現銷量能吸引更多銷量罷了。生意停滯不前或陷入恐慌時，沃納梅克的策略永遠是隨著銷量增加而增加、擴大廣告預算。

從 38 美元到百萬營收，不認輸的愛麗絲

1907 年，紐約的愛麗絲‧富特‧麥克杜格爾（Alice Foote MacDougall）成了寡婦。為了撫養三個小孩，她決定開始從事除了家務以外唯一知道的工作：混合咖啡豆。憑著 38 美元的資本，她果斷接手丈夫的咖啡買賣生意。這份工作非常艱難。大街上有許多競爭對手，而從事咖啡生意的人只給她六個月的時間。不過，她靠著自己的力量逐漸站穩腳步，六個月就這樣過去了。她的小辦公室裡有一張借來的桌子跟一把二手椅子。她不僅要克服這個產業對女性的偏見，還得學習最基本的營運常規。

麥克杜格爾夫人的多數客戶是俱樂部、醫院與療養院。起初，她透過郵件來拉攏訂單，但她發現這還不夠，必須親自造訪更多客戶來爭取更多業務。她畫出以紐約為中心方圓 75 英里內的地圖，之後的好幾年都在這個區域出差奔走。開始做生意兩年後，她每年能賺到 2 萬美元。然而，這筆營業額的利潤很小，因為每磅咖啡的淨利潤只有大約 4 美分。花了幾年時間建立良好的咖啡聲譽後，她在中央車站開了一家小咖啡廳，店裡提供咖啡與簡單的食物。

咖啡廳開業後，不到一年，她每個月都要服務八千名顧客。這家店逐漸

發展成總共有六個據點的連鎖餐飲事業，每間店都是以一個典型的歐洲風景區為主題。麥克杜格爾夫人成功了，人潮絡繹不絕湧入她的餐廳。他們喜歡這種悠閒的異國氛圍。在這個時期，她的茶室年收入高達 168 萬 4,000 美元。

接著經濟陷入大蕭條！ 1932 年，麥克杜格爾夫人跟許多人一樣破產了，六間餐廳進入破產接管狀態。儘管麥克杜格爾夫人過去曾經歷各種商業困難，也成功熬出頭了。現在，她同樣並沒有喊停。在 65 歲那年，她捲土重來，如今是三間連鎖餐廳的老闆娘。新的餐廳同樣講究「氣氛」，廣受顧客喜愛，人潮不斷上門光顧這幾家餐廳，表達對她的事業的認可與讚賞。麥克杜格爾夫人再次在自己的人生道路上締造優異的佳績。

研發再研發，靠糖果發財的奧托

早在 1914 年，年僅 21 歲的奧托・施納林（Otto Y. Schnering）就開始自己做生意。起先，他只有幾美元的資本。他租了一間小辦公室，成為製造商代理，在不可預知的困難中奮力前進，並從中獲得經商的經驗。但接下來他心目中真正的「突破」才出現。1916 年，他發現可以用 100 美元買到一台糖果製造機。「有人靠著賣糖果發大財。」施納林這麼想，所以就買了這台機器。

機器交貨當天他就開始操作了。他興致高昂地一直工作到半夜，做了一批自認為品質優良的糖果。第二天，他帶著這批糖果到幾家店去，請店鋪老闆幫忙寄賣。接著他回到辦公室又做了第二批。不過，他發現自己的糖果賣得不太好。第二次到店裡詢問時，賣出的糖果少得可憐。然而，他並沒有因此氣餒，因為他已經踏上糖果製造商的職業生涯了，他該做的事是搞清楚為

什麼糖果賣不好，然後生產出會熱銷大賣的糖果。

施納林不知不覺中犯了一個錯，許多人在決定進入任何種類的製造業時都犯過這個錯。他生產的是自己喜歡的商品，而不是社會大眾喜歡的商品。今天有成千上萬的製造商都因為沒有遵循這個簡單的原則而逐漸走向破產。他們通常都想把自己的想法加諸於社會大眾身上，但生產大眾真正想要的東西其實簡單多了。

施納林很快就發現自己的錯誤。他發現有三種糖果賣最好，那就是巧克力、焦糖糖果，以及含有花生的糖果。迅速調整腳步，他集中火力製造這三種類型的糖果。雖然不如預期中的好，但產品總算賣出去了。

施納林後來又嘗試了各種糖果棒。他花了三年時間才找出最理想的組合，也就是混合巧克力、焦糖跟花生的口味。喜愛糖果的民眾對這款糖果棒的熱愛，證明他的實驗結果是對的。後來他決定把這款巧克力棒稱為「寶貝露絲」（Baby Ruth），因為「寶貝」這個詞對大人小孩來說再熟悉不過，而「露絲」這個常見的名字對男人與小孩來說也很好發音。他將價格定為 5 美分。這款糖果立刻大熱賣。

要生產能熱銷的糖果棒其實不需要糖果機。你在自家廚房就能開始動手做，而且遵循上述原則，幾天內就能做出能成功銷售的糖果棒口味。糖果配方不受著作權保護，但你可以到專利商標局和版權局註冊登記商品名稱。這個名稱除了你以外，其他人都不能使用。不過，每位糖果製造商的經驗顯示，最好的糖果種類是巧克力製成的糖果，因為巧克力糖在市場上永遠有需求。在自家廚房製作的糖果，巧克力奶油、焦糖餡糖果更好賣，因為這種糖果更新鮮，而且還有無限的市場需求。在當地的寄貨商店中，市場永遠是準備好的：只要你會在一定時間內回收那些沒賣出去的產品，商店基本上都願意接受寄賣。

重點回顧

- 光靠閱讀可無法讓你成功。所有跟賺錢相關的絕妙點子在真的被付諸行動之前，其實一點價值都沒有。

- 真正有資格給你建議、告訴你能做什麼的人，就是你自己。

- 很多人創業時都會犯一個錯：他生產的是自己喜歡的商品，而不是社會大眾喜歡的商品。

- 如果你有「膽量」在必要時每天工作十八小時；如果為了讓生意度過難關，你有「膽量」不為自己留下任何零用錢；如果你有「膽量」在別人說你在浪費時間時堅持下去。如果這些如果都成立，那你極有可能會成功，因為這就是成功的要素。

- 除非你揚帆啟航，否則是不可能到達終點或任何地方的。

02

銷售的藝術

SELLING AS A BUSINESS

複利的本質

在每個案例中，冒險一試的結果都是甜美的。

在伐木營地，廚師一大喊：「來拿飯！」在軍隊中，號兵就會在該上食堂的時間吹響號角。不管是在那種情況下，都會有一大群饑餓的人去取食。

在商業領域，如果製造商或商人能把顧客全都拉到聽力可及範圍，並大喊「快來買吧」，然後就被一群急於購買產品的顧客給淹沒，那做生意就太簡單了。但我們都知道民眾並沒有那麼急著想買東西。他們必須被教育、被說服，並且被告知如何購買以及該買什麼，這就是推銷人員的任務。

具備銷售能力的人才永遠不嫌多。各行各業總會有人被吸引去從事推銷工作。律師闔上法典轉而從事銷售工作，有些人已經藉此發大財。外科醫生早就把白袍掛起來成了銷售員。銀行家厭倦坐在高高的凳子上，不想繼續坐在華麗的辦公桌，拋下原本的工作，轉而投入更讓人滿足的銷售工作。農民拋下手上的犁跑去當銷售員。來自機械工廠、學校、教堂、商店和辦公室的民眾都非常嚮往銷售工作，因為這項工作更自由，而且獲利的機會也更寬廣。

這麼多人放棄其他類型的工作來當銷售員，其中有許多原因。原因之一是當你成為銷售員，很多事就能自己做主。不必等到老闆主動加薪，優秀的銷售員幾乎能隨時隨地替自己加薪。你也不用像藥劑師、餐廳老闆或汽車修理廠員工那樣，必須度過漫長、苦悶的工作時間，還得在週日或假日上班。

從事銷售工作時，你幾乎就是自己的老闆。你可以決定自己的薪資水平，而且如同海上的船長，你也得仰賴自己的判斷力與能力。還有其他各種因素能讓銷售工作充滿樂趣。你會遇到社會上最成功、最有趣、最有影響力的人，不斷接觸世界上各種流行的新鮮事，一步步替成功與優渥的薪資奠定基礎。

一位好的銷售員會在一群客戶之間建立起信任和友誼，幾乎沒有其他職業能像銷售員那樣獨立作業、這麼安穩篤定。商人可能會因為火災而承受損失，或是因為在採購時犯錯而賠上一整季的利潤；外科醫師可能會因為年紀

漸長，動刀時的手藝變得沒那麼精準靈巧；打輸一場重要的官司，可能會讓律師再無翻身的機會；一場暴雨或河水氾濫，可能會導致農民一整季的辛勞付諸流水。但是，銷售員的盈利資本就是客戶的信心與友誼，這是不會輕易被大火燒毀、被洪水淹沒，或是被小偷給偷走的。

多數人從事銷售是為了賺錢，這點無庸置疑。但除了賺錢，這份工作還能帶來其他滿足與報酬。1928 年，有位銷售員以半強迫的態勢讓某位紐約報業人士買下人壽保單，這份保單有一項意外與疾病條款，在保戶生病或殘疾情況下每個月會支付 100 美元。這位報業人士在保單上簽名、支付保費時，健康狀況好得不得了。不到兩年，他因故住進醫院，還好有這份保單讓他可以每個月領取 100 美元的賠償。他是否對那位銷售員心懷感激？當然是。要是沒有那位銷售員的堅持，他可能會損失十個月的收入，而且也沒有錢支付高昂的住院費用。站在買方的立場來看，他購買保險時是在幫銷售員的忙。不過事實證明，其實是銷售員幫了那位報社員工一個大忙，該員工從那時起就一直很感謝他。

還有個例子，某位銷售員在不久前把一台收音機賣給一位跛腳、不能出門的老太太，他不曉得這個舉動是否正確。那套收音機要價不菲，而且老太太的收入相當微薄。「我覺得自己或許不該把收音機賣給她，因為她顯然還需要錢來整修、粉刷家裡。但當她付錢的時候，我發現這台收音機拉近了她與外界的距離。她後來對我說，除了丈夫跟孩子之外，收音機一直是她生活中最大的樂趣。」

有數百萬人確實得把他們的幸福人生歸功於銷售員。仔細想想，要不是某位房地產銷售員「推他們一把」，他們可能永遠也不會擁有一個家。有成千上萬的家庭主婦，都因為在銷售員的推薦下購買洗衣機、吸塵器或燙衣設備，使生活變得更輕鬆簡單。紐約某家大型廣告公司的總裁，就說自己之所以爬到今天這個位置，全靠當年一位向他推銷廣告函授課程的推銷員。銷售

員藉由教育、說服，以及誘導等各種手法來促使民眾採取行動，這種能力讓數百萬人的生活更繁榮、幸福、滿足，相關案例實在不勝枚舉。這就是為什麼銷售會這麼有趣。

優秀銷售員的條件

銷售領域中有一種傑出的銷售員體型高大、金髮碧眼，他很會跟人握手、拍拍對方的背。他從不放過任何交朋友的機會，並盡可能讓自己在各種場合認識對的人，積極參加各種集會與俱樂部，也常常穿粉色襯衫。他就是非常典型、我們常在報章雜誌上讀到的那種銷售員。他的事業很成功。另一種頂尖銷售員則跟前一位截然不同。他從來不會靠拍背來拉近與人的距離，他很安靜矜持，與人往來時非常客氣。但他很會銷售。每賣出一張訂單，他就成功拉攏一位顧客，往往還會跟顧客成為一輩子的朋友。

之所以提出這兩種銷售員，是為了告訴大家，就算不是說故事專家，就算酒量不好，就算不是技巧高超的握手專家，你也能成為優秀的銷售員。許多優秀的銷售員從不喝烈酒，很多銷售能力高超的銷售員生性安靜、不喜張揚，謙虛穩重。他們不覺得自己有必要參加很多聚會或俱樂部活動，或是一天到晚喝酒作樂。要成為一位成功的銷售員，「口才」也絕非必要。經驗證明，很多銷售員東西賣不出去並不是因為話太少，而是話太多。

雖然我們不一定要當善於交際的人，但這也不代表內向封閉的人就能成為優秀的推銷員。我們還是能在這兩者之間取一個中間值。如果你喜歡跟人接觸，如果你在面對行為粗魯、脾氣有點粗暴的人時不會退縮，如果你不怕吃苦學習，如果你有成功的決心，那就具備成為優秀推銷員的多數關鍵條件。

當然囉，如果你想像力豐富、能夠迅速看出一項銷售提議的價值，如果你有辦法用有趣、說服力十足的術語來解釋價值，如果你天生還具備領導素質，那就更好了。話說回來，這些特質雖然重要，但很多只具備部分上述特質的人還是能把產品賣得嚇嚇叫。

你可能會問什麼是「天生的領導素質」。你曾經是運動隊伍或高中棒球隊的隊長嗎？在你加入的任何小團體、聚會、協會或俱樂部中，你是否總是被指派肩負某種職務？旁人是否常常被你吸引，總是把握機會想跟你見面或取悅你？如果這些狀況都成立，那你就是天生的領導者，而當一位銷售員就是善用你天生能力的最佳方式。但如果你喜歡獨處，如果你寧願讀足球比賽結果的新聞也不願去現場吼到聲嘶力竭，如果你寧願坐在冬夜的爐火旁讀本好書也不想去參加聚會，或許你不適合從事銷售工作，除非你願意努力克服自己的天性。

再補充一點：不要太在意朋友對你說的。許多具有優秀銷售員潛力的人，總是被妻子、朋友、母親或學校老師那善意但錯誤的建議所誤導。畢竟，不管是經營店鋪、從事製造業、耕作、銷售還是其他職業，到底要做什麼工作終究得由當事人自己決定。到底想不想推銷商品，你自己心裡最清楚。一旦下定決心就放手一搏吧。如果你常因為朋友的建議而改變觀點、拿不定主意，那還是放棄當銷售員的念頭吧。

重點是，讓顧客實際下訂單

開始當銷售員之後，絕對會發現幾乎所有人都承諾會跟你買東西。他們常說「我一定會記住你的」，或是「如果我有需要一定跟你聯絡」。大家跟你說這些客套話時當然是認真的，但當你一離開他們的視線，他們大概也把這

些話給忘了。你必須及早體認到，口頭承諾的訂單不會帶來任何佣金，也不會增加產品銷量。

在不進行冗長的「回訪」之下完成銷售的能力，是銷售員最寶貴的資產。如果沒有這項能力，你只是一個拉客叫賣的人而不是銷售員。俗話說：「任何人都能招攬生意，但只有銷售員能讓顧客下訂單。」

想完成銷售，第一件事要記得，許多人都需要一點推力才能做出決定。潛在顧客會想要拖延購買，這是非常自然的傾向。在復活節前幾天，就連女人也會拖延買新衣或帽子的行動，想等看完鎮上每家店的產品再做最後決定。她的欲望彷彿從來沒這麼強烈似的，一心一意只想獲得新衣或新帽，如果她知道自己買不到新行頭肯定會傷心欲絕。但是她還是想等，**繼續等**，等看看能不能找到更喜歡的東西。

作為銷售員，你一定要謹記這項人類特質，才能理解如果要協助顧客做決定，堅定的態度與適度施壓是必要的。以選購新車的男性顧客為例。他可能已經選定要買福特、雪佛蘭或是普利茅斯。但是該買哪一輛？這三輛車看起來都無可挑剔。他實在選不出來。每輛車都有特別吸引他的獨特功能。銷售員的工作就是引導他做出決定。你可以運用一些明確的手法來達成這個目標。比方說，銷售員可以建議：「先生，您看一下是否對顏色、輪胎與車身樣式有特別偏好，我會幫您送出訂單，這樣您下週日就能把車開回家了。」

你們看，這位銷售員就這樣替顧客簡化了做決定的難題。大家想一想，如果要拿到訂單，下列哪一種說法更有力？

「您可以考慮一下，再讓我知道您想要什麼樣子的輪胎跟輪框。」

「瓊斯太太，如果您今天下訂單，我們下週一之前就能將洗衣機送到您家地下室，您在中午前即可完成洗衣工作，週一下午不必再掛心、忙於家務了。」聰明的洗衣機銷售員則會這麼說。

完成訂單時，一定要簡化所有流程，並讓潛在顧客採取一些初步的簡單

步驟來簽名下訂。有一位打字機銷售員成功說服一家大公司的總裁，讓總裁相信他推銷的打字機是值得買的好東西。但是，那家公司大概有二十五台老舊的打字機要折舊換新，而且還要擬一份合約。這位銷售員發現，已經習慣「批准」下屬擬好的合約的總裁有很多事要忙。假如他傻傻等著總裁派人列出所有要替換的打字機並草擬合約，可能永遠拿不到這份訂單。

於是，銷售員走出總裁辦公室、撕下一張包裝紙，在紙上列出所有要汰換掉的機器序號，並在清單下方寫：「這些機器能折抵 21 美元。」銷售員走回總裁辦公司，把紙條拿給總裁看，接著說：「只要您批准，我會請貴公司的採購人員備好訂單。」總裁立刻在紙上簽下姓名縮寫以及核可指示。完成最困難的環節，銷售員之後自己再去找公司的採購專員，請他擬一份採買二十五台打字機的正式採購合約。這位銷售員盡可能將採購工作變得簡單迅速。

潛在客戶展現出同意購買的初步跡象時，聰明的銷售員就會「要求客戶下訂單」。如果無法在這個時間點拿下訂單，他會繼續解釋推銷，甚至會在某些案例中重複自己已經講過的話。接下來他會再次要求客戶下訂單。很多人會犯的錯並不是太早要客戶下訂，而是時間點拖太晚。銷售時謹記這點：在你真的放棄之前，請五度提出下訂單的要求。潛在顧客常常會回絕，並假裝說要先檢查庫存再跟你聯絡，或是說他會確定一下需要什麼顏色、尺寸以及數量再跟你下訂。你到底是銷售員還是拉客叫賣者，關鍵就在這裡。真正的銷售員會說：「沒關係，您可以先核准訂單，顏色（或尺寸、數量）的欄位先空著，我之後再讓您的員工（助理會計或祕書）把訂單細節補上去。」

寫這篇文章不久前，有位銷售員正嘗試向一位房東銷售克耳文內特（Kelvinator）的冰箱。另外兩位冰箱銷售員也在爭取這筆訂單。房東拿不定主意，於是說要跟房客討論看看他們喜歡哪個牌子。機靈的克耳文內特銷售員直接殺去找房客，把克耳文內特的產品優點解釋一遍。另外兩位銷售員

等了一到兩天才回來詢問。他們跟房東聯繫時，房東說：「不好意思，我已經買了一台克耳文內特。」克耳文內特的銷售人員反應非常快，他直接先跟房客談過，再回去找房東說：「我剛才跟房客打過招呼了，也向他介紹過我們的冰箱，如果您選擇我們家的冰箱，房客肯定會很開心的。」他就這樣成功爭取到這筆訂單。

該賣什麼？

你想賣什麼？不要有錯誤的想法，以為「如果有機會，我什麼都賣」。從事銷售工作的第一步是決定你想銷售的產品，以及你覺得自己能賣什麼。你可能很會賣電爐，但是賣電動機的表現卻很差勁。或者正好相反。你可能是人壽保險的銷售冠軍，但在銷售會計機的時候卻業績墊底。你過去的經驗、興趣、嗜好、教育以及背景，這些都會影響你到底喜歡賣什麼。如果你喜歡材料的質地與觸感，如果你對風格、線條與顏色有獨到見解，如果你是喜歡看到錢財易手、與生俱來的商人，那就盡量賣一些能在零售櫃檯上出售的產品。不過，假如你覺得零售商只不過是一位「店主」，而且你不會因為一件商品與商品可能帶來的利潤感到興奮，那就不要向零售商銷售。

你喜歡汽車嗎？你對每年新上市的車款有興趣嗎？透過汽車銷售，你能將這種興趣轉化為利潤。你的思考方式比較偏向機械式嗎？市面上有上千種機械設備能讓你賣。以此類推，市面上有數千種能拿來賣的東西，一定有適合你銷售的產品。找到自己想賣的東西，就已經跨出銷售生涯的第一步了。

在本章接下來的段落，你會讀到其他跟你一樣真心想從事銷售工作的人，是如何滿足自己的渴望並賺到大錢的。你會發現幾乎在每個案例中，冒險一試的結果都是甜美的，因為你拿來銷售的產品，對買家而言是明確的服

務。光是有銷售產品或服務的熱忱還不夠，它還必須是有市場需求的東西。尋找自己要銷售的東西時，不僅要確保這個東西你有興趣，還要確定這項產品能吸引你鎖定要銷售的客戶。

每個女人都是褲襪的潛在顧客

被丈夫拋棄後，露西爾‧安東尼（Lucile Anthony）不得不為自己和 6 個月大的孩子謀生計，因此轉而去銷售絲襪。她坦承自己對美麗絲襪的愛好已經到了痴迷的程度。她與絲襪廠商建立銷售關係的主因，是為了能挨家挨戶實際與消費者接觸。

「除了對透明絲襪的愛好之外，我幾乎沒有其他興趣了。」露西爾表示，「廠商用了輕巧的摺疊盒將六款不同顏色的絲襪樣品寄給我。收到後，我迫不及待跟朋友介紹這些絲襪，興奮到我前幾次拜訪朋友時，感覺根本不像在賣東西。朋友是我的首批目標，多數朋友都跟我下了三雙以上的訂單。但朋友很快就拜訪完了。你也知道，不管你認識多少人，遲早有一天會面臨所有人都已經聽過你講的故事。所以當我跟自己的朋友銷售完一輪之後，就開始向陌生人推銷了。這比我想像中困難。婦女來應門時，完全沒想到會看到一位女性銷售員，也沒有心情花錢。很多人皺著眉頭，沒有人像朋友那樣邀請我到家裡坐坐。剛開始拜訪陌生人時，我覺得這個世界好艱難、殘酷。三天內我只做了兩筆生意。我想，一定是哪裡出了問題。」

「我想應該是登門造訪陌生女子時沒有運用比較科學的方式，我只是把腦中冒出的想法說出口而已。起先銷量沒什麼進展，我以為是產品出了問題。然後我就跟其他人一樣，開始檢視自身的問題，將沒辦法把產品賣出去的事實，歸咎於我採取的實際行動。確實，我很篤定原因出在挨家挨戶的銷

售方式，家庭主婦不可能會考慮跟挨家挨戶的銷售員買東西。我很氣惱、很沮喪，但是我對銷售褲襪、經營褲襪生意，還有跟大家介紹褲襪的熱情，遠大於想要放棄的衝動。因此，根據自己對銷售的第一印象，我擬定了一些關於銷售技巧的明確想法。我開始意識到自己的問題在於銷售方式。重點不是我在門口說了些什麼，而是表達的方式。沒有任何神奇的話術能讓陌生人邀我進家門的。」

「後來我發現只要繼續說話，就更有機會進對方家門。那些打開門後表明她們不會買任何東西的婦女，通常會等到我做出離開的動作之後才關門。所以我開始運用策略。我站在離門口不遠處的門廊邊大聲說話、介紹我攜帶的美麗褲襪。」

「不用，今天不買東西。」這是最常見的回答。

「但如果您能給我一分鐘的時間……」

「我很忙，今天不方便。」

「我不會浪費您太多時間，方便進門拜訪您嗎？」

「我沒錢，今天不行。」

「如果您親眼看過這批絲襪，史密斯夫人，我知道……」

「下禮拜再來吧。我今天不會買任何東西。」

「但我不是要您買，難道您不願意花點時間看看嗎？」

「今天真的不行，抱歉，我很忙。」

「我知道您很忙，史密斯夫人。我真的不會占用任何時間，方便讓我進門嗎？」

「這樣談了幾分鐘之後，家庭主婦通常會邀我進去，我就有機會進行真正的銷售。我對絲襪的熱情通常滿有感染力的，很容易說服婦女向我下訂單。」

安東尼夫人的進門策略被許多成功的銷售人員採用，效果也非常出色。

她平均每天造訪四十五位客戶，在她替這家公司銷售的半年，她賺取的佣金總共是 1,107 美元。在芝加哥大學的畢業典禮前夕，她造訪兩個姐妹會，在這兩次團體的現場銷售賣了五十六雙絲襪，這也刷新她個人的當日最高銷售額。她的佣金是每雙褲襪 50 美分，在客戶下訂單時以訂金的形式向客戶收取，而欠廠商的餘款則在交貨時以貨到付款的形式付清。

這種工作型態很適合那些急於將空閒時間轉換為金錢的婦女。她可以自行決定方便的工作時間，而且不需要投資就能開始從事這種有報酬的業務。

克服價格的心理障礙

商人和其他做小本生意的民眾，都覺得自己負擔不起多數自己想擁有的東西。這似乎是他們固有的情結。但正如亨利·福特（Henry Ford）所說：「每個人都覺得自己比實際上還窮。」向店主推銷產品時務必記得這個重要觀念。你要做好準備會碰到這種反彈，並且反過來將價格包裝成購買產品的理由來介紹產品。這種「買不起」的感覺通常能成為銷售介紹中的賣點，並利用這種心態來發揮優勢。如果你運氣很好，剛好在銷售一種看起來很「高級」的產品，但產品實際價格比潛在顧客預設的還要低得多，這項道理就更適用了。

以喬治·康拉德（George Conrad）為例。他就以這個概念為基礎，擬出一份銷售切片機的可靠策略。當他走進商店時，他一句話也不說，而是在店主的櫃檯上放一張大型彩色插畫，並將機器留在店外的車上。

他的潛在客戶是小規模肉鋪的經營者，他會問這些店主：「您覺得這款切肉機如何？」

「看起來很不錯。」屠夫盯著彩色廣告幾分鐘後回答。

「但我買不起這麼貴的切片機，成本太高。」

「不過您還是需要一台吧？」

「對，但我的生意規模不大，也沒有錢買切片機。」

康拉德笑了笑，走到車旁將樣品切片機搬出來放在肉鋪櫃檯後方，並鼓勵屠夫試用（屠夫這時還在表明自己買不起）。

「喜歡嗎？」幾分鐘後康拉德這麼問。

「喜歡啊，但我根本買不起……」

「我理解。這台其實是低價的切片機，但看起來跟使用起來就跟高檔款式一樣，而且也提供保修服務。多少錢的切片機您才買得起呢？」

屠夫搖搖頭說：「以目前的生意看來，我不會買超過 10 美元的切片機。」

康拉德的標準回答則是：「好吧，如果您負擔得起，那就成交吧！這台切片機只要 7.5 美元。」

帶著手搖切片機到雜貨店、肉鋪、快餐店、餐廳、熟食店和酒館，喬治跟老闆銷售時，談話每次都是這樣進行的。靠這個方法，過去兩年來他每週平均能賺 75 美元。

「這台切片機看起來很貴、要花很多錢。」康拉德表示，「這是一台堅固的旋轉式切片機，使用者可以調整不鏽鋼刀片的位置來切出不同厚度的肉，既可以將火腿切到跟紙巾一樣薄，也能將麵包切成任何你想要的厚度。但在這台機器問世之前，一般雜貨店跟熟食店的老闆如果想買一台切片機，得花 150 美元左右才買得到。所以囉，當他們看到這台機器看似跟昂貴的機器一樣高級，用起來也沒什麼好挑剔時，自然會認為這台肯定很貴。我刻意讓他們有這種想法，並盡可能抵抗花大錢買這台機器。接著，當我最後讓他們試用機器、承認機器很棒時，就報出低價來擊碎他們的反對。我很少有銷售失敗的經驗。」

對於那些喜歡向店主推銷的人來說，銷售品質好的切片機是真的能賺到錢。康拉德每賣一台就能抽 2 美元的佣金，而他單週銷售最高紀錄為八十台，每週平均銷量則是三十七台。

賣西裝的賺錢祕訣

約翰‧格里森（John Gleason）在短短三個月內，靠銷售男士訂製西裝海撈 1,000 多美元，但他在前幾個月的銷售行動中幾乎沒賺到錢。確實，正如他自己所言，他只不過是一個挨家挨戶按門鈴的人罷了。他很難推翻潛在客戶提出的反對意見，也很難瞄準有能力購買西裝的人。每次跟潛在客戶見面，他都感到沮喪失望。作為銷售員，格里森承認自己並不是那麼「受歡迎」。

說他一瞬間就改頭換面了是有點誇張，他並沒有。但他確實調整了某些銷售方式，並且學會用自在泰然的方式與人相處。其實，正因為他願意接受一位長輩的指點，才有辦法學到賺錢的重要技巧。關於賺錢的祕訣與故事，格里森是這麼說的：

住我樓上的鄰居是一位我非常欣賞的銷售員。他很有禮貌、風度翩翩，也有多年銷售經驗。跟他變得比較熟之後，我主動詢問了他一些銷售的技巧。不過，他提出的觀念對我來說有點難以理解。剛開始，我以為那些觀念只是理論，所以沒有認真聽進去。但我越來越灰心喪志，也跟他聊到這個狀況，他說：「那真是太遺憾了，我想做點什麼來幫你。」我馬上回答：「如果你願意的話當然好。要是你可以跟我一起拜訪幾位客戶，應該能教會我很多事情。」鄰居爽快地點頭答應。

於是我們安排了幾次共同拜訪客戶的行程。我找了第一位客戶，但過程不怎麼順利。對方是一位醫生，他很快就把我打發掉了。站在辦公室外準備拜訪下一位客戶時，我的朋友很體貼，沒有發表任何評論。第二次推銷又失敗後，他溫柔地說：「我們找間快餐店坐下聊聊吧。你在前兩次銷售過程中很努力想把東西賣出去，但是都沒有讓客戶知道你到底想賣什麼。」直到我們在快餐店面對面坐下之前，他沒有針對這件事多說什麼。坐下之後，他點出我銷售策略中的一項明顯錯誤。「你去見那些客戶的時候，他們知道你是來賣東西的。為什麼你要說自己代表一家大規模、值得信賴的公司銷售高品質產品呢？為什麼不試著直接賣他們西裝呢？這些人很忙。他們看到東西的時候就知道自己想要什麼了。不要浪費時間介紹，直接談正事吧。」

「那當然啊，切入正題很重要。」我辯解說。

「對啊，我就是這個意思。」他直接說，「我就是這個意思。要馬上談正事。我們去拜訪下一個潛在客戶時，我會讓你知道這到底是什麼意思。」

半小時後，我們走進一位房地產仲介的辦公室。我朋友開門見山說：「我這邊有幾套最物超所值的西裝。」仲介卻直搖頭。「您身上穿的那套看起來很不錯，那不是我們 2250 系列的其中一套嗎？」

「不是。我這是在店裡買的。」仲介說。

然後，朋友走到客戶身旁，仔細檢查他的西裝外套，喃喃地說：「嗯，這件肯定是好東西。是吧，格里森？」

我跟著走上前去欣賞仲介的西裝。房仲笑了笑。「讓我向您介紹這幾套一樣優秀的西裝。」朋友伸出手，指示我介紹我們帶來的樣品。我打開手提箱拿出一塊樣品布，他馬上將這塊樣品布放在潛在客戶的手中。過一會兒，房仲就開始用手觸摸布料的質感。

朋友提出客觀批評說道：「您喜歡西裝的袖子這麼短嗎？我覺得有點短。」

潛在客戶也承認袖子有點短，我馬上就明白朋友的意思了。我立刻測量潛在客戶的袖長，並把數字記在訂單空白處，接著又親自幫他量了全身上下的各處尺寸。

量完身之後，我問客戶想不想要我們幫他訂做一套西裝。他猶豫了，但朋友出面挽救了局勢。

「這塊料子做出來的西裝一定無可挑剔，而且穿在你身上也很好看。」朋友再次引導房仲把重點擺在布料上。最後他只在兩款布料之間做選擇，我們很快就完成銷售。

事成之後，朋友一一點出我在銷售時犯了哪些錯：一、我的開場白很不自然，也不吸引人。二、我沒有讓潛在客戶想到要擁有另一套西裝。三、我沒有顯示出我帶來的西裝跟他穿的西裝比起來有多好。四、我沒有想像潛在客戶穿起西裝的樣子。五、我在銷售尾聲應該要動筆寫訂單，但我卻提出被動建議，使前面的行動前功盡棄。

仔細遵照朋友採取的策略，我的銷售成績確實有了起色。我現在平均每天賣出四套西裝，淨賺 12.95 美元的佣金，這遠勝於一年 3,000 美元！

為了跑業務，格里森主要去商店與辦公室裡拜訪商人與勞工，他不把時間浪費在不工作的人身上。趁著午餐時間到工廠門口拜訪，這樣就能向一群勞工集體銷售，晚上再約時間到有興趣的人家裡進一步銷售。他利用一套西裝樣品來銷售。只要根據訂單上的指示，任何人都能輕鬆量出精準的數字並填寫在訂單的空白欄位中。潛在客戶下訂單時支付的訂金就是銷售員的佣金，餘額則由廠商在交貨時以貨到付款的方式收取。

想要成功銷售服裝，你不需要具備任何性質的銷售經驗。銷售計畫以及落實計畫的積極心態才是關鍵。許多仰賴銷售員直接與消費者接觸來販賣西裝的訂製西裝公司，都會提供銷售員詳細的銷售指導。

不只販售苗木，也販售夢想

威廉・維爾納（William Werner）靠樹木賺到第一筆 1,000 美元。創業起因是當時維爾納家裡的財務狀況堪憂，為了增加額外收入，原是男裝店店員的威廉在閒暇時間賣起了苗木。

「有一天，我碰巧向一位銀行出納員提起我的苗木。他正在蓋新家，想添購一些新的樹木跟灌木。但當我說我的庫存不多，而且樹木要花幾年時間才會長成大樹時，他的熱情就熄滅了。他問：『到時候那些樹會長成什麼樣子？』我試著解釋，聽完後他說會好好考慮。過一陣子，我回電給他時，他正在猶豫到底是要跟我買，還是跟當地的一座溫室買。『溫室的人編了一個超美的故事，說冷杉過一年後長得有多棒、樹蔭有多讚，我太太幾乎要被他洗腦了。但如果你想跟我太太聊一聊，我也沒意見。』」維爾納說道。

「我到出納員家裡拜訪時，請他妻子走進院子，看看他們住的公寓的舊磚牆。然後我試著勾勒出一幅美麗的意象，告訴她那面光禿禿的牆上如果爬滿英國常春藤，牆角開滿鮮花，那該有多迷人。這似乎打動了她。我們聊了不同種類灌木的生長情形，她說自己更喜歡紫丁香，也表示自己喜歡空氣中飄著紫丁香的香氣。我不斷告訴她等到這裡完工，以及灌木與叢生植物完成栽種、長好之後，庭院看起來會是什麼樣子。」

「那天離開之前，我爭取到一份 207 美元的訂單，但我從那個星期天下午 2 點講到 6 點半才成交，佣金是 29 美元。欣喜之餘，我寫信給廠商描述了這次順利銷售的方式，廠商也在回信時提供一些很棒的建議。廠商在信中大力誇讚我，還說：『永遠記得，消費者購買苗木時都期望得到明確的結果。他們要的是結果，而不是一棵 1 英尺高的樹。重點是要把結果賣給他們。』（編按：1 英尺 = 30.48 公分）此後，我時常想起這個觀念。有一天，我和一位農民在談購買一百棵新品種蘋果樹的事，我知道他真正想了解的是

這些樹會結多少果。於是我把一整座果園的畫面描述給他聽，說未來樹上都將掛滿水果。當然，他跟我一樣都知道當他把樹種在土中時，樹木都還很幼小，但他也明白隨時間推移這些樹會長大，最後會結出豐碩的果實。他想要懷抱果樹結果的憧憬，而我讓他看到這幅畫面。」

「光是針對莓果樹、果樹、灌木與其他類型的苗木報價，這樣我永遠拿不到訂單。我發現多數人完全缺乏想像力。他們只有在親眼看到東西的時候才能想像事物的模樣。我的任務就是幫忙他們想像。每筆訂單的數量都不一樣，佣金當然也大不相同。我販售各種灌木，數量從都市居民後院的一棵樹，到整座果園的一千棵樹都有。在我拿到那位銀行出納員妻子生意後的六個禮拜內，我賺取的佣金遠超過 1,200 美元。」

維爾納將苗木事業經營得有聲有色之後，就辭掉原本的工作，將所有時間都投入到苗木銷售。他拜訪許多客戶，但每天只成功與七位潛在客戶面談。自從他開始販售苗木之後，每筆訂單抽的佣金為 9.1 美元。他平均每天接到兩筆訂單。他的佣金會在訂單經過審核後每週支付一次，這是他合作的那家苗圃廠商的規矩。這個規矩並不適用於所有苗圃。有些苗圃堅持讓銷售員在接到訂單時，以訂金的形式收取佣金。不管是小城鎮、大城市、郊區還是農村地區，到處都有潛在客戶。有些苗株銷售員會定期拜訪教育機構、遊樂運動園區、教堂，以及類似場地。這種地方通常需要補充或更換樹木與灌木。在這個有利可圖的領域，不需要資本就能開始賺錢。

跟女人聊衣服，找回富裕的生活

S. P. 李斯特（Liest）失業後，全家人陷入了驚慌失措。他們沒有積蓄，李斯特也不太可能在短時間內找到另一份工作。但他那勇敢的妻子並不絕

望。她曾在書上看過一間會找人代銷產品的女裝廠商，積極的她立刻主動寫信給廠商，要求成為當地的代理商。她很快就收到幾張造型卡和一套銷售工具，其中包含一些實用的入門建議。李斯特夫人的計畫是登門造訪家庭主婦，並決心在第一天就要賺到錢，於是她馬上展開行動。

「第一次登門拜訪的時候我運氣不錯。」李斯特夫人說，「我走近人家的門時，感覺門廊好像會張嘴把我給吞了，整個人超級害怕。當客戶打開門、笑著跟我說早安時，我完全說不出話來。我相信要不是自己這麼急著要錢，可能會當場放棄。那位潛在客戶很親切友好，好像很同情我，大方邀請我進門，我也慢慢從原本怯場的狀態中恢復過來。然後我就開始聊女裝和手上賣的裙子，態度就像跟姊妹淘聊天那樣。我們聊了服裝的款式、顏色還有時尚潮流。我秀出造型卡，展示這些都是巴黎最新的流行，並告訴她有可能在目前的時尚雜誌中看過類似設計。我們還把雜誌拿出來，把我推銷的服裝造型特點跟雜誌中的圖片相互比較。我很快就忘記自己是來銷售女裝的，因為我聊衣服聊到非常投入。當她接著說自己會從廠商主打的三款造型中選一款時，我實在是有點喜出望外。我的佣金是 4.3 美元，這就是訂金的數字，餘款則由廠商在交貨時收取。拿到第一筆成交訂單的我超級開心，那天也沒有拜訪其他客戶了，急忙趕回家，途中還去了一趟雜貨店買晚餐的食材，提著好幾大袋食物回家。」

然而，李斯特夫人隔天就沒這麼順利了。她拜訪了好幾位客戶，卻沒有爭取到任何訂單。分析那天的銷售狀況時，她不禁納悶為何第一筆銷售會這麼順利。「我不禁覺得第一筆銷售之所以成交，全是那位客戶很善良仁慈。」李斯特夫人指出：「這種想法很令人沮喪，但我越是去想，就越想改變這種想法。經過一段時間，我才發現自己剛開始賣衣服的時候，並沒有刻意費盡心思去爭取訂單。我跟客戶聊的是服裝跟造型款式，我只是以一位女性的姿態跟另一位女性聊衣服。然而，第一次銷售時出現的這種態度，在後來的銷

售中消失了。我為了讓客戶對產品感興趣，表現變得很呆板、不自然。想通這點之後，我馬上改變自己的銷售方式。現在當我拜訪女性客戶時，我會以女性的角度和眼光自然談論服裝，以這種方式來傳達服裝的特點，而且感覺非常自然。我還會特別穿上服裝樣品，這樣潛在客戶就能直接欣賞衣服的垂墜度以及穿起來的樣子。不僅如此，我也會請客戶注意下擺的寬度、法式接縫線，還有最新的造型特色，以及縫在每件衣服內的可清洗保證標示。透過這種方式，讓客戶對衣服的銷售特點更感興趣。」

　　頭九個月，李斯特夫人靠販賣女裝賺取遠超過 1,000 美元的利潤。談到收益，她說：「我所做的一切，只不過是女人跟女人聊衣服而已。」她不需要花錢買樣品包或造型卡，所有銷售配件都是廠商提供。她平均每天拜訪三十位客戶、至少都能賣出四套服裝，佣金總共是 5.17 美元。李斯特夫人曾有好幾天賣出多達十五件衣服，也不乏單日業績達十到十三件的日子。在這過程中她發現，拜訪家庭主婦最理想的時間是早上 9 點半到下午 3 點半。

　　因為婦女喜歡聊衣服，所以很樂意讓服裝廠商的代表上門拜訪。要成為這種貨到付款制的服裝廠商代表並不難。客戶下訂單時支付的訂金或首付款由銷售人員保留，作為銷售佣金，剩餘款項則在交貨時收取，也就是所謂的貨到付款。

出其不意，銷售收音機的好方法

　　走進一家銷售員與長期住在那裡的賓客時常造訪的小旅館大廳，詹姆斯・溫頓（James Winton）將一台收音機擺在旅館櫃檯人員桌上，對他說：「可以把這個接到燈插座上嗎？不用接地也不需要天線。」

　　櫃檯人員欣然同意讓溫頓連接收音機，大廳裡的幾個人因為閒來無事而

感到好奇，紛紛圍到他身邊。不一會兒，頻道就對準一家當地的電台，音樂在大廳中飄揚。幾分鐘後，溫頓覺得展示收音機的橋段已經夠了，就不發一語地將音量從小聲轉到非常清楚的大聲。當他覺得自己已經吸引所有大廳賓客的目光時，就從公事包中掏出一塊抽抽樂的板子，並且對大廳裡的人宣布：「這台收音機的零售價是 29.5 美元。」

「這是市面上最優秀的小型收音機，抽對號碼的人就能得到它。」然後將板子遞給大廳中的某個人，不到三十分鐘，場內所有人就將所有號碼都抽完了。一位住在三樓的房客提著到手的收音機笑著離場。溫頓將所得全部收進口袋，並建議櫃檯人員也買一塊抽抽樂板。溫頓說：「抽抽樂收入的 25% 是你的，而且收音機也免費。」櫃檯人員欣然同意，於是溫頓就留了一塊抽抽樂板給他，繼續趕場銷售。

「我在旅館的第一塊抽抽樂板上賺了 20 美元。」溫頓說，「留給櫃檯人員的那塊上則賺了 5 美元。我的策略就是在群眾玩抽抽樂的時候，把收音機當獎品送出去。收音機是廠商以經銷商專屬折扣賣給我的，所以我賣出這兩塊板子都能得到不錯的利潤。但小旅館並不是我賣收音機的唯一場所。在理髮店、雪茄店、撞球店跟其他類似性質的場所，其實收音機的銷量都滿好的，賣出去的數量多到會讓你嚇一跳。在一些生意比較好的理髮店、快餐店跟娛樂休閒場所，每週能用掉最多三塊抽抽樂板。不過，起先我在讓民眾排隊玩抽抽樂的時候碰到一些困難。我以為只要賣給店主或店員就可以了。我太傻了。你必須讓他們知道如何靠抽抽樂來賺錢，這套方法才能運作下去。這就是為什麼我會先把收音機接上。一定要實際示範如何使用產品，大家才會對產品示範感興趣。他們除了想看收音機的樣子，也想聽收音機的聲音。我目前的方法是向店員證明這種方法確實有可能賺到錢，並且向群眾展示收音機的品質有多好。」

溫頓指出，試著以熱烈激昂的方式來銷售對他來說起不了作用。他從一

家批發公司收購收音機，這家公司專門從事這種類型的收音機分銷。做這個生意的頭四個月，他的利潤就遠超過 1,000 美元了。他以上述方式，在理髮廳、撞球間或酒館找到「代理人」，就這樣把生意給做起來。被他指定的代理人每個月會使用三到六塊抽抽樂板。他在批發商交貨時支付抽抽樂板與收音機的費用，而第一台收音機的費用是他最一開始投入的資金，差不多是 12 美元。

只要願意認真工作銷售，就能透過這項銷售策略，在旅館、餐廳、快餐店、雪茄店、藥妝店、理髮廳跟撞球間賺到不錯的利潤。溫頓每天平均到二十個有銷售潛力的場所拜訪，只要有工作的話，每天大概能賺至少 19 美元。

無實體店鋪的賣鞋生意

俄亥俄州克里夫蘭的霍金斯（J. W. Hawkins）替一家鞋類批發公司當了二十年代理商後，公司突然終止與他的合作關係。於是，他決定將自己對鞋類業務的知識轉化為優勢，運用自己的專長直接向顧客銷售鞋子，五個月後就賺到 1,000 美元。

霍金斯表示：「我只是善用一項很常發生在這個產業的狀況而已。每一位有經驗的鞋子銷售人員，都知道消費者對自己的鞋碼概念模糊。其實一般人一輩子會買好多雙不合腳的鞋子，但他們都誤以為尺寸是對的，這個現象實在讓人詫異。之所以會如此，是因為鞋店不可能永遠都備齊所有銷售鞋款的全部尺寸、寬度、樣式跟顏色庫存。店家剛好沒有合適的尺寸時，店員會用相近的尺寸來代替，但一般人根本不曉得其中的差別。」

「我的自我訓練已經強到能一眼看出對方的鞋子是否合腳。穿著不合腳

的鞋子的潛在客戶，通常會抱怨合腳的鞋子很難買，還懷疑我是否真的能提供讓他們滿意的鞋子。這時，我會跟他們說：『我保證一定超級合腳。如果你覺得不合腳，就不用付錢。』交貨是以貨到付款的形式來進行，但我一定會在鞋子交貨時拜訪客戶。我的訂單是由批發倉庫出貨，所以絕對不會發生缺貨、用其他尺寸來代替的情況。」

大約過了四週，客戶才完全意識到霍金斯銷售的鞋子確實比店裡買的還合腳。他的第一筆訂單客戶是一家鐵路公司的工程師，這位工程師非常滿意，所以跟一起上班的司爐推薦霍金斯的鞋。霍金斯回去拜訪那位鐵路工程師時，已經有兩筆訂單等著他了。不只那位司爐跟霍金斯買鞋，另一位列車車務員也買了。後來，他總共在鐵路局那邊爭取到三十三筆訂單，而這批訂單全都來自第一份訂單。同時，他也拜訪當地的鑄造與機械公司，並從工頭那邊爭取到一筆訂單。客戶收到鞋子沒多久，就打了電話給霍金斯。

工頭說：「我從來沒買過尺寸這麼合的鞋子。」他還叫霍金斯晚一點再到工廠來一趟。第二次造訪工廠時，他總共收到十六雙鞋的訂單。每雙鞋平均能讓他賺到 1.25 美元的佣金，這筆錢他會事先收取。鞋子的零售價不到 3 美元，佣金則從當中扣除，餘額由郵遞員在交貨時收取。霍金斯家裡沒有任何鞋子的庫存，他完全是用樣品來進行銷售。製鞋廠商提供的特殊訂單測量工具，可以確保每位客戶都能量出最合腳的鞋子尺寸。

「學習如何挑選最合腳的尺寸，這個訣竅不用花太長時間就能學會。當你掌握訣竅，把合腳的鞋子賣給第一位客戶之後，他就會四處跟親友推薦你。我的大部分訂單都是這樣來的。起先跟我買鞋的十五位客戶，幫我吸引來後面的九十七筆訂單。我大概花了兩個禮拜的時間才拿到第一筆訂單。在那之後的兩週內，一切還算順利。差不多過了四個禮拜之後，我才陸續接到回頭客的訂單。那時，我只賣了二十九雙鞋，但從那之後訂單就開始迅速增加。」

霍金斯表示他每天都有辦法靠直接銷售從消費者那邊爭取到訂單，無論男女。不過他專賣男鞋，而且只會拜訪那些在工廠、店鋪或辦公室上班的男性顧客。雖然他拜訪的客戶不多，每天大概十五位，業務量卻相當龐大。

聰明的獎品專家

「想要不勞而獲」是人的天性，詹姆斯・霍納（James C. Horner）非常了解這一點，也因此認定比起從事其他工作，向商人販售獎品是更容易賺到第一桶金的方法。他的行動結果證明了這個想法是對的。他之所以成功，是因為用對銷售策略。他的策略既簡單又實用，但驚訝的是竟然從來沒有人試過這種方法。

霍納先生解釋：「我的計畫就是去拜訪鎮上最好的商人。我會提供大概兩百張贈品卡，還有一些印刷好的櫥窗海報、發給商店顧客的傳單，還有展示用的贈品。顧客在消費金額達 5 美分、10 美分、25 美分時就能拿到贈品卡。顧客累積到一定數量的贈品卡之後就能獲得贈品。作為刺激消費的因素，贈品的品質必須要夠好。跟店鋪裡販售的同類商品相比，贈品必須更具優勢，而且必須是家庭主婦想要、但覺得自己無法以正常零售價格買到的物品。要是你提供的贈品不符合這些條件，那贈品也無法替你吸引多少生意。我通常會推薦用電子鐘或銀器來當贈品，電子鐘有收音機、壁爐架或是掛鐘的樣式，而事實證明這些東西很能帶動業務。」

「開始推動以時鐘作為贈品的銷售計畫之後，店鋪老闆不斷跟我回購時鐘，數量之多實在驚人。他們常常會一次就重新訂購二十五或三十個時鐘。推行時鐘贈品一段時間之後，我會建議店主再增加另一種獎品，例如銀器。如此一來，店主便能用同樣的方式來贈送銀器，而那些已經擁有時鐘的顧

客，會開始為了銀器重新累積贈品卡。這樣他們就會持續到店裡消費，替店主帶來穩定業績。」

「我會多次拜訪店主，除了保持友好的合作關係，也向他展示正確使用獎品的方法。我發現店主幾乎不反對提供獎品。每個商人都知道，這個點子基本上沒什麼可挑剔的，而且也是他能想到最有效刺激銷售的方式。我在銷售時會點出，許多商人都注意到在經濟蕭條最嚴重的時期，提供獎品能避免生意嚴重虧損。社會大眾對獎品的普遍接受度就證明這個想法是成立的，也協助我達到銷售目標。我專門拜訪小城鎮的店鋪，雖然我也不反對到大城市銷售，但在大城市的商店中久候店長見面會浪費太多時間。」

霍納主要在威斯康辛州跑業務，輪流去沃特敦（Watertown）、麥迪遜（Madison）、基諾沙（Kenosha）、拉辛（Racine）跟簡斯維爾（Janesville）的商店拜訪。在同一類的商店之間，他只會到其中一間進行獎品銷售，佣金平均每週為 70 美元，每天大概會拜訪二十家店。每個商家都覺得有必要增加自己的銷售額，所以當你登門造訪，告訴他一個既能吸引新顧客又能讓老顧客回頭的方法時，他們一定會願意聽你的意見。加油站、藥妝店、小百貨、雜貨店、珠寶商、日用品店、肉鋪、五金行跟餐館都能用獎品來吸引買氣。不需要資本就能開始。專門供應獎品的公司，會將他們的銷售計畫細節與可能性全部寄送給你。

靠著賣滅火器賺 1,000 美元

如果問法蘭克・德普雷斯（Frank DePries）怎麼賺 1,000 美元，他會毫不猶豫地說：「賣滅火器。」這個答案也是他的個人經驗，因為德普雷斯在短短六週內就賺到這筆錢。在他與滅火器廠商合作大概兩個月後，他才開始

有所謂的銷售紀錄。銷售滅火器的第一個月，他並沒有賺到多少錢。雖然他拜訪許多客戶，但成交率極低。德普雷斯表示：「我的問題在於，我拜訪的都不是可能會買單的潛在客戶。此外，剛開始的時候我沒有銷售經驗，整個人被互相矛盾的銷售概念搞得昏頭轉向。我很快就發現自己沒有任何進展，每週收入有時是 5 美元，有時是 10 美元，也有時兩個禮拜下來，我的收入加總起來甚至不到 20 美元。但我相信要是別人能賺大錢，我也可以。」

「我知道滅火器對一半的潛在客戶來說是有用的，但對於我拜訪的客戶來說，十個裡面有九個實際上並沒有在使用滅火器。所以說，很多拜訪跟面談都是在浪費時間。有一天晚上我跟妻子討論到這個情形，她說最明智的做法是只拜訪需要滅火器的潛在客戶。我沒有想到這點，但聽起來是個好辦法，所以我花了一天的時間研究分類電話簿，列出一份我認為需要滅火器的公司名單。我列出商業區的二十七家公司，這些公司距離不遠，所以我安排了一條最好最有效率的拜訪路線，就不會在不同公司間移動時浪費時間了。那天的佣金總共是 36 美元。」

德普雷斯設定的目標上限是每天拜訪二十五位客戶。在這二十五次拜訪中，他平均銷售十二個滅火器。這不代表他各別拿到十二筆訂單，因為光是一家小工廠就有可能一次跟他買十到十二個滅火器。有一週，他的業績特別好，佣金高達 300 多美元，也曾在十週內賺了將近 1,000 美元。

他拜訪的客戶主要是小工廠、批發公司、倉庫與車廠。火災保險承銷商已經批准他販售的滅火器，所以他能向潛在客戶表示只要購買他的滅火器，就能減少工廠火災保險的費用。

德普雷斯合作的這家生產滅火器的公司，不要求銷售人員必須具備銷售經驗，也不需要拿現金出來投資。所有野心十足的男女銷售員都能與這家公司合作。

銷售修補液：我需要的，別人也會需要

　　蒙大拿州帕布羅（Pablo）的德懷特‧李奇（Dwight C. Ritchie）拜訪朋友時，發現朋友家裡桌上擺了一管修補液。「那是做什麼用的？」李奇問。「怎麼了？那是用來修補襯衫或襪子上的小洞，很好用，只要一分鐘就能把裂口或絲襪上的洞補好。」朋友這樣回答。李奇馬上記住這個商品，因為他未婚，時常得自己修補衣服，就買了一管回家。後來他寫信給廠商，要求成為當地的修補液代理商。沒有挨家挨戶銷售過的他，在展開新工作的前幾週意識到自己實在有太多東西要學了。但他很快就知道正確示範展品是很重要的環節，不久後，他每天的銷售平均收入來到 12 美元。

　　李奇每天平均能賣出六打修補液。有時候，他的銷量在十到十二打之間，扣除所有費用，他的利潤高達 22 美元。不過，他賣得可不輕鬆。他承認剛起步那幾天運氣很好，因為隨著時間推移，他開始遇到很多讓銷售變得難上加難的問題。

　　「一款消費者想要、而且每天都需要的產品是很重要的。但更重要的是你銷售產品的方式。」李奇坦誠地說，「我知道這個產品是好的。在我開始用比較有系統的方式銷售之前，一直在說服客戶方面碰到很多困難。例如，在我試圖向一位住在市中心外的農場婦女推銷時，她說她沒有錢，但因為我願意讓她用農產品來交換修補液，就建議她用一隻雞來換兩管修補液。另一位缺錢的女子則提出用雞蛋來換。」

　　「你必須向許多人展示產品的功效。所以我有一本示範手冊，會在我做簡單的示範時使用。在這本示範手冊中，我會加入目前報章雜誌對這款產品的報導，這樣有助於提升銷售額。在手冊裡，我還會放進絲襪、棉布、亞麻布跟其他布料的樣品，這些樣品都是我用這款修補液補過的。一頁頁翻過這本示範手冊時，我會指著這些紡織品說：『您的絲襪破損時，只需要用牙籤

或掃把的一根麥稈在破損處上下抹一點修補液就行了。而且把這個裂口補起來，只需要原本修補時間的四分之一。』然後，我會乘勝追擊補充：『您看，比起使用針線，這種補法更好也更快。』潛在客戶點頭同意時，再繼續加把勁：『現在您一定會想買兩到三管，價格總共是 25 美分。』同時，我會把修護液拿出來，很少有婦女會在這階段拒絕我。許多人一次買三管，有些人則買了四管之多，當然也有人只買一管。許多婦女開門時都說：『不要，我什麼都不要。』起先，這句話會讓我卻步。現在我會說：『沒關係，我只是想向您展示如何讓絲襪的裂口不要繼續擴大而已。』說完這句話，她們就會讓我開始示範。」

李奇很努力拉訂單，他每天平均拜訪六十七位客戶，從清晨一路忙到天黑。但他表示，如果你想賺錢，就得到外頭闖蕩、努力工作。

想要像李奇這樣開始賣一些具備特殊功能的小產品，其實不需要任何資本投資。不管在哪裡你都能賣這款產品。只要能幫產品找到新用途，就能拓展更多銷售機會，利潤也會持續累積。

只講真話的保險業務員

在科羅拉多州的丹佛（Denver），戴佛斯（T. J. Devers）透過銷售互助協會的會員資格，在五個月內賺到 1,000 美元，這令他的朋友大吃一驚。起先，戴佛斯一貧如洗，那時的他回覆了一則廣告，然後就收到指示告訴他該如何以及在哪裡募集新會員。戴佛斯一開始對於公司寄給他的「罐頭式銷售話術」感到不以為然，但他急需現金，而既然這份指南提供了賺取現金的方式，他決定姑且一試。

聊起第一次銷售的經驗，他說：「如果有人跟你說這很容易，千萬不要

相信。要找到一個願意付 5 美元加入互助協會的人非常困難。提出會員資格申請時的入會費就是我的佣金。剛開始我犯了一個錯，就是太用力向潛在客戶銷售。跟我談的客戶是一位老先生，我腦中想到什麼東西就立馬向他承諾，而他則嚴厲地說：『年輕人，你是個騙子。如果你不要繼續說謊，跟我講實話，我或許會跟你買。』我說：『好吧，那我就清楚提出這項方案。我不覺得你很健康。如果你身體不錯，而且想加入這個協會，可以在申請表上簽名並給我 5 美元。』他沒有簽。他表示當地沒有一個醫生敢保證他能活多久。但如果我去找他兒子，可能有機會。雖然我不確定他兒子會買，但我還是找到他，跟他說是他父親叫我來的。這次我把公司的所有真相都告訴他。他兒子買了一份保單，並把入會費交給我。這就是我成交的第一筆生意。我學到很重要的一課，那就是介紹互助保險內容的時候要講真話。後來我又學到另一件事，必須深入了解保單內容以及保單到底提供哪些承諾。我花了將近七個禮拜的時間來學習我需要知道的一切。在這段時間，我並沒有賣出太多會員資格。」

「不過隨著時間推移，我開始相信自己能把保單賣出去。我的障礙是不曉得能在哪裡找到需要保單的潛在客戶。一般來說，有能力購買老式保險的人不是互助保險的潛在客戶。但是那些因為外在因素不得不放棄舊式保單的人，則需要一些保障。互助協會對他們來說就是天賜良機，因為這種保單的費用比普通人壽保險還低。這些互助福利協會的保單不需要體檢，支付的保險金最高可達 1,000 美元。每個月的保費只有 1 美元，多數人都負擔得起。」

「有一天下午，我認識了一位老式保險的業務員，我們聊起生意。他跟我說自己有很多客戶被迫把舊的保險解約，身上只有小的工會保險。我一聽就對這群人產生好奇心，立刻問他是否能把手上剛失效的保戶姓名給我，他也很爽快地答應了。我拜訪這些保戶時，刻意避免講出一些像是在攻擊舊式

保險公司的話，只跟他們解釋說在許多情況下，如果要保家庭沒有能力繼續繳納保費的話，這種互助保單其實是舊式保險的替代方案。接著，我告訴他們我手上的這份保單成本有多低，以及可以提供哪些安全保障。我拜訪的每個人都跟我買了保單，然後我隔天再去拜訪他們，承諾這些人，只要推薦親朋好友一起買保險，就能以推薦人的身分得到 2 美元的佣金。他們很快就接受我的提議，把親朋好友的姓名都給我。一週內，我從那些親友名單中賣出五十四份保單。這些人再推薦其他親友，短時間內我就找到了所有我需要的潛在客戶了。」

獨特方便的捲菸保濕櫃

查爾斯·達格瑪（Charles Dagmar）對一位正在替本書募集賺錢妙招的達特內爾（Dartnell）撰稿人說：「我靠向公寓式酒店與一般家庭販售捲菸保濕櫃，賺到第一桶金。因為現在抽捲菸的人不分男女，我估計每個保濕櫃每天能賣出兩包捲菸。平均利潤為 4 美分，這個投資報酬率對我來說還不錯。替這些家用保濕櫃尋找適當的擺放場所，其實不會比安置任何投幣機器還困難。但其中一項差別在於你不用支付場地擁有者任何佣金。」

「我第一次知道有家用保濕櫃這個東西時，就覺得是個不錯的生意點子。我帶著保濕櫃的照片去拜訪三家大型公寓酒店的老闆，向他們『推銷』讓我在每間公寓裡擺放保濕櫃的想法。我說：『這是一台擺著就能吸引顧客的機器，不僅節省租戶的時間，還能讓他們隨時隨地都能抽新鮮的捲菸。如果菸抽完了，他們也不必特地到店裡去買。』這項論點加上保濕櫃的美觀與實用性，都深深吸引公寓酒店的老闆。他們說自己本來就想在每間公寓裡擺放一件類似保濕櫃的傢俱，只要他們不需要為了這些機器支付我任何費用，

我就能在公寓裡安裝保濕櫃。其中一家酒店有一百零四套公寓，我在每間公寓裡都擺放一座保濕櫃，每包捲菸的平均利潤為 4 美分，加總這三家酒店的月收入接近 375 美元。」

「這些保濕櫃是很棒的傢俱，還有各種款式可以選擇，例如小茶几、臨時桌、電話架、報紙雜誌架或是牌桌。保濕櫃的構造設計能夠無限期讓捲煙保持新鮮，而且一次能裝十五包捲菸，這對普通家庭來說已經足夠。如果家裡有兩個人以上的人會抽菸，我每週會登門拜訪兩趟補充捲菸。這項產品如果要成功，服務就是基礎。我每次到客戶那邊跑業務都能直接領現金。」

「有在抽菸的普羅大眾很快就會感受到保濕櫃有多方便。使用者都能將自己最愛的香菸品牌放進櫃子，這樣就不會對捲菸有什麼異議。幾乎每個人都有這種經驗，深夜時刻，在家裡跟朋友聚會或收聽廣播節目時，發現最後一根菸抽掉了。如果銷售時還需要額外的說詞來說服酒店客戶，我就會提醒他們想一想這個狀況。」

達格瑪支付三分之一的現金，並同意每個月從自己的收入中拿出一小部分來支付這些捲菸保濕櫃。大量採購時，每個櫃子的價格是 13.5 美元。他已經在許多家庭與幾間公寓式酒店中裝設這些保濕櫃。這種櫃子似乎具有無窮的銷售潛力，尤其是在大城市，一般家庭都傾向住在配有傢俱裝潢的小公寓。在小社區中你也有機會用這種投幣式捲菸機賺到錢。你每週都能去收款，只要安裝好保濕櫃，每個櫃子都能帶來穩定收入。

滿足專業人士特殊需求的印刷品

雨下了一整個上午，當約翰遜・麥可克勞德（Johnson McCloud）走進俄亥俄州阿克倫（Akron）的一間診所時，醫生正一臉鬱悶地看著窗外的雨。

「這種天氣真煩。」約翰遜不禁感嘆,「這種天氣很適合寫信給行為失當的患者。」醫生從窗邊轉過身來點點頭,移動到書桌前、懶洋洋地往椅子一坐。約翰遜等待醫生開口,但醫生不發一語。約翰遜見狀打開公事包,拿出各式各樣的信紙樣品。「您覺得這些信紙如何?」他將信紙遞給醫生時詢問。醫生表示這些信紙品質很好,但他迴避地說:「我不能用這麼貴的東西,在我們這個產業沒必要用這種東西。我平常只需要一些卡片、信封、帳單跟信紙,我都從一位印刷商病人那邊取得這些東西。」

「支持在地印刷廠真的很棒。不過,要是你知道能以很低的成本來印製自己的信紙,而且品質還更好,絕對會大吃一驚。我們公司專門印製標準表格,除了印製大量的事務印刷品之外,也能特別印製小量的訂單。我的信紙、帳單、卡片跟信封報價一定低到讓你嚇一跳。」

與此同時,醫生正在考慮信紙的品質和材料。他看起來只是想打發時間,態度並不怎麼積極熱忱。價格對醫生來說顯然不重要。約翰遜仔細觀察醫生,並遞給他一個信封。「摸摸看這個紙的質感!」醫生將信封接過去,點點頭。「方便請教你現在使用的信紙要多少錢嗎?」約翰遜問。「其實我不太清楚,我猜應該不多。一千份大概 2.5 美元或 3 美元吧。天啊,還在下雨。」

約翰遜不理會醫生的最後一句話,遞給他第三份印刷樣品。「你的訂貨量是五千還是一萬?」他問。「沒有那麼多!我只需要五百或一千份。」約翰遜說:「好,那你喜歡這些樣品裡面的哪一種紙?有些人喜歡高檔的染色紙,有些人比較喜歡這種厚磅的白紙。我可以幫你訂購這種紙,一千份信紙以及一千份信封,然後用樣本上面的字體印你的名字跟地址,這是現代羅馬粗體字,價格是 20.9 美元,包含信封跟信紙。這代表你能省下大約 2 到 3 美元。而且是從工廠發貨、快遞直送。你只需要付一小筆訂金給我,剩下的收貨時付清就可以了。」

醫生問：「我要怎麼知道我會拿到品質一樣的成品？」約翰遜回覆：「這是你的保證書，你有看到上面把所有細節都寫清楚了嗎？就印在你的收據上。我把這份收據留給你，這是訂單的一部分跟條件。」

約翰遜‧麥可克勞德成功帶著這筆小訂單離開診所，而且，醫生還向附近的三家診所推薦約翰遜。那天他賣出總價值 57 美元的印刷品，佣金高達17.11 美元。從事這份銷售工作的頭六個月內，約翰遜的佣金總額就高達1,400 美元。雖然聽起來他應該是做了很多筆量大的訂單才能賺到這個數字，但他說其實自己的生意都是來自那些小量訂購的客戶。

「我的訂單規模都不一樣。」他說：「有些小到只有 1.5 美元，有些則多達 35 或 40 美元，而且我從來沒有接到超過 45 美元的訂單。這份銷售工作的佣金各不相同，有些訂單賺的錢多，有些則少。我的客戶主要是商業人士，但我也不放棄跟店家、餐廳、工廠、醫生、律師或牙醫接洽。在頭兩個月內，我在與潛在客戶接觸時碰到一些難題，但我後來把問題解決了。我發現跟不同潛在客戶接洽的時候，都要適時稍微改變銷售方式。用同一套銷售方法與話術來對待每一位潛在客戶，是行不通的。不過，還是有一些基本原則是永遠適用的。進門之後要將樣品交到客戶手上，並在銷售過程中讓客戶實際觸摸樣品的質感，這點非常重要。如果你能讓潛在客戶的注意力一直擺在樣品上，通常就能成交。」

約翰遜‧麥可克勞德絕對不會在銷售過程中提到會讓客戶分心的事，只把話題限制在銷售的東西上。銷售標準化表格、信紙、帳單、信封跟傳單已不是難事，因為有些公司具備特殊的器材，能以超低價格來承接這些訂單。這類印刷品的品質，通常都比當地印刷廠的成品還要好，潛在客戶需支付的成本也低得多。這是兩大無可反駁的論據，銷售人員通常能靠這兩點來迅速拿下訂單。

將商店帶到顧客面前

查爾斯・格雷夫（Charles Graves）將綠色轎車停在路邊，從後座拿出一個裝有一打毛巾的包裹，匆匆走到白色小屋門口。一位女子出來應門。格雷夫說：「馬卡姆夫人，您說過如果這批毛巾符合我所說的尺寸跟品質，您就會再訂購其他商品。我這邊有一些真的很物超所值的東西。」馬卡姆夫人請格雷夫進屋，接著打開那包毛巾仔細檢查後說：「品質真的很好，而且還這麼便宜。」

「那是當然。」格雷夫馬上回應，「您會發現我這邊的東西品質都一樣好。而且別忘了，在我把東西送來給您檢查之前，您不需要付任何一毛錢。您也知道，我靠開車送貨賺這一點點利潤而已。我不像商人那樣需要負擔巨大的經營成本，您曉得的，商人要承擔租金、電費、包裝費、裝潢費用，還要支付投資人放在店鋪跟股票上的利息、稅金跟各式各樣的開銷。這些成本都會反映售價上，如果不這麼做，商人怎麼賺得到錢。他必須這樣做。但我把這些成本排除，提供身為消費者的您更多價值。我這邊還有一些您會喜歡的東西：有小環裝飾的 320 針絲質雪紡褲襪，整雙都是絲綢。一打一盒，只要 5.2 美元。夠便宜了吧？」馬卡姆夫人回道：「聽起來確實滿超值的。」眼前這位潛在客戶用手觸摸薄透的真絲材質，心裡算著每一雙的價格，發現每雙差不多只要 40 美分或多一點就能買到。查爾斯・格雷夫又成交一筆生意了！

他以這種方式銷售商品已有三年時間。他堅持以合理的價格提供品質優良的商品，事業經營得有聲有色。在前六個月，他生活過得很優渥，也在銀行裡存了將近 1,000 美元。

「我認為靠銷售來賺錢是必須的。」查爾斯進一步解釋，「我的意思是你必須要能夠展示價值，並建立一套銷售話術，來將產品的價值發揮到極

致。確實，我賣的多數商品價格都比在店裡買還低，我的成本也比較低。但我每次銷售的利潤都比店主還高，因為我都從那些跟破產公司收購商品的批發商合作。他們開個價，將整批破產商品的庫存買下來，再以微薄的利潤將這批商品轉賣出去、快速週轉資金。他們提供的商品數量跟種類通常不多，所以經營商店的人對這種批發商不是很感興趣，因為他們無法針對同一樣商品提供足夠的庫存量。但這些批發商的產品品質夠好，能讓我這樣的個體銷售員有辦法繼續賣下去。當然，我最大的賣點是價格。」

「我常用『三明治法』來銷售。與客戶交談時，我會先問她在當地百貨公司幫丈夫買襪子要花多少錢，等對方把金額告訴我後，我會說：『我這邊有一款非常好的襪子，您丈夫肯定會滿意，而且一打的價格只有 1.59 美元。那您家的浴巾要多少錢？我是說那種大型的土耳其浴巾。』聽到她的答案後，我再接著說：『我可以賣您一打土耳其浴巾，大尺寸的那種，一打 2.1 美元，每條不到 20 美分。』這是兩種需求量一直很大的便宜商品。我沒辦法靠這兩樣商品賺太多，但我銷售的其他多數商品利潤還滿高的。丟出兩件低價商品引起客戶注意之後，我才會拿出利潤較高的商品，比方說肥皂。這種肥皂一般來說一塊要 10 美分，我用 1.5 美分的低價買進，然後以 4.25 美分的價格出售。之後我還會介紹居家服，這也是另一種利潤高的產品。接著再拿出低價商品，這時潛在客戶就會覺得我的每件商品都很便宜。這便是我所謂的商品銷售。」

格雷夫的某些訂單金額高達 30 美元，但訂單的平均金額為 4.75 美元。每筆訂單的平均利潤是 1.69 美元。上手之後，格雷夫建立了一條自己固定的銷售路線，每三週會照著這個路線進行一次銷售，每天平均拜訪二十三位客戶。在他拜訪的二十三個家庭中，大概有十二組客戶下訂單，每日平均收入接近 19 美元。

他一開始只投入 50 美元的資金來添購所有設備與進貨，跑業務開的車

則是從二手市場買來，花了他 300 美元。只需要少量資金，你也能像格雷夫這樣在自己的社區經營有利可圖的生意。

穩定的二手電器市場

柯德（E. L. Cord）身為柯德公司總裁、奧本汽車公司（Auburn Automobile Company）創辦人，以及許多重要企業之主要負責人，靠著整修福特汽車賺進自己的第一桶金。

他買了一輛 75 美元的二手 T 型福特汽車。接著，他為這台車換上能高速行駛的排檔，加上自製賽車車身，再重新烤漆，然後以 675 美元的價格出售。

這個銷售計畫相當成功，所以他買了二十輛福特二手車，對這些車子進行相同的改造，轉手賣出時每輛的平均利潤為 500 美元。

當然，這種機會今天已不復存在，但市場上還有其他類似的機會。民眾會不斷將二手商品拿去折舊換新，洗衣機、收音機、吸塵器等電器，通常都在狀態其實還很好的時候就被消費者淘汰。只要更換新零件、重新烤漆或上琺瑯，就能再拿到市場上賣。

對於很懂機械原理、手邊剛好有工具、不怕弄髒雙手、靠修復二手家電設備維生的人來說，每座城鎮都有二手電器整新品的銷售市場。

幾乎每一位經手二手電器的商人，都會把商品的價格壓得極低。為了擺脫這些二手貨，他們幾乎願意以自己買入的價格賣出，有時甚至更少。重新整理、翻新的家電設備的市場需求相當穩定。許多人不願意花錢買全新的電器設備，所以整新電器的潛在客戶並不難找。

想踏進這個市場，你只需要一些工具跟一台二手電器，例如洗衣機、吸

塵器或冰箱。第一步是將設備拆解開來徹底清潔一番，然後將磨損或破損的零件更換掉，並針對表面瑕疵進行修補，接著你就能做第一筆生意了。向鄰居銷售你整修的第一台電器。如果他不買，就看其他鄰居有沒有興趣，以此類推直到售出為止。拜訪客戶時，詢問他們是否還對其他電器感興趣，幾回問候後，你會開始接到其他二手電器的訂單，這時你就能去收購二手電器、進行改裝整修和銷售。一些嘗試過這種銷售計畫的人，整修電器的訂單甚至都能排到好幾週後。

將電器的成本和所有零件材料的成本加起來，以及你花在整修上的合理時間與勞動成本，在這個數字上再加 50％ 作為銷售價格，這是一個比較有保障的定價策略。所以，比方說你花 7.5 美元買一台二手洗衣機，花 3.25 美元買新的零件跟琺瑯等等，再加上兩天的勞動力（假設你每天的勞動成本為 4 美元），那麼加總起來就是 18.75 美元。加上 50％ 之後，售價就是 28.12 美元。這樣在支付自己每天 4 美元的勞動費用之後，你還能獲得 9.37 美元的淨利潤。有些整修電器的人會付幫忙銷售的人 20％ 至 25％ 的佣金。如果要這樣做，你應該在支付自己工資後，將成本翻倍。舉例來說，洗衣機的成本（包含你的勞動）是 18.75 美元，銷售價格就應該是 37.5 美元，其中包含 20％ 的銷售佣金。這個價格能讓你賺 30 美元，利潤則為 11.25 美元。額外的利潤是用來支付你與銷售人員接洽時必然會用掉的時間成本，以及你不得不提供的必要協助。

利用老客戶來拉攏新客戶

威斯康辛州密爾瓦基（Milwaukee）的查爾斯・安格（Charles Angle），在購買調味萃取物的女性消費者之中建立起顧客合作計畫，讓他的萃取物業

務從每週 20 美元的普通規模，成長到每年有 4,000 美元的收入。這份銷售策略有可能可以解決你的問題，安格就是受益者的最好證明。

安格先生解釋他的銷售策略：「銷售萃取物的利潤不高。我賣的特殊四瓶組售價為 99 美分，還免費送一大包的甜點，這個組合賣得很快。但每賣出一組，銷售員只能拿到 30 美分的利潤。你必須賣出很多這種優惠組合才能真的賺到錢。我在密爾瓦基跑了一段時間的業務，生意做得很大，賺到的利潤卻很少。後來我說服一位女子向親友推薦我的調味萃取物，承諾只要她每賣五組，我就送她一組四瓶裝萃取物跟特殊甜點。這個效果非常好，所以我又向住在兩個街區外的另一位婦女提出相同建議。收到合作提案後，她馬上開始打電話，不到一個星期的時間內就拉到三十九份優惠組的訂單。為了獎勵她，除了之前承諾的幾瓶萃取液之外，還送她一雙絲襪。」

「有了這次經驗，我花更多時間來培養客戶合作計畫，而不是自己實際去進行銷售。在兩個月內，我按照這份計畫在密爾瓦基地區培育三十四位合作客戶，每個人平均每週替我賣出十二筆訂單，我則提供他們一些平價的獎品作為回報。」

「我發現，如果婦女覺得自己的努力得到認可，就會很樂意盡全力推薦有價值的產品。她們希望你一直有把她們放在心上。只要在復活節與聖誕節送張卡片，就能讓去年已經與我暫停合作的婦女繼續替我銷售。例如，有位女客戶原本一直很積極幫我拉攏業務，但她已經暫停好幾個禮拜了。在我寄了一張生日卡片給她女兒之後，她又開始積極幫忙跑業務了。」

安格始終是一位勤奮的銷售員，但他坦承要是沒有這些婦人的協助，他永遠不會有機會從賺小錢的階級往上爬。他指出，提供女性合作客戶的禮品成本，幾乎不會超過佣金的三分之一，這是一筆他很樂意支付的數字。他還說要是自己指定這些女性客戶為次級代理，她們就無法替他爭取到這麼多訂單。

安格銷售的萃取物與調味劑品質很好。他以批發的方式進貨，瓶子都裝在特殊容器中。他不需要一次買到一定的數量才能拿到批發價。供貨廠商很樂意以任何數量出貨，買多買少價格都一樣。基於這個原因，安格在沒有資本的情況下，成功把生意做得風風火火。今天，在密爾瓦基市區以及周邊，已有四十六位女性合作客戶協助他銷售，她們通常會在 5 點半之後，等安格在當地跑完業務回家後打電話來訂貨。這些婦女平均每天有兩筆訂單，加上安格自己的業務，單日利潤大約在 14 到 19 美元之間。

炙手可熱的古董市場

傑克・奧福豪斯（Jack Overhauss）專門幫芝加哥的一位傢俱零售商開卡車。有一天，他奉命將卡車開到鐵路倉庫去取一台紡車。據說這是傢俱商費盡千辛萬苦才買到的昂貴古董。後來當他拆開紡車的包裝時，奧福豪斯想起兒時在明尼蘇達州傑克遜（Jackson）的母親家閣樓也玩過一台類似的紡車，他便向雇主提起此事。

雇主告訴他：「如果你知道哪裡還找得到這種紡車，幫我運來，我就付你 50 美元。」他馬上說傑克遜附近就有十幾台，雇主聽了當然立刻請他去載。奧福豪斯很快就前往傑克遜向母親的鄰居詢問各家的紡車。不到一週的時間，他便以每座平均 4 美元的價格獲得七輛紡車。回到芝加哥前，他從傑克遜與鄰近地區的居民那裡總共弄來三十九輛紡車。為了把紡車清掉，居民都很樂意以奧福豪斯開出的價格把紡車交給他處理。

在傑克遜逗留的那段時間，奧福豪斯也一直留意其他物件。尋找紡車的同時，他注意到那陣子造訪的家庭與農場的閣樓和穀倉中有些古董，像是燧發手槍、燧發滑膛槍、布伊刀、印第安戰爭中出現的弓與箭、長矛、斧頭、

獨特的木盒，還有其他長年在家族中保留下來、但是對擁有者來說已不具情感價值的物件。奧福豪斯列出這些物品，將清單副本寄給幾位傢俱與古董商。幾天內，他就收到一位經銷商的訂單，那位商人願意購買整批物品，利潤高達 300 多美元。

靠買賣古董賺錢不需要太多資金。你可以從自家社區著手來發展這項吸引人的業務。每座城鎮都有十幾戶的人家會在閣樓中擺放多年累積下來的傢俱與各種物件。買下這些物件之前，把你找到每件有價值的東西列成清單，並將這份清單的副本寄給傢俱廠商、傢俱經銷商、古董店與大城市的收藏家。回信時，經銷商會列出他們針對每件商品願意支付的價格。那些知道有潛在客戶會買這些物件的經銷商，絕對不會開出讓你失望的價錢。

雖然古董的市場需求在大蕭條時期已經縮小，但隨著景氣以及營造建築的復甦，這種需求又開始出現了。在我們目前正進入的繁榮時期，成千上萬棟房屋經過重新改造以及裝修，許多屋主將住家改造成早期美式風格，深受這種風格的魅力與獨特性吸引。正因如此，古董突然變得炙手可熱，而那些經營古董業務的人必然能從中獲利。這同時也是一門很有趣的生意，還有可能讓你成為擁有專屬工廠與店鋪的室內裝飾師。

善用反向思考！讓每個老闆都心動的收款系統

在華盛頓州的西雅圖，蘇利文（H. J. Sullivan）在五十三天內賺了 1,080 美元。在大蕭條最嚴重的幾個月內，他靠著向當地商人出售一套收款系統而賺到這筆錢。蘇利文說：「我的佣金大概是售價的三分之二。」賣出一個 7.5 美元的組合，我的利潤是 5 美元。如果是價格較高的組合，佣金也相對較高。我最大的優勢是我的熟人名單。在我拜訪的前兩百位商人中，我認識絕

大多數的人，而且也有足夠的銷售經驗，知道如何應對我不熟識的系統潛在使用者。找到感興趣的客戶之後，為了完成銷售，我會拿出公司提供的一套使用者推薦信。這套推薦證詞實在是無價珍寶，裡頭有各行各業的公司提交的推薦信，從小型雜貨店、市場到大型公共事業公司都有。這些企業分布在美國各州。」

「剛開始賣這套系統時我已經破產了，但沒過多久我真的賺到了錢。我拜訪的第一位客戶是一家小工廠，那邊的老闆認識我，因為我以前就有賣過東西給他。我告訴他：『我這邊有一個很棒的東西，你一定會覺得這是一套很棒的收款工具。有些公司欠你錢，而你也覺得自己大概永遠都沒辦法把錢拿回來了。但是，你看這個。』我打開那一大疊推薦信，挑出幾位在他那個產業中幾位大老闆的名字，這舉動有效地吸引這位客戶仔細閱讀這幾封大老闆寫的信。美國任何一位商人看到競爭對手的行動，都會有興趣想了解更多。於是，這位老闆問：『你們賣的是什麼系統？』我向他解釋，並介紹我帶的樣品，讓他瀏覽整套方案。我說：『如果你可以用這套方法向舊客戶收到款項，這套系統就值回票價了。』我的說法成功說服他，並很快下了訂單。這筆銷售的佣金是我有史以來賺最輕鬆的一筆錢。」

「接下來六天，我主要都在思考該如何回應客戶提出的異議。後來我發現自己需要的並不是答案。經過適當分析後，這些異議都會成為銷售的賣點。我一直沒有去詢問潛在客戶的應收帳款總額，但我後來稍微改變銷售方式，並在面談一開始就提出這個問題。多數商家都不曉得自己有多少錢還沒入帳，直到他們看了資產負債表才恍然大悟。他們顯得有些驚訝，常常為此擔心。當我詢問潛在客戶他的應收帳款總額是多少時，一般來說他會打電話給會計師要求看報表，並仔細研讀那份報表。接著，他通常會說：『我想我們應該使用某套系統。你剛剛說那套系統多少錢？』然後就下訂單了。」

蘇利文說他不會在一天內拜訪太多客戶，因為他的銷售面談通常至少要

一個小時。不過他每天平均拜訪十位客戶，其中會賣出六筆訂單，所以他的成交率頗高。他每筆交易的佣金都高於 8 美元。

在這個信貸緊縮的年代，收款系統備受青睞。雖然你可能沒辦法像蘇利文靠賣這套系統賺這麼多錢，但對於喜歡到工廠、辦公室、商店或店家拜訪商人、而且還沒什麼銷售經驗的人來說，這確實是一大機會。蘇利文說商店專用的收款系統要價大概 7.5 美元，其他系統的售價比較高。佣金除了可事前收取，也可在交貨時收取總額，然後再將佣金寄給銷售員。

再堅持一下子！瓦佛斯夫婦的銷售策略

杰伊‧瓦佛斯（Jay Waffles）跟妻子一起在伊利諾州羅克福德（Rockford）一帶與鄰近小鎮上銷售除臭劑，並在六個月內賺了 1,207 美元。

由於健康因素，瓦佛斯不得不辭去在羅克福德的工作，到明尼蘇達州的梅奧兄弟醫院（Mayo Brothers Hospital）接受幾週治療。出院後在家休養的他並沒有如原本想像的那樣快速復原。有朋友建議他到加州度假，這或許能讓他好得更快，可是瓦佛斯實在沒錢出門旅遊。「我們必須盡快弄到一些錢。」擔心家中經濟的妻子這麼說。隔週某天，他們找了一家製造飛蛾驅逐片的廠商，並與其建立銷售關係。

「第一週，我們向鄰居賣了幾片飛蛾驅逐片。」瓦佛斯先生表示，「但我們的銀行帳戶沒有多少錢進帳。多數家庭主婦的藉口是：『我沒錢。』我們登門拜訪時，鎮上的每個女人似乎手邊都沒有足夠現金，這讓我們有點困擾。瓦佛斯太太會拜訪街道一側的住戶，我則負責另一側，然後我們會在街區的盡頭碰頭，討論一下彼此的銷售狀況。有一天我沮喪地說：『這根本做不起來。』但她不同意我的說法，還提醒我，公司曾經提過有一位銷售員做

得很成功。我坦白說自己不怎麼相信。那天晚上我們回到家後都有點消沉。吃晚餐時門鈴響了，是我太太去應門的。我聽到她對門口的人說：『今天不行，我沒錢。』銷售人員似乎沒聽見她說了什麼，自顧自地介紹起產品來。她重複好多遍自己沒錢，最後銷售人員就離開了。她回到餐桌時對我說：『我想如果他再多待一會兒，我就會跟他買東西。他賣的開罐器確實很好看。』我心不在焉地回答：『假設我們也在門口站久一點，或許大家就會跟我們買東西。』她突然盯著我看，激動地說：『就是這樣，這就是關鍵！你知道嗎？剛才那個人的銷售話術比我們有吸引力多了，我們得好好改進。』」

瓦佛斯夫婦開始動腦討論，並想出一套新的銷售策略。那天晚上他們興沖沖地反覆測試這套方法。將近凌晨才上床睡覺的他們，隔天醒來時對新的計畫充滿熱情。「我們決定一邊銷售一邊測試這個辦法是否可行。」那天早上的銷售狀況好多了，他們的總利潤為 6.9 美元。但更棒的是，他們開始找出自己在銷售過程中的弱點。從那時起，他們養成習慣，在銷售之後將潛在客戶說的話跟自己的回應寫下來。這花了他們一點時間，也減少他們拜訪的客戶數量。但在一週內，這讓他們銷售面談的比例從 10% 提升到 60%。他們還看出自己銷售策略中的另一項弱點。他們帶了五樣商品，其中主要是飛蛾驅逐片、馬桶清潔劑，以及冰箱除味劑。這三樣商品合計的利潤為 75 美分。他們之前只介紹一件商品。現在他們想到辦法，在成功銷售一款商品之後連帶介紹另外兩樣商品。這替他們的每一筆銷售帶進更多收入。兩週內，他們的利潤從每天 6 美元增加到 12 美元。

「如果要說有多少婦女會提出反對意見，那應該全國每位婦女都會這樣做吧。」瓦佛斯表示，「家庭主婦當然會反對，但只要能巧妙扭轉對方的異議，再稍微施加一些銷售壓力，她們就會購買。有名女子對我說了十四次她家沒錢。我每次都笑著附和她，然後再指出使用飛蛾驅逐片能省下多少錢。十分鐘後，她邀我進屋，讓我展示將驅逐片掛在衣櫃裡面是多麼輕鬆簡單。

同時我也說自己不會指望她買東西，但如果她知道有這項產品、而且以後有需要，隨時可以打電話給我。接著又告訴她有一種特殊的防蟲道具，能預防蛀蟲入侵她那堆滿東西的傢俱，並在客廳直接示範怎麼使用。然後我們在客廳坐了下來，她把每樣商品都拿起來看看，最後全買了。」

瓦佛斯會在訂單成交時直接將商品交給客戶，並收取完整費用。他的策略是，以低價向廠商收購除臭劑，並以能賺進不錯利潤的價格賣給潛在客戶。

銷售企業制服：找到產品最強有力的賣點

徹斯特‧伯頓（Chester Burton）從懷特前線加油站公司（White Front Service Stations）的辦公室走出來時，口袋裝著一份成交的訂單，佣金總額為 69 美元。這份訂單是他與採購專員和十七家連鎖加油站的總經理談了一個半小時的成果，這家公司訂了一百零七套工作服，正面與背面都要繡上「懷特服務站」五個大字。這並不是伯頓接到的第一筆訂單，而是他當天的第二筆。第一筆訂單來自當地一家修車廠，他們訂購的制服量比較小。這就是他平常的收入來源，他的工作是向加油站、旅館、汽車代理公司、搬家公司、乳品廠、工廠、餐廳、藥店、洗衣店、麵包店與辦公室銷售制服。在這些場所，制服已被視為不可或缺的要件。

與制服廠商合作前，伯頓沒有半點銷售經驗，他花了整整五個月才賺到第一筆 1,000 美元。

「不要以為我能輕鬆靠這份工作賺到第一筆真正的週薪。起初我艱困地摸索了好一陣子才找到正確的辦法。當然，我會去拜訪有產業制服需求的客戶。我向他們展示制服布料的樣品，並解釋服裝的製作方法。我還會聊到抗

磨損、強度以及耐用等優點，但我離成功還有一段距離。我心裡想要不是我出了問題、產品線有問題，不然就是我使用的方式出了錯。我決心找出問題癥結，所以在接下來三天內對買家提出許多詳細的問題。我才發現為什麼自己拉不到生意。為了強調我賣的制服有多耐穿、穿起來質感有多好，我一直拿自己的產品跟連身工作服比較，卻完全忽略制服最強而有力的賣點。」

「這些公司不想要連身工作服，他們需要的是一套看起來乾淨整潔、款式合宜的制服。在某些情況下，客戶還希望制服是訂做的，希望能讓員工看起來更專業、更有尊嚴。加油站針對這點就特別要求。大型連鎖加油店的採購對我說：『我們必須要求員工在穿著上營造出機靈敏銳的形象。一定要讓每家分店的外在服務形象整齊劃一，消費者才能一眼看出誰是這家公司的員工。』這就是我一直在找的新點子。接下來，我利用自己找出的答案建構一套銷售說詞，用客戶自己的論據來加強說服力，並點出我賣的制服為何能滿足所有需求。我拍下一些加油站服務員穿著我賣的制服的照片，並向其他公司的採購展示這些照片跟檔案資料中的設計圖。我還加入醫生、藥劑師跟其他職業的照片，讓展示照片更多元、完整。拍這些照片沒花我多少錢，我只是走到哪都隨身攜帶一台小型柯達相機，看到哪個企業的服務員穿著我們的制服，就走上去拍一張。」

「事實證明，這些照片是完成銷售的重要資源。有些大公司會想看看員工穿上制服後是什麼樣子，這時我可以馬上把照片拿出來，效果就跟展示制服一樣好。他們會大概知道制服穿在身上是什麼樣子。」

我們可以說伯頓在銷售過程中很少碰到競爭，而且他已經將造訪客戶的行程安排得井井有條，以便充分利用每天的時間。他的平均日收入將近 17 美元，每天大約拜訪十二家公司。只要你積極進取、野心十足，想必沒有理由不能靠這條路賺到錢。

用 5 美元開始的郵票交易事業

詹姆斯·沃倫（James Wallen）高中一畢業就去找工作，但工作機會不多，於是他決定自己創業做生意。

他在閣樓翻來找去，在一個舊箱子裡找到一封收件人是他母親的信。這封信寫於 1870 年，信封上有一張 2 美分的黑色郵票，上頭是安德魯·傑克森（Andrew Jackson）的肖像。他把信封（集郵愛好者稱之為封面）拿到郵票商那裡，以 5 美元的價格賣掉。

詹姆斯用這筆錢買了史考特郵票目錄（Scott's）跟三個包裹，裡頭有大約三千張綜合「傳教士」郵票，也就是來自世界各地的教會傳教士寄給郵票商的郵票。詹姆斯一直以來都對歷史地理很有興趣，所以覺得這些郵票很迷人。

他有了一個想法，就是選定一枚特定的郵票，然後找出所有關於這張郵票的故事。他替郵票上的人寫了有趣的故事，然後去找當地學校的歷史老師，推薦老師用郵票來教歷史。就這樣，他掀起一股郵票「熱潮」。

為了更好地搶搭這股熱潮，詹姆斯請五位學生當他的代理人向其他男孩推銷郵票。他找到一家印刷廠，印製印有他名字的文具跟批准單。沒過多久，他就將原本三千張郵票中的一大部分轉手賣出，獲得豐厚的利潤。

用這筆錢，他從波士頓的一家郵票批發公司買來更多郵票，然後將經過特別分裝的小包裝郵票整理起來，拿到城裡幾家店鋪以寄賣的方式出售。如果這些分類郵票的銷售速度太慢，他就把郵票換掉，直到賣出去為止。

現在，詹姆斯持續將郵票寄往全國各地跟一些外國地區，在鄰近城鎮募集的代理男孩數量不斷增加。他已經賺到第一筆 1,000 美元，正在往第二筆邁進。

「發大財」的卡片商品

雪茄銷售員卡爾·歐尼爾（Carl O'Neil）與一位顧客談論他平常在銷售的產品時，偶然得到一個生意靈感，這讓他在九週內賺了超過 1,000 美元！故事起源是這樣的，當時一位年輕人走進了商店，打斷了商店老闆與歐尼爾的交談。雪茄攤的老闆詢問年輕人想要什麼，只見他從一個樣品箱中拿出兩張商品卡給老闆看，分別為 5 美分和 10 美分。這位剛走進店裡的年輕人說：「這張卡對你來說有 120％ 的利潤，卡片上的商品不用刻意銷售就能賣出去。」一張卡片上滿是裝有阿斯匹林的封套，另一張卡片上有幾包刮鬍刀片。這些以平版印刷製成的卡片，能讓店鋪的顧客自行拿取並走到櫃檯結帳。不需要什麼銷售話術，銷售員就能向店主展示這種開放式陳列商品的優勢：顧客可以直接在展示架上拿取這種小型商品，無需勞煩店員。不到兩分鐘，這位雪茄攤老闆就每種卡片都各買一張，付了錢給年輕的銷售員，然後走回一直在觀察聆聽的歐尼爾身旁。年輕銷售員離開後，歐尼爾把銷售員留給雪茄店老闆的名片拿過來，記下商品卡廠商的名字與地址。歐尼爾當晚就寫信給廠商，詢問他是否有可能販賣卡片商品作為副業。

歐尼爾說：「我馬上就跟廠商搭上線，買了幾張卡片隨身攜帶，並決定把這些卡片推薦給平常會跟我買雪茄的經銷商。我跟當地每一位雪茄攤的老闆都很熟，很確定能賺到急需的額外收入。我毫不費力地賣出第一批二十五張卡，又重新訂購二十五張。在店裡，只要把卡片擺在適當的位置，商品就會自動賣出去了。」

「通常我會把卡片放在我知道能引起注意的地方。然而，有時店主會把卡片移來移去，然後抱怨產品賣不出去。還有人說他們曾經賣過這種商品，但業績平平，所以拒絕購買。在我剛開始銷售的前兩個禮拜，這種抱怨實在很常見，所以我的銷量也不理想。但是，只要店主把我的卡片放在店裡的好

位置，他就能達到很好的銷量。這讓我開始思考該怎麼辦。我不能強迫店主把卡片放在我想要的地方。但如果我對陳列有更深入的了解，就能教他把卡片放在更理想的位置。因此，我開始研究店鋪陳列。適合放卡片產品的位置是靠近收銀台的地方，另一處則是放在陳列平價雪茄的玻璃展示櫃頂端。我把這項發現告訴顧客，並且幫他們用美元與美分為單位，來計算如果他們展示我的卡片商品，這些空間能替他們帶來多少價值。成效令我吃驚。不到一週，多數客戶都向我訂購了更多卡片，並跟我說他們把卡片放在我認為最適合的地方。」

歐尼爾的卡片賣得太好，他很快就放棄銷售雪茄，把火力集中在卡片產品銷售上。每天早上，他會載著五十張卡片在鄉村郊區四處跑，也建立了固定的路線，在每一種商店擺放卡片。他每天拜訪九十位客戶，平均每造訪兩位客戶就能賣出一張卡片。他每天的利潤都高於 12 美元。在為期九週的區間，他緊鑼密鼓制定一項銷售計畫，讓商家在原本用來展示一張卡片的地方展示三張卡，在此期間，他獲得佣金總額為 1,019 美元又 20 美分。

沒有經驗、不喜歡挨家挨戶推銷的銷售員，可能會發現賣卡片商品給店鋪能帶來令人出乎意料的好收益。雪茄攤、藥店、雜貨店、公車站、火車站、雜誌攤、旅館和餐館都是卡片商品的現成銷售管道。

以「賭一把」的心態賣肥皂，賺大錢的菲茲

卡爾・菲茲（Carl Fitze）是俄亥俄州代頓的肥皂銷售員，他挨家挨戶拜訪家庭主婦，用他所謂的「賭博系統」來帶進業務，以獲得豐厚的利潤。考量到他一開始根本沒有投入任何資金，只用 1.5 美元購買一批肥皂便開始銷售，就能體會他的銷售策略多麼有效了。這批貨賣出後，菲茲將所有收益拿

去購買更多肥皂，並且逐步增加進貨量，最後累積起大量的肥皂佳績。不過，他也不是一開始就這麼順利。他在第一週的銷售成績相當令人失望。他知道多數婦女手邊都有足夠的現金能購買一盒肥皂，所以他開出的價格相當合理，一盒售價 39 美分，市面上的價格一般來說還比較高。雖然他賣得很起勁，但兩天下來才賣出十盒。

他解釋：「無論到哪裡拜訪客戶，總是得到一樣的說詞。『等我老公禮拜六領薪水，我才有錢。』這句話我每天都要聽好幾遍，然後轉身離開之後，又在隔壁人家得到同樣『理由』。擔任肥皂銷售員的第三天，我告訴一位給出相同藉口的女子：『那好，我把肥皂留給您，之後再來拜訪您，比方說禮拜一。如果您願意，可以現在付我一小筆訂金，或是週一付清。看您怎麼樣都好。』她向我道謝，同意這個作法。於是我將一盒肥皂遞給她，在本子上寫下她的姓名與地址，繼續拜訪下一位客戶。這次，我又以相同方式來處理對方的推託之詞，把肥皂留下來。在接下來三次登門銷售中，我對家庭主婦的信任替我帶來現金。到了下午稍早，我已經賣出十五盒肥皂（這批肥皂的費用我稍後才會收取），同時我也成功收到另外十盒肥皂的全額。這時我的肥皂已經全數售罄，當然是拿著這筆錢再去找供貨商，進一批新的貨。隔天一早，其他家庭主婦說她們沒錢時，我就搬出前一天下午使用的那套話術。兩小時內，我就給出二十五盒肥皂，其中有十五盒是現金銷售。我再回公司進了三十箱肥皂，天黑之前就全部賣掉了。」

「下週一登門造訪收錢的時候，只有一位婦女拒絕付錢。截至那個時候，我的銷售利潤已經有 46 美元，所以損失這幾分錢不算什麼。」

菲茲繼續使用這套銷售系統，成效非常顯著。每天早上，他帶著一袋裝有二十五盒肥皂的袋子出門，中午再回家拿二十五盒。有時，他每天的銷量高達七十五盒。四個月內，他平均每天賣出六十二盒，賺了 1,000 多美元。藉著每天拜訪大約九十五位客戶，菲茲平均能賣出五十盒左右。他的利潤是

每盒 20 美分，每天的平均收入約為 10 美元。菲茲的生意優勢在於他賣的是生活必需品。每個人都用肥皂，也會買肥皂。經濟不景氣時會買，景氣繁榮時也買。消費者會反覆購買肥皂，銷售員則能靠這種方式迅速把生意做起來。

如果你在挨家挨戶銷售時發現自己常碰到這種「我今天沒錢」的軟釘子，一定要試試看菲茲的策略，在消費者支付小額訂金的情況下留下產品。如果你的產品本來就很便宜，不用先收訂金也無妨。大約有 99% 的人都很誠實，回頭拜訪客戶時，應該不會在收錢方面碰到困難。請記得，這是一種登門銷售、將產品交到顧客手上的好辦法！

每個男人都穿襯衫

克拉倫斯・特拉維斯（Clarence B. Travis）想知道自己能靠什麼方法賺到 1,000 美元。他找到了一系列很不錯的襯衫，直接把這些商品賣給會穿襯衫的消費者，很快就賺到他所需要的錢。上個月他又在銀行裡存了 1,000 美元。不過，其實住在德州阿瑟港（Port Arthur）的特拉維斯起先並不順利，也非常失意，但在他成功制定目前使用的銷售方式後，就開始迅速賺進大把鈔票。

「我不會說自己的策略跟其他人的銷售計畫有什麼實質上的差異。」特拉維斯說，「我相信很多人都在使用類似的策略。簡單來說，就是不要拜訪客戶，而是靠自己現有的人脈。前陣子，我拜訪一位在起司工廠做行政職務的潛在客戶，他跟我說他一年多前向一位銷售員下了訂單，結果被騙得很慘，從此決定再也不跟挨家挨戶推銷的人買東西了，因為銷售員只在乎訂單有沒有成交。潛在客戶說他等了一段長到不合理的時間才拿到貨，貨到時還

發現襯衫根本不是自己當時訂的款式。我承認他的抱怨確實有憑有據，但也說不該以偏概全，認為所有銷售員都是騙子。我當時沒有拿到他的訂單，但經過多次拜訪，我總算成功說服他，讓他相信我賣的東西絕對值得。那已經是好一段時間以前的事了。現在他成了我的固定客戶，相當滿意我的服務，還會主動向很多朋友推薦我。」

「開始銷售後不久，我去了一家當地車廠拜訪，看看是否能讓車廠員工對中等價位的襯衫感興趣。當時，我面對的是一位態度強硬、不苟言笑的管理者，他說我是在浪費這群男人的時間。我急忙解釋自己不想打擾他的下屬，而這次錯誤顯然是因為我缺乏經驗所致。我試著詢問什麼時候比較方便回來拜訪、進行銷售，展現出最客氣、有禮貌的態度。當我同意他說的話有道理時，他也逐漸冷靜下來，強硬的態度有稍微軟化。接著，他問我賣的是什麼，我拿出樣品向他展示，並稍做介紹跟示範，他就跟我下訂單了。他說，如果我一次只跟一位員工談話，那就沒問題。一旁看到這整段對話的下屬都清楚記得老闆跟我買了襯衫，也開始對我的產品感興趣，最後我帶著十五件襯衫的訂單離開。半小時後，我在一家快遞公司的辦公室又運用了相同策略，效果也不錯。延續這套模式，我開始拜訪工廠跟辦公室，成功賣出了不少訂單。雖然這種直接殺到工廠銷售的做法經常碰壁，但管理者同意讓我向員工銷售的辦公室跟工廠數量也已經夠多，足夠我靠這個辦法賺進利潤。」

特拉維斯的多數訂單都是以三件襯衫為單位，不過他賣的襯衫價格各異，每件的佣金在 65 美分到 1 美元之間。他專攻工廠、辦公室與商店，雖然一天只拜訪七位客戶，但平均都能賣出十五件襯衫。有些襯衫銷售員集中拜訪商務與專業男士，並將襪子、領帶與襯衣當作附加銷售商品來賣。而特拉維斯賣的襯衫主要是根據客戶選擇的材料量身訂製，並以貨到付款的方式來發貨。客戶下訂單時支付的訂金，就是銷售員能拿到的佣金。

找到對的地方做生意：年輕男子送給女孩的禮物

現在這個年代出現的某些特殊商品，提供了銷售員各式各樣的賺錢機會。其中有些是奢侈品，有些則是將實用性與創新發明兩相結合的產品。喬治‧雷曼（George Lehman）認為，按下按鈕時會跑出一根已點燃的香菸，這樣的香菸盒是能替他賺大錢的商品。藉著販售這種香菸盒，他在三個月內賺到超過 1,000 美元的佣金！以下是他的故事：

「這款菸盒很吸引我，因為這是許多男性都會購買的產品。但我必須承認自己第一次銷售菸盒時相當失敗。每個人都喜歡菸盒的外觀，認為這款產品很新穎，但他們似乎都買不起。後來我才發現自己找錯人了。那些跟我交談的對象都是領著微薄工資、勉強維持生計的人。於是，我轉為開發年輕男性客群。後來有一位客戶暗示我，他說想買菸盒給『女朋友』當生日禮物，而後來女友收到之後真的非常開心。客戶很滿意地打電話跟我說他的好兄弟也想買一個給女朋友。我趁機抓緊年輕男子買菸盒送女朋友的這個點子，很快就賺到一筆錢。」

「我發現年約 20 或 25 歲、未婚的單身漢，很喜歡拿這種新穎的菸盒出來炫耀。無論身在何方，只要你按下按鈕、一根點燃的香菸從菸盒中彈出來，身邊肯定會有人想把菸盒拿過去欣賞一番。我很快就向身邊認識的所有年輕男性銷售一輪。不過，那時我決定要用另一種更有效的方式來帶動銷售。有開車經驗的人都曉得，在車流中行駛時點菸有多尷尬。只要擁有我賣的這款點菸盒，汽車駕駛只要按下按鈕，一根點燃的香菸就會立刻出現在他的雙唇之間。接下來那段日子，我把大部分的精神都耗在向汽車駕駛展示這個點菸盒上。我不需要說太多話，只要站在車流量大的加油站等待，有人停下來加油時，我就拿出點菸器介紹示範。每十二個人當中會有一個人詢問點菸器的價格，得知價格後，他們通常會不假思索掏錢購買。」

「經驗顯示，展售點菸器的最佳場所是加油站。客戶碰到我的時候正在開車，所以最容易被我的銷售示範打動。客戶都想邊開車邊抽菸，但是當他先從一個口袋撈起一包菸，再從另一個口袋拿出火柴時，車子很有可能已經衝出車道了。所以，他當然很能接受我賣的點菸盒。然而，要是客戶是在家裡或辦公室聽到這套銷售詞，情況就不同了。在家的汽車駕駛當然會忘記開車時點菸有多不方便，而在辦公室時，客戶的心思全在工作上，無暇多想其他。所以，捕捉客戶的最佳地點，是在車流量大的十字路口邊的加油站。加油站的服務員通常不介意我在站內逗留。在那裡，總有一些事情是我能幫忙的，生意不好的時候我也可以陪服務員聊天。」

雷曼每天最多能賣出十六個點菸盒，利潤為 17.37 美元。在交通異常繁忙的日子，他最多能賣出三十五個。每個點菸盒售價 2.5 美元，對潛在客戶來說似乎尚可接受。

成功銷售點菸盒的雷曼，是銷售特殊產品成功的典型案例。一旦找到對的地點來銷售產品，並以正確的方式介紹、展示產品，銷售量就會節節高升。

為艾丁格帶進財富的賀卡

去年，需要更多錢的詹姆斯・艾丁格（James J. Ettinger），苦思著該如何增加額外收入。他知道有數百名男男女女在節日前後靠賀卡賺了不少錢，但他沒有試著挨家挨戶推銷賀卡，而是專攻兩個特殊領域：專業領域以及加油服務站。他只拜訪這兩類潛在客戶，成功在最短時間內拜訪最多客戶，而且將全部精力投入在這兩個幾乎還沒有人開發的領域。

他的銷售計畫只涵蓋他所在城市的辦公大樓，尤其是那些設有醫生診所

與牙醫診所的大樓。對於這些潛在客戶，他只攜帶兩種卡片，一種適用於個人，另一種則是商業用途。為了能跟醫生見到面，他會先盡全力向接待櫃檯的小姐銷售。成功說服櫃檯人員後，再開口要求見醫師或牙醫一面。一般來說，櫃檯小姐會被他的誠意、想讓醫生滿意的強烈渴望，以及他攜帶的高品質賀卡系列所打動。接觸到醫生或牙醫並成功銷售後，他的下一步就是向他們的妻子推銷。通常他都能在診所聯繫上醫師或牙醫的太太，跟她們約時間到家裡展示賀卡。

他之所以能靠這種環環相扣的銷售鏈來成功銷售，是因為他讓潛在客戶覺得自己是一位重要的客戶，也讓客戶覺得身為專業人士的自己需要合乎身分的賀卡。進行幾筆銷售之後，他很快就發現他能輕鬆評估潛在客戶的喜好，判斷客戶喜歡的是保守樣式、截然不同的新奇款式，還是誇張炫耀的賀卡。多數專業人士不喜歡被催促，他們手邊工作不忙時，喜歡和別人聊天交談。這種健談的特性，讓艾丁格有機會獲得其他潛在客戶的姓名，同時也一定會把握機會詢問醫生的兄弟姐妹、阿姨叔叔，或是對方可能會提到的任何家庭成員是否對挑選聖誕賀卡感興趣。

不出多久，艾丁格就發現多數診所在下午時段相當繁忙，而且也都很早就關門了。所以他決定在下午、傍晚以及週末的時間專攻加油服務站，這是一個同樣需要艾丁格販售卡片的領域，而且很少有銷售員特別去開發這塊。住宅區內的每一座加油服務站，幾乎都得仰賴周遭地區的業務才能生存下去。這種日復一日的穩定交易是加油服務站的生意基礎，經營者自然會希望與客戶保持聯繫。艾丁格發現這些人很樂意向他購買問候賀卡。

節慶期間，艾丁格在剛開始銷售賀卡時付出的努力，五週內替他賺進295 美元！雖然其他銷售員確實靠挨家挨戶策略做出不錯的成績，但他不敢相信自己竟然真的不用靠挨家挨戶銷售，就賺到這麼多錢。艾丁格更喜歡這種高度專業化的領域以及迅速的銷售成果。今年他預計會賺更多，因為他不

僅知道如何獲得潛在客戶，客戶清單中也已經累積很多人了。他還打算提早開賣，多安排一週的銷售工作。

重點回顧

- 就算不是說故事專家，就算酒量不好，就算不是技巧高超的握手專家，你也能成為優秀的銷售員。
- 光是有產品或服務的熱忱還不夠，你的產品還必須有市場需求。
- 多數人都缺乏想像力。他們只有在親眼看到東西的時候，才能想像事物的模樣。優秀銷售員的任務就是幫忙他們想像。
- 一旦找到有利可圖的領域，有時不需要資本就能開始賺錢。
- 只要找到對的地點，並以正確的方式介紹、展示產品，銷售量就會節節高升。

03

讓商品大賣
的黃金法則

MAKING THINGS TO SELL

複利的本質

能賺大錢的想法，通常只是那些等著有人去實踐的普通點子。

在德國的上阿瑪高（Oberammergau），有一個世代從事木雕藝術的聚落。當地人專門從事宗教藝術雕刻。多年前，當藝術作品的唯一銷售通路是教堂時，聚落的第一代成員主要是雕刻宗教雕像，將雕像賣給教堂。過程中，他們對那些自己雕刻的人像主角的背景故事相當感興趣，所以萌生一種想要重現他們的生命歷程的想法。因此，木雕藝術衍生出另一種更偉大的藝術形式，上阿瑪高的受難劇表演開始聞名於世。不過，受難劇是他們身為優秀木雕藝術家的結果而非原因。如今，在世界各地的祭祀教堂裡，安東・朗（Anton Lang）跟夥伴的宗教雕刻作品已價值連城。無論是羅馬天主教還是英國聖公會的教堂，只要能擁有上阿瑪高出產的木製屏幕或十字架，就會感到光榮自豪。

假如上阿瑪高的木雕師只有一兩人，我們就很有可能以他們天生具有優秀的雕刻才能為由，認為他們的成功其實沒什麼了不起。但是在上阿瑪高，幾乎每個人都會雕刻，而且還雕得特別好。這就顯示一個人要在某個領域出頭，與其說是天賦異稟，不如說是要對你做的東西有足夠的興趣，願意耐心練習所需的技能來出人頭地。天才是一分的靈感與九分的汗水結合而成，這句俗諺著實蘊藏無比智慧。

你常聽到別人說：「我好羨慕某某某，如果像他一樣有寫作天賦就好了。」確實，在透過文字來自我表達這方面，有些人確實天生比其他人更嫻熟拿手。但你通常也會發現，那些最成功的小說家與短篇小說作者之所以能有今天，首先是因為他們喜歡寫作，然後不斷地寫，持續動筆，直到練就出個人的風格或特長，進而才能讓作品在一大群創作者當中脫穎而出、攫住讀者的想像力。有人說，如果你有志成為一位成功的短篇小說家，方法就是先寫一百則故事，然後把這些故事全都丟進廢紙簍，將第一百零一則故事寄給出版社。事實確實如此。**不管你選擇做什麼，任何技能都需要練習**。而且最好是在自己身上練習，而不是在那些你希望有一天會向你買東西的人身上練

習。

　　但是，不要讓練習的必要使你失去嘗試的勇氣。銷售自己製作的東西難免會碰到挫折，你應該讓練習成為抵抗挫折的利器。請謹記，即使是上阿瑪高的木雕大師安東‧朗也曾經是初學者。在他的人生中，他也曾經跟你一樣不擅長木雕。確實，他有機會得到村裡更有經驗的木雕師的協助與啟發，但他同樣也是從新手開始。每位偉大的藝術家都是這樣走過來的。請記住，要是不跨出第一步，永遠不可能抵達終點。開始之後，就不要讓自己有一絲一毫的氣餒，也不要偏離你選擇的正確道路。走在主要的軌道上，這是成功最重要的關鍵。

　　當然，做自己最喜歡的事情時，你也會將技巧發揮到極致，加以運用自己喜歡的素材來創作就更容易成功。如果你喜歡木頭的觸感與氣味，那比起用金屬來製作物件，用木頭來創作你會更快樂，也有可能更成功。如果你的思想總是很精準明確，喜歡以數學導向，那製作櫥櫃可能是你的強項。你喜歡使用什麼樣的工具？使用曲線鋸、車床跟鍛鐵爐對你來說很得心應手嗎？還是像刀或鑿子這類的工具你比較感興趣？如果你有「鐘表匠一般的思維」，可能很適合製作精密的小型輪船模型、設計引擎或建造模型屋。

　　你現在有可能在銷售商品上遇到困難，因為你賣的並不是自己喜歡的東西。一個人有可能在某個領域工作多年、年過中年之後，才發現自己原來能靠著從事真正喜歡的工作來讓生活過得更好。如果因為各種原因所逼而無法自由選擇職業，那就繼續保持你真正有興趣的嗜好，早晚能找到機會把興趣變成錢的。

找到適合自己的手工藝培訓

如果你曾試著製作東西但放棄了，覺得自己永遠沒辦法習得必要技能來做出好的成品，或許你只是缺乏指導與建議，不曉得如何正確運用工具、構思出正確的設計。在多數大城市中，公立學校都有提供免費的手工藝課程。基督教青年會也常舉辦應用藝術與美術相關課程。只要繳納少許費用，任何年齡的男女學生都能報名參加。報攤上也能找到好幾本適合手工藝業者閱讀的雜誌。美國政府出版的公報亦提供了精確的計畫與指南，能協助你製作許多農場或家裡會用到的物品。去公共圖書館，裡面有幾十本手工藝指南手冊任你挑選。廠商也會樂意把他們的產品使用說明寄給你。對於那些渴望學習工作技能的男女來說，到處都能找到學習管道。

只要有幾本好書或其他素材的指導，再加上大量練習，你就能在任何一種有興趣的工作領域中發展技能。如果你製作的作品看起來已經很專業，就必須開始思考如何銷售這些作品。因為無論你做的東西有多好，還沒替產品找到市場之前，都無法從勞動中獲利。甚至在你開始動手做之前，也最好先了解一下生活圈的社群需要、想要什麼樣的東西。去百貨公司、禮品店、婦女用品商店或其他銷售點走一走，就會知道消費者都在買些什麼。

目前的趨勢是所有東西都呈現出「流線型」的視覺效果，從汽車到廚房刀具都不例外。盡量避開過時的設計。翻閱女性雜誌，以及室內裝潢和傢俱刊物，了解一下什麼才是當今好品味的代表。目前傢俱都走「古典現代」風格，這代表你可以在製作櫥櫃時省去多餘的裝飾，同時也意味著你的作品必須在設計與執行上精益求精，來達到極簡的流線效果。亞麻織物、地毯、玻璃器皿、瓷器、珠寶、燈具、相框、菸灰缸、廚房用具與設備和各種傢俱，這些都多少呈現出現代設計的樣貌。這裡所說的並不是幾年前全國上下四處可見的醜陋當代藝術。在房屋裝潢中，經常能看到一些旋風式出現並消失的

短暫風潮，你也要小心做出類似於那些潮流的設計。在一些雜誌中，你會發現室內裝潢出現「維多利亞風格」的趨勢，但這種華麗的傢俱與裝飾，無疑只是短暫的流行。我們生活在一個現代化的機械時代，所以現代風的設計似乎更合適。古老的殖民風格傢俱與裝潢目前也很受歡迎，但就連製造商在生產這些殖民風家飾時，也會盡量迎合現代潮流，簡化傢俱上的裝飾和線條。

讓你的產品迎合市場

你的所在社群是什麼樣子？住在郊區的你，鄰居可能對花園用具、玫瑰花架、壁爐設備、鳥屋、狗窩、門環、日晷、鉤花地毯、手工絎縫毯子、手工傢俱、陶器，以及其他能擺在屋內或花園的美麗家飾感興趣。如果你是住在公寓住宅區，鄰居可能很少有時間製作美味的食物，那麼你可以試著把你做的麵包、蛋糕、甜甜圈或是烤豆子賣給附近住戶。或者，你的彩繪錫製菸灰缸、羊皮紙燈罩、雞尾酒桌可能會符合他們的偏好。如果你住的區域有很多小孩，父母的收入也還算不錯，那玩具、育嬰用品、彩色動物剪紙與類似商品可能就會滿有賺頭的。

你的產品準備好進入市場時，可以透過以下管道來銷售：寄放在禮品店或婦女交易所、在當地報紙上刊登廣告、靠民眾口耳相傳推薦、在自家或租金低廉的地方開間小店，或是在生意很好、但店內商品屬性跟你的產品不同的商店租一個空間來賣，又或許你能靠挨家挨戶銷售闖出一片天。如果有機會，一定要在民眾會購物的地方或場域展示你的商品。讓大家知道你在做些什麼，主動告訴你的商家、鄰居、在公車上或看球賽時跟你聊天的路人、加油站服務員、醫生，還有送牛奶的人。簡單來說，盡量讓全世界知道你在做什麼生意。你不能指望民眾來找你，必須自己帶著商品去找他們。

比利的松樹香皂

比利・范（Billy B. Van）曾經在表演產業裡工作，他的工作就是逗觀眾開心。正當他開始覺得自己選擇的事業有所斬獲、越來越穩固時，他不幸染上肺結核，不得不取消在波士頓的演出。當時他幾乎身無分文，同事跟其他朋友資助他到新罕布夏州的白山山脈（White Mountains）休養一段時間。一段時間後，他在當地找回健康，並在兩年後順利回到劇院工作六個月。在松樹林久待的那段期間，他萌生了兩個念頭：第一，把松樹清新芬芳的香氣帶給那些沒錢、沒時間去松樹林的人。第二，一旦他能夠離開劇院，就要創立一個可以讓生活過得舒舒服服的事業。

他認為肥皂是最適合達成這個目標的產品，也試驗許多方式才成功調出一種能保留松針香氣的配方。四處尋覓後，他找到一個能替他大量生產肥皂的人。不過他必須親自出門銷售肥皂。起初，他覺得喜劇演員成為銷售員是件很可笑的事。不過，後來他意識到，其實銷售就是他在表演生涯中一直在做的事，他每天都努力向觀眾推銷自己，所以賣肥皂應該更容易。每天早上，他會在口袋裡裝著滿滿的肥皂樣品，然後滿心期待，開始挨家挨戶按門鈴。

困難還是有的。不可能永遠一帆風順。藥店沒聽過他的肥皂，不願意進貨。批發商不願意賣，他也沒錢打廣告。突然間，他靈光一閃，想到能透過酒店來宣傳肥皂。他有大半輩子的時間都是在酒店度過，國內幾乎每家酒店的經理他都認識。但酒店經理都覺得這是天大的笑話——比利・范在賣肥皂！他很快就發現想靠向朋友銷售肥皂來賺錢，這條路是沒有捷徑可走的。努力一陣子後，他終於得到許可，跟一家酒店以試訂的形式合作。他在每塊肥皂外面包了一張宣傳紙，上頭寫著：「除了你的良心，這塊肥皂什麼都能洗得一乾二淨。」宣傳紙上還附了一張回函，寫著：「親愛的比利，我喜歡

你的肥皂，請寄六個給我，這裡是你的 1 美元。」這個點子成功發揮魔力，他的許多訂單來自酒店的賓客。藉由這個方式，比利以逆向操作的手法來運用直郵廣告（DM）。由於他沒錢寫信給潛在客戶，乾脆反過來讓客戶寫信給他！這是他進入「松樹肥皂」銷售市場的序曲。那時起，他的商品銷售計畫就這麼一步步展開了。最後，他終於在白山山脈建立起獲利穩定的事業，沐浴在松樹的純淨健康香氣中。

這個故事的重點不是比利這位離開表演產業的喜劇演員搖身一變成了勝利的肥皂廠商，而是他靠著平凡的手法賺到錢。很多人愚蠢地認為只有那些聰明、其他人都沒想到的想法才是好的。但能賺大錢的想法，通常只是那些等著有人去實踐的普通點子，就像比利從新罕布夏州的空氣中找到製作松樹肥皂的點子一樣。比利一開始銷售肥皂時，市面上已經有許多肥皂品牌，但正如他的領悟，如果品質夠好，而且還能滿足特定需求，新產品絕對能在市場上立足。

物盡其用！克納普夫婦的雞肉凍

每座農業社區都有經營「雞肉凍」生意的商機，這完全不需技術或大量資金。你只需要與當地社區的農民與家禽飼養者簽合約，讓他們在雞太老不能下蛋、肉太硬不能吃的時候把雞賣給你。因為這些已經是肉很硬的老雞了，所以不用花太多錢就能買到。你只要買或借一個蒸汽壓力鍋，就能開始賣雞肉凍。

克納普夫婦的經驗顯示，這門生意能快速賺到錢。他們在密西根州的伊頓郡（Eaton Country）有一座家禽養殖場，距離州政府不遠。除了出售雞蛋（養殖場內有兩千隻蛋雞），也有許多專門整隻出售的雞，其中有大多數是

適合烘烤的嫩雞。但在繁殖季節結束時，養殖場會需要出售一些老母雞和公雞，而這些雞的售價相當低。以這種低價的方式賣出這些雞一段時間後，他們想出一個辦法，就是透過烹飪這些老雞、製作雞肉凍來賺取利潤。

　　想讓雞肉凍更美味，最好將雞肉放進壓力鍋中烹煮，因為在高壓之下烹調只需要三十至四十分鐘，在開放式鍋爐中煮則要花上兩到三小時。除了縮短烹調時間，高壓烹煮的雞肉風味比在一般鍋爐中煮還要濃郁，因為用一般鍋爐熬煮需要加更多水，而這些水會稀釋雞湯的風味。有了壓力鍋，克納普夫人就能節省更多時間成本。雞肉煮透後將肉橫切（截斷肌肉纖維的長度），並依照口味來調味（在烹飪過程中加入調味料），然後倒入雞高湯、加入一湯匙普通明膠。額外添加明膠能促進雞肉凍成型凝固，並讓雞肉凍在凝固後更容易切片。最好事先在製作雞肉凍的模具中抹油，以免雞肉凍黏在模具上無法順利脫模。裝進模具後將雞肉凍放進冰箱靜置。除了製作純雞肉凍，克納普夫人還會加入蔬菜片、橄欖、壓成糊狀的水煮雞蛋白與蛋黃。將雞肉凍切成一層一層的薄片，這樣就能製作出令人食指大動的夏日料理。要製作雞肉凍，必須以一般常見的方式來處理雞肉，也就是將白肉與深色部位的肉區隔開來，還要將這兩種肉切得很細，或是用食物處理機來處理。水煮雞蛋的蛋白與蛋黃也應該分開來切碎，每種材料都要適當調味。接著，將白肉、深色肉、蛋黃與蛋白這四種食材，與應該已經煮得非常濃稠、會結成凍的雞湯混合。白肉、深色肉、蛋黃以及蛋白應該要分層排列，擠壓堆疊在平底鍋或罐子內放隔夜。

　　在雞湯中加水確實能增加雞肉凍的量，但也會讓產品價格降低。在品質好的雞肉凍市場中，一條雞肉凍應該以每磅 50 美分的價格出售。一頭 5 磅重的公雞通常在烹煮後會失去 45% 重量，所以雞肉凍的重量大概是 2.75 磅，一隻雞的利潤大概是 1.28 美元。如果加水讓雞肉凍的份量變成 2 倍，那每鎊的價格大概在 25 美分左右。雖然加水會稀釋雞肉凍的濃度，但每隻

雞的利潤不變。是該加水稀釋還是製作風味濃郁的雞肉凍，這完全取決於市場。如果能開發出高品質的雞肉凍市場，確保能維持每磅 50 美分的價格，就代表你能靠比較小的客群來賺到一樣的錢，銷售工作也會比較輕鬆。然而，如果市場偏好價格低、稀釋過的雞肉凍，那你也只能迎合市場需求。

從興趣變事業，熱賣到國外的手帕

弗洛倫斯・羅徹斯特（Florence Rochester）是堪薩斯州托皮卡（To-peka）檢察總長辦公室的祕書，但她不滿足於現狀，還想增加更多收入。為了賺取更多現金，也為了做一些比抄寫法律摘要更有創造力的事，她開始在閒暇時間製作精美的蕾絲小手帕，結果這些手帕在朋友圈裡賣得很好。這樣的成績給了她一些信心，讓她更願意花時間製作自己喜歡的手帕款式，也買來想要的昂貴材料，並向客戶收取相應的費用。那是 1926 年。

很快，她的朋友就開始向親朋好友介紹羅徹斯特的手帕。越來越多人想購買這些精緻的手工手帕。在意識到這點之前，羅徹斯特太太已經做起手帕生意了！

訂單如雪片般飛來，搞得她沒辦法一邊上班一邊兼差做手帕。是時候做出選擇了。她與任職鐵路公司土木工程師的丈夫討論，丈夫建議她不如把工作辭掉，專心做手帕。她想了想，接受了這個建議。不過她認為如果想要好好經營這個決心投入的生意，就必須向商店銷售手帕，而不是自己直接面對客戶。想通這點後，她帶著樣品拜訪附近兩家百貨公司，兩家都跟她下了訂單。回到家，她就在自家設立手帕「工廠」了。

世界替有能力打造高品質商品的人開了一扇窗，這個故事其實還滿老掉牙的。不過羅徹斯特夫人沒有被動等待窗戶打開。她主動跨出大門，向商家

介紹自己的手帕。

　　現在，全美國除了三個州之外，每個州的商店裡都有羅徹斯特夫人的手帕。不只如此，她的手帕還外銷到海外。國外訂單量大幅成長，她甚至必須在海外開設一家分工廠，藉此加快出口業務。

永遠吃不膩的媽媽味餡餅

　　五年前在密西根州的本頓港（Benton Harbor），約翰‧梅爾（John Mayer）夫婦開了一家餡餅店。如果你想買蛋糕、餅乾、麵包或甜甜圈，那只能去其他店找了。梅爾夫婦的想法是把一件事做到最好。他們成功烤出足以讓許多人回頭購買的餡餅。他們的餡餅銷路包含酒店、餐館與附近的避暑勝地。許多消費者也會直接到店內購買餡餅，每塊餡餅 35 美分。

　　不管在哪裡，美國社區對美味餡餅的需求量之大，讓梅爾夫婦建立起利潤龐大的業務，得以擁有一個漂亮的家、一輛車，過著舒舒服服的生活。餡餅的市場無可限量，就算心裡知道味道可能嚐起來沒那麼好，但幾乎每一位走進餐廳的人都會點餡餅。為什麼在一個幾乎要將餡餅與甜點劃上等號的國家中，優秀的餡餅烘焙者數量這麼少，這實在是一個巨大的未解之謎。只要能夠烤出有「媽媽味」的餡餅，絕對能在市場上稱霸。

有穩定收入的客製化縫紉店

　　聖安東尼奧（San Antonio）的寡婦露絲‧瓊斯（Ruth G. Jones）很需要錢，而且非常急。她在婚前並沒有任何商業或業務經驗，也沒有特殊的能力

或天賦。她能做什麼？

　　有一天，她聽到朋友的兒子抱怨找不到能正確把字母剪出來，並且把字母縫在棒球服上的人。這讓瓊斯夫人萌生一個想法。調查之後，她發現當地的體育用品店沒有提供這種服務的設備。接著，她找到有家小店會做這種毛氈工作，於是她上門找老闆商談。結果是，她接管了這家店，買來適當的設備，然後就開始做生意了。

　　在剪裁或設計毛氈方面，瓊斯夫人的唯一經驗是在大學時期幫自己和朋友做過幾面三角旗。不過，有了現代化的縫紉機、一把好剪刀、幾片鋒利的刀片跟一小批毛氈，她就能開始做生意了。她造訪城內所有體育用品經銷商與體育用品部門，詳細地向店鋪經理介紹她提供的服務，並邀請他們與她合作。她表示自己能提供他們的顧客專業服務，把顧客的衣服送到一個有辦法設計、在制服上縫上任何字母或徽章的地方。

　　多數經銷商會直接將顧客介紹到瓊斯夫人的店，讓買制服的顧客直接找與瓊斯夫人交易。不過，也有一兩家店喜歡與瓊斯夫人採取合作模式，並從中賺取小額利潤。對小店來說，旺季當然是棒球賽季開始前，泳裝、籃球服跟橄欖球服也能帶來一些業務。縫製毛衣上的徽章和字母則是一整年都會有的穩定業務。

　　投入不到 100 美元的資金，瓊斯夫人一年平均每個月賺 100 美元，業務量高峰的月份業績大約可以做到 150 美元。她相信在任何沒有這種商店或沒有提供此類服務的城市，這種生意一定都能做得有聲有色。

獨到美味的烘焙工作室

某天一早，新英格蘭（New England）的一位寡婦在做麵包時突然想到，自己最愛做的事就是烘焙，於是她決定認真考慮創辦「食品專門業務」來創造更多收入。第二天，她與當地一家商店達成協議，以佣金的制度來銷售她的手工咖啡蛋糕、甜甜圈與堅果麵包。車站附近的餐館每天都會跟她訂購甜甜圈，第一批訂單是在試營運期間下訂的。還有家茶室每天生意都很好，尤其是星期天，這家茶室希望她能提供麵包捲、餡餅以及堅果麵包。當然，她並不是在一天之內爭取到這些訂單的。隨著她發現自己的商品越來越有市場需求，信心也越來越強，就有勇氣去爭取更多業務。城鎮外圍有一個露營營地，這類地點通常都沒有什麼烘烤設備，而這裡也不例外。某天下午，她請兒子騎單車出門去露營區試水溫，籃子裡裝滿甜甜圈、餅乾、餡餅與咖啡蛋糕。不出意料，所有東西都順利賣掉了，而且強尼還帶著更多訂單回家。一整個夏天，露營營地讓她的烘焙事業賺進了大把鈔票。

那年秋天與冬天，她轉戰餐飲業，並在「派對季節」將事業做得更有聲有色。在俱樂部舉辦的艱難時期聚會和大型萬聖節派對，都需要數十個甜甜圈。她成功爭取到這兩筆訂單，因為負責茶點的人員知道她做的甜甜圈是鎮上最棒的。這就是她成功的祕訣，每樣糕點都很可口，消費者願意不斷回購。後來，她發現薑餅是鎮上年輕人最愛的另一種點心。研發之後，她在薑餅上淋上糖漿，推出獨家特色薑餅。把生意做起來之後，顧客都養成了家裡突然有客人來訪時會到她店裡選購點心的習慣，而一般來說她都能提供美味的甜點，讓顧客的茶會、午宴或週日晚餐能順利舉行。她記得橋牌聚會的女主人喜歡用圓形的小餅皮盛裝奶油蟹肉與奶油雞肉等菜餡。由於當地居民很難在鎮上買到好的餅皮，她就把這項產品納入銷售清單，並推薦給舉辦週日晚宴或是橋牌聚會的民眾，成功經營起這項產品的市場需求。

「口耳相傳」自然能讓她烘焙的點心銷售一空，但她在麵包、蛋糕、咖啡蛋糕與其他點心上附的小卡片，也有助於宣傳業務。這些卡片的尺寸大約是 3×6 英寸，背面詳列出專為午宴、橋牌聚會、週日晚宴與兒童派對推薦的特別「點心」。在時間緊迫之下，許多女主人翻到這張卡片，都會很開心能解決當下的難題──今天晚上打完橋牌後該請瓊斯夫婦吃什麼？這些卡片是請一個家族朋友精心用打字機打出來的，只收取少量費用。在聖誕節、復活節、美國國慶日與其他節日，她也會將這些印有適合特殊節日聚會的點心清單卡片寄給客戶。

　　收到大量訂單或外燴訂單時，她絕對需要額外的幫手。通常她會去請那些高中剛畢業的年輕女子來幫忙。這些少女還沒有找到工作，想趁機會打工賺點小錢。幫手的工作很簡單，例如幫小蛋糕抹上糖霜、替甜甜圈撒上糖粉、用電動打蛋器打蛋，或將蛋糕跟甜甜圈裝盒、清洗烘焙用的烤盤跟鍋具，並在強尼應接不暇的情況下幫忙運送特殊訂單。但她從來不將各種特色點心的實際準備工作假手他人，這些點心的獨到口味是不能委託助手來處理的。

　　對於一位沒有商業經驗的婦女來說，這種非比尋常的成功聽起來或許驚人。但她之所以成功，是因為她將成功經商的必要條件都投到自己的事業中，也就是知識、勤奮、聰明才智與個人特質。

化危機為轉機，靠磨損的輪胎賺錢

　　詹姆斯・哈德利（James Hadley）住在中西部城鎮，他經營的儲物倉庫中有許多無人認領的貨物，其中包含一些破舊的輪胎。他無法針對這些輪胎占據的空間收取租金，也沒辦法以超過幾美分的價格把輪胎賣掉。所以，當

他聽說有種機器能將舊輪胎製作成門口地墊時，決定好好研究一番。

「我手頭上有很多舊輪胎。如果能把這些輪胎做成墊子，應該能從中獲取一點利潤。」哈德利先生表示。他在製作墊子的機器與其他附加設備上投資了 300 美元，做了一些墊子，先將成品堆在倉庫，然後在當地報紙上刊登廣告。

「我本來很相信自己能透過廣告賣掉幾張墊子。」哈德利表示，「但事實並非如此。根本沒有人搶著要來買墊子。我很失望，因為客戶寥寥無幾。我也沒有賺到足以支付廣告費用的錢。我推斷這是因為民眾對墊子的了解不夠，而我的任務是讓消費者對墊子更熟悉。所以我試著在櫥窗裡展示墊子，不過幾乎沒有人注意到這些商品。靠著挨家挨戶銷售，也多少賣出一些墊子。但我心裡始終覺得還沒找到更合適的市場。」

哈德利一直在思考要去哪裡找對的市場。他到辦公大樓周圍跟管理者交談，他們跟哈德利說會在辦公大樓入口擺放墊子，也承認他的墊子品質比目前正在使用的墊子好，但他們已經有供應商了。哈德利事後回想整件事，他說：「離開之後，過了兩個星期，我才驚覺自己的銷售策略是錯的。我馬上改變銷售策略。接下來，我把拜訪的主力集中在商業公司，並採取一項策略，那就是在每間公司那邊留下一張樣品墊，提供公司短期使用。然後我會主動介紹點出這些墊子是由舊輪胎製成，所以比普通墊子更堅硬牢固，還想出一套示範方法來證明墊子真的禁得起長時間使用。」

「某家生產鑽頭的公司對我的說法不以為然。採購員跟我說，假如操作平面磨床的工人喜歡我的墊子，而不是公司目前使用的墊子，我就能拿到訂單。他把我的墊子放在一台平面磨床前方的地板上。如果用於操作磨床的溶液直接滴到地板上，意外絕對會發生。只要我的墊子具有避免事故發生的能力，工人就會想要使用它。當天下午，採購員來電請我送四十五張墊子去。我一下就把墊子跟輪胎清掉了。第二天，我又從一家連鎖雜貨店得到一筆訂

單，他們要我做一張 130 英尺的墊子。我不得不在鎮上四處尋找舊輪胎。」

哈德利收購舊輪胎的價格為每個 5 美分，每個輪胎平均能做成 3 平方英尺的墊子。他以每平方英尺 70 美分的價格賣這些墊子。他的總成本包含生產成本以及經常性開銷，成本為每平方英尺 25 美分，所以利潤是 45 美分。有了專門製作墊子的設備，他每天可以生產 300 平方英尺的墊子，在這樣營運的前十個月，哈德利的總利潤超過 1,000 美元。

在多數城市，舊輪胎製成的墊子都商機無限。洗衣店、酒館、旅店、沙龍、墓園、教堂、辦公大樓、工具機製造商、電力公司、乾洗店、商店、餐館、印刷廠、各種工廠和大小家庭都是銷售對象。製墊機體積不大，以適用於普通燈泡的家用電流來操作就行了，將機器安裝在自家地下室或無人使用的房間即可。因為這是以重型彈簧鋼絲編織而成，這些墊子都超級耐用。

手工藝品的社區行銷，一起變成更大的餅

自製東西販售的人有時會碰到一個難題，就是在銷售產品時多少要看買家的臉色。如果你的社區中有幾個也在製作類似商品的人，或許你們可以組成一個社區營銷組織，由其中一個人擔任所有成員的產品代理。這項策略已經在農業社群中大放異彩，也開始受到那些主要靠禮品店、百貨公司或批發商等管道來銷售產品的人的青睞。

麻州南塔克特（Nantucket）的柳樹小屋紡織者（Willow Cottage Weavers）就是這類組織的典範。這個團體的幾位成員在銷售自己的手工藝品時碰到些許困難，所以決定團結起來，共同成立一個中央銷售會，該組織的任務就是替成員的產品開創市場，並維持全年度的市場銷售。

為了成功說服客戶花更多錢來購買高品質的手工藝品，他們必須對於產

品的風格有更高要求。除了設計上的缺陷，許多藝術與手工藝團體容易犯的最嚴重失誤，就是在製作商品時沒有考量到時下流行的色彩。為了克服這項嚴重的障礙，柳樹小屋紡織者的銷售代理每年都要去風格中心考察幾趟，研究時尚潮流，尤其是民眾的色彩偏好。由於 95% 的作品都是原創設計，產品絕對要符合時尚潮流才能留住顧客，畢竟許多顧客都是參考樣品來下訂單的。

他們以雙管齊下的方式來進行直接銷售。一方面，他們透過郵件來拉攏老客戶。這種手法最近與「巡迴展覽」相互結合，藉此募集新的潛在客戶，同時又能與所在城市的老客戶搭上線。某些手織品製造商會在百貨公司舉辦展示會，來簡化他們在展示商品上會碰到的問題。柳樹小屋紡織者的負責人更傾向在酒店、俱樂部、閒置的商店，或是其他能與別種產品區隔開來的空間進行展售。他們會精心挑選邀請名單，藉此吸引潛在買家。

柳樹小屋紡織者的第二種銷售策略，就跟一般的手工藝品營銷方式有明顯不同。十二家織布廠的代表每年會去大型城市幾次，與室內裝修公司和其他掛毯、室內裝飾織物等的大量採購者接洽。這項策略成功帶來許多大規模的新訂單，比方說，康乃爾大學新宿舍的織品訂單就破了紀錄。由於現代室內裝潢與居家擺設需要某些符合特定時代風格的設計，多數成品必須特別替客戶量身訂做，以確保織品的顏色符合整體居家風格。

這些紡織大師還找出了成功穩定客源的祕訣，而這點似乎許多手工藝產品業者都沒想到。這項祕訣是用圍巾、頸飾、掛毯、墊子，以及辦公桌或梳妝台織品套組，來填補西裝與大衣這類按碼出售的訂單之間的空白。這樣不僅能替紡織者創造額外訂單，還能經營出附加的禮品產品線。某種意義上來說，這些附加的產品也能當成織造、圖樣與顏色的樣本。

替鳥類服務的建築師

約瑟夫・H・多德森（Joseph H. Dodson）的名號響亮到只要一聽到他的名字，就會想起在樹上擺盪的鷦鶥屋，或是替聖馬丁鳥設計的舒適鳥巢。

這項生意興隆的業務始於多年前，當時多德森替芝加哥的一間債券公司工作，閒暇時間幾乎都在自家地下室製作鳥屋。這些鳥屋的獨特之處在於，每座鳥屋外頭都黏有一小塊閃亮的金屬。他發現許多鳥兒喜歡在鏡子前梳理羽毛。只要貼上這塊小金屬片，就能吸引更多小鳥來陪他共度夏天。

不久之後，鄰居開始請他幫忙製作鳥屋，而鄰居的朋友後來也開始下訂單。他很快就意識到這項嗜好其實蘊藏商機。這個單純的契機帶來了穩定的業務，時至今日，多德森依然在製作鳥屋，並從他居住的伊利諾州小鎮將成品運往全國各地。作為賺取 1,000 美元的方法之一，這項商務策略對你來說或許有吸引力。幾乎每個社區都存有豪華鳥屋的市場，特別是聖馬丁鳥的鳥屋。鳥屋製作簡單，只需要絕妙的設計與工具就能開始。

靠手工軟糖創業，薄利多銷

本特利夫人（Mrs. Bentley）家裡有四名學齡孩童，她必須多賺點錢貼補家用。住在芝加哥的她，住家附近有一個被劃分為輕工業專區的區域。她推斷那些坐辦公室的女孩應該會喜歡吃糖，男人也不例外。所以她做了一些軟糖，用玻璃紙包裝好，到辦公室去兜售。第一天中午前，她就把第一盒軟糖賣完了，並打算在下週二再去她拜訪過的那些辦公室。當天晚上，她又做了一批軟糖，隔天一早到街道另一邊的辦公室銷售，軟糖同樣銷售一空。

沒過多久，她的軟糖銷量就變得相當穩定。她把這一區劃分為數個區

域，每天花半天的時間專門在某個區域銷售。這樣一來，各區域辦公室裡的人如果在一週的某天想吃軟糖，就能做好購買軟糖的準備。女孩跟男人會在總機接線員那邊留下訂單，她只要花一點時間就能提供訂單需要的量，並準備往下一間辦公室移動。

針對特殊場合，例如母親節、情人節、聚會、週末旅行、週年紀念、送禮物給女主人等，她會把軟糖裝在花俏的盒子裡，用深色與淺色的軟糖交錯拼成一個圖樣。預先登記這些禮盒的訂單，再請孩子放學後將禮盒送出去。

她在附近找了兩家學校商店跟一家麵包店來代銷她的軟糖，一家茶室也提供了空間讓她擺一小盒軟糖寄賣，每片軟糖 1 便士。她表弟在附近一家大型餐館當收銀員，所以她也在收銀台旁櫃子上卡了一個好位子展示自己的軟糖。其他訂單則來自她孩子就讀的小學與中學的老師。這些訂單累積出還不錯的成績，特別是在聖誕節期間，許多老師返鄉過節都想在家人的聖誕禮物中多加幾盒軟糖。本特利夫人的另一個銷售點子，是在每盒軟糖裡放卡片，上面寫著「蜂蜜軟糖」，還有她的姓名、地址、電話，以及每磅的價格。為了降低成本，她不能在包裝盒上花太多錢，所以選擇普通的深奶油色包裝盒，並用棕色蠟筆以獨特的左斜字體在盒蓋上寫「蜂蜜軟糖」。為了讓字體活靈活現，她勢必要稍微練習。起先，她發現在盒子上用蠟筆寫字很難掌握適當的下筆力道。不過只要在盒蓋底下墊一塊木板就能解決這個問題。包裝商品時，這種小動作往往是產品銷售成敗的關鍵。

跟著人群跑的焦糖爆米花

跟三百五十個人一起停下來站著觀賞草原棒球賽時，愛荷華州滑鐵盧（Waterloo）的詹姆斯・巴洛（James Barlow）想到一個點子。巴洛想吃爆米

花，但距離最近的商店在兩個街區之外！這裡有一百多個人也想吃爆米花。這根本是個賺錢的大好機會！所以他決定在下週日測試這個想法是否可行。他買了一台爆米花機，果斷開始執行計畫。

妻子的烹飪書裡有一道食譜是用玉米糖漿跟水來製作焦糖。巴洛根據這道食譜調製一定份量的糖漿，然後澆淋在爆米花上。接著，他將這些焦糖爆米花壓成一球一球的，用紅色蠟紙包裹每顆爆米花球。比賽開始前，他在洗衣籃裡裝滿一球一球的爆米花，把洗衣籃提到圍在一起觀賽的群眾之間。他慢慢地在場外走來走去，很快就以每球 5 美分的價格賣掉所有爆米花，並在賽程中三度回家補貨。最後，他總共賣出一百七十九球爆米花。

要成功做出焦糖爆米花，其實不需要昂貴的器材。你只需要先將玉米爆成爆米花，隨即將加水稀釋的焦糖糖漿倒在爆米花上，讓爆米花靜置幾分鐘，這樣就能做出好吃的焦糖爆米花。玉米糖漿或糖蜜加水混合煮沸後就是好吃的焦糖了。不過焦糖糖漿不宜太過濃稠，這樣才不會黏成一團、太快乾燥凝固。

爆米花通常都能賣很快，新鮮度可以維持兩到三天左右。在群眾聚集享樂的地方，例如海灘、野餐、避暑度假村、公園和露營營地，都能輕鬆將爆米花賣出去。在公共建築、市集和劇院外排隊等候的人群中，有時也能找到快速銷售爆米花的機會。

一旦掌握製作爆米花的「竅門」，花一小筆錢聘請幾位高中生當幫手協助銷售，生意馬上就會經營得有聲有色。剛起頭的時候會比較忙，但成效一定值得。

報酬優渥的象牙雕刻事業

多年前，喬治亞州亞特蘭大（Atlanta）的法蘭克・佛斯特（Frank Foster）還是個小孩，那時他就開始學習雕刻象牙了。年齡漸長後，這成了他的嗜好，手藝也越來越專業。象牙雕刻跟其他技術性的技藝一樣，只要會操作簡單的工具，幾乎沒有人學不會。不過要成為專家，那可就需要大量的耐心與反覆練習。

象牙雕刻跟木雕一樣，也有程度精細之分。法蘭克・佛斯特雕刻的物件五花八門，從普通的撞球，到最精緻細膩的裝飾圖樣雕刻都有。

退休之後，法蘭克・佛斯特靠這項罕見的嗜好建立起另一項事業。多米諾骨牌、撞球、珠子、各種類型的精巧盒子、棋子、手環、耳環、胸針、拆信刀、書籤、書擋、小相框、古樸的鳥類與小動物擬真模型、小雕像，當然還有各種尺寸的大象。以上這些物件都是他用技巧嫻熟的雙手雕刻出來的。他雕刻的棋子特別精美，一套精緻的三十二個西洋棋替他帶來 50 至 75 美元的收入，豪華版則高達 250 美元。

象牙堅韌有彈性，加工起來並不困難。佛斯特使用的是大象象牙，每根價格為 1,000 美元，但他能以原價十分之一的價格買到象牙廢料。他發現鋼琴工廠囤有幾百磅重沒辦法用來製作鋼琴琴鍵的象牙原料，因為這些象牙都有彎曲弧度，難以取出夠長夠直的象牙片。所以一根象牙中能用來製作琴鍵的部分非常少。這種象牙廢料的品質很好，很適合拿來雕刻成小物件。

改變希伯德人生的洋芋片

羅伊・C・希伯德（Roy C. Hibbard）不喜歡開計程車，因為工時很長、收入又不穩定。他很想改變這種一事無成的生活，所以一直在找賺取額外收入的方法。他常常停在啤酒館前面載客，也因此跟酒館老闆熟絡起來。有時候，酒館老闆會跟他閒話家常，聊聊酒館的生意。他得知為了讓客人喝更多啤酒，酒館會免費提供鹹的零食，例如洋芋片。希伯德靈機一動，他想或許供應酒館洋芋片是門不錯的生意。

他取得一台能生產高品質洋芋片的機器，並做出試吃包，然後將這些試吃的洋芋片分送給他認識的每一位酒館老闆。他的第一批試吃樣品總共吸引來五十筆試訂單。洋芋片的品質極好，隔天他很開心又拿到總共 75 磅的洋芋片訂單。有大量訂單的希伯德決心辭掉計程車司機的工作，把所有時間投注到洋芋片事業裡。

希伯德一開始投入的資金為 100 美元，他以分期付款的方式購買這台機器，機器的價格為 85 美元。馬鈴薯平均每 100 磅定價 90 美分，用來炸洋芋片的油每磅 14 美分，每罐油的重量是 20 磅。他將機器安裝在自家公寓地下室，所以不須額外支付租金。他一開始就賺了不少錢，而這是因為他選對馬鈴薯的品種。起先他使用表皮較薄的愛爾蘭皮匠品種，這種馬鈴薯的成本比較低，但他後來發現並不是所有品種的馬鈴薯都能做成好吃的洋芋片，洋芋片機器的廠商推薦他改用比較貴的愛達荷州馬鈴薯，口感確實令人滿意。

經過計算，希伯德得出洋芋片的每磅成本為 9 美分。把洋芋片裝進 5 美分、10 美分跟 20 美分大小的袋子裡，他的零售價平均為每磅 50 美分。大量銷售給酒館，他可以拿到每磅 30 美分。平均每天的淨利潤超過 11 美元，業務也穩定成長中。

你可以在自家裝設一台類似希伯德的洋芋片機。這種機器是靠煤氣來運

作，能炸出品質一致的洋芋片。酒館、餐廳與餐館都是現成的銷售通路，你還能以每磅 15 美分的金額將洋芋片批發給雜貨店和熟食店。如果裝在袋子裡，例如 5 美分的袋子，就應該額外收費。

用修補娃娃的收入來賺取醫藥費

身為織品銷售員妻子的莫莉・溫德（Molly Winder），不幸在一場車禍中傷到右腳，手術費約為 800 美元。她要上哪兒籌這麼多錢？丈夫是有收入沒錯，但繳完房屋貸款、保險費跟生活支出就所剩無幾。在聖誕節期間溫德夫人經常拿丈夫不再使用的紡織品樣本，替朋友的小孩製作娃娃的衣服。或許製作娃娃的衣服就是解答。

她發現朋友很樂意買娃娃的衣服送給孩子當作生日禮物。她做的娃娃衣服賣得很快，因為她是依照當季女裝與童裝的款式來製作娃娃的服飾。打扮時髦有型的娃娃很受小孩子歡迎。鎖定目標後，她在 9 月份開始製作娃娃的衣服，到了 11、12 月，集中火力爭取聖誕節時期的訂單。就在此時，她發現自己不僅替娃娃製作聖誕節服裝，還要修補娃娃的外觀。朋友拿來的娃娃要不是斷手斷腳，就是臉上有破損的痕跡，或是頸部斷裂，以及假髮糾結斷裂。想當然，在替這些娃娃穿衣打扮之前，必須先將損壞的部位修補起來。

簡單的修補對她來說並不困難。只要用點膠水與針線縫補，再把假髮重新整理一下、穿上新衣服後，「貝西・安」或「莎莉・盧」就會煥然一新。溫德夫人平日為人性格和藹可親，而且交友廣闊，所以在她意識到之前，這門修補娃娃的生意已經在當地社區傳開了，她早就在不知不覺中做起修補娃娃的生意。但她不只修補娃娃，民眾會將各式各樣的玩具送來給她修補，甚至還有瓷器跟小型擺設。她還發現（或許用「培養」這個詞來描述更適合）

人物玩偶以及身穿各國服飾的玩偶市場。在教會義賣活動與社團舉辦的慈善活動中，這些玩偶都被當成了抽獎贈品。

到了隔年 6 月，莫莉終於能安排動手術。她有足夠的錢來支付住院費以及半數以上的醫師手術費。現在的她，擁有一群死忠的客戶，第二年的聖誕節生意甚至好到她得從早到晚工作，把家事委託給讀高中的大女兒。當然，溫德夫人很幸運，因為她家裡就有工作所需的多數材料，不需要花大錢來買修補所需的用品。然而，就算要支付材料費，經營娃娃修補生意也是一門能帶進利潤的事業。

用黑麵包與豆子的利潤來繳稅

住在公寓住宅區附近或當中的婦女如果想在住家附近尋找商機，一般都能開發出麵包、餅乾、蛋糕或類似產品的市場。一位住在芝加哥南部的婦女，固定在週五下午拜訪鄰近的住戶，開發出一個黑麵包與烤豆的市場。許多會在週五吃烤豆、奶油鱈魚和類似料理的家庭，都認為黑麵包是很完美的佐餐選擇。但多數家庭主婦不會選擇自己製作黑麵包。有些特殊的食物具有絕妙的風味，是大型食品公司做不出來的，黑麵包就是其中一種。

她起先只想賣黑麵包，但黑麵包與烤豆實在是絕配，所以她選擇兩樣都賣。她推銷黑麵包的方式，是提著一個很像打字機盒的小箱子，裡頭裝幾條完整的黑麵包跟一條切片的黑麵包，切片的黑麵包是為了讓每一位潛在客戶試吃。試吃之後，大家都發現她的黑麵包確實滋味美妙，她很快就累積到幾位週五的客戶。烤豆呈現美味的棕色，承裝在棕色陶器中，陶器的尺寸有兩種大小，取決於訂購家庭的人口數量。多數家庭主婦都很喜歡這種能輕鬆取得家常料理的概念。打完橋牌回家後，她們只要把豆子放進烤箱加熱、將黑

麵包切片、拌一份豐富的沙拉，拿出醃菜跟肉醬，再把上午參加聚會前做的甜點端上桌，就是豐盛的一餐了。

聰明機靈的她列出一些能跟黑麵包搭配的食物，像是烤豆、鱈魚、馬鈴薯沙拉、燻鱈魚等。她也推薦用黑麵包搭配一大杯牛奶作為孩子的午餐，或是在派對或午宴上將黑麵包切片，切成圓形或其他花俏的形狀，再抹上起司搭配食用。讀高中的女兒會幫忙將她的姓名、地址與電話打在食譜大小的卡片上，並在卡片背面列出黑麵包的食用方式及價格。她再將這些卡片寄給客戶的親友（做生意時主動向客戶詢問親友的姓名），或是發給對她的產品有興趣的潛在客戶，以及跟她買東西的顧客。她也會把卡片寄給與顧客同棟公寓的其他住戶。順道一提，她還懂得把握機會拜訪顧客同一棟公寓的其他家庭。

除了這種類型的業務，她還替自己的黑麵包開拓另一個市場：拜訪鄰近的三家酒店，以及在附近地區的另外四家酒店。因為這些酒店多少都已經有一群死忠的長期客戶，這些人對食物要求比較高，飯店需要盡可能滿足他們挑剔的味蕾。上高中的女兒跟 12 歲的兒子在住家附近送貨，她則開著家裡的老爺車送酒店的訂單以及鄰近地區以外的訂單。業務逐漸成長，她開始能存下一筆小錢，用來支付每年的房屋稅，並幫自己和孩子添購新衣。

讓「蛇肉點心」蔚為流行的男人

多年前，佛羅里達州阿卡迪亞（Arcadia）的喬治‧K‧恩德（George K. End），幫兩個小兒子殺死一條響尾蛇，並將蛇皮剝下來。這隻爬蟲類動物的肉呈現淡淡的鮭魚粉色，看起來令人食指大動，恩德先生決定做個實驗，試試蛇肉的味道。他意外地發現蛇肉的滋味相當微妙，而且口感鮮嫩。後

來，他在坦帕（Tampa）的一場年會上端出蛇肉，嚐過的人都直呼蛇肉很美味。一些朋友也在他的推薦下嘗試蛇肉，並肯定這是貨真價實的美食。恩德先生認為這個東西可能有其市場，而且附近地區每平方英里的響尾蛇數量居全美之冠，這門古怪的生意自然就有源源不絕的肉類供給。很快地，他成立了一間罐頭工廠，開始製作、銷售自己的產品。

想當然，他碰到的最大困難是克服民眾對於吃蛇肉的偏見。不過，恩德先生發現還是有許多人認為他的產品是很美味的食物，人數多到能替他帶進穩定的業務量。既然大家都吃鰻魚、蝸牛跟青蛙腿，那乾淨可口的蛇肉又有什麼不能吃的呢？蛇肉比許多人熱愛的牡蠣還乾淨的多！

恩德先生的捕蛇法，是在一根約 6 英尺長的竹竿末端綁上繩套，用這個繩套來活捉響尾蛇，然後將蛇甩進一個鐵絲籠裡送到罐頭場。來到罐頭場之後，他們會盡可能在當天將蛇宰殺，因為蛇在被囚禁的狀態下不會進食，所以會流失不少重量。捕蛇者的報酬是每英尺 20 美分，每條蛇平均約為 1.25 美元。蛇肉要不要搭配醬汁都可以，工廠也會另外出響尾蛇生肉的訂單。每條蛇送到工廠時的平均重量為 9 磅，但烹調收縮加上去除頭、響環跟骨頭後，蛇的重量會大幅減輕。蛇肉的價格並不便宜，一罐 4.5 盎司的蛇肉售價為 1.25 美元，未煮熟的蛇肉每磅為 2.5 美元。工廠會以煙燻火腿的方式來燻製蛇肉，並以小袋裝的「蛇肉點心」形式來銷售。蛇肉帶有一種非常細膩的香氣，特別適合拿來當成可口的開胃菜。蛇的其他部分，例如頭部、響環、牙齒等部分則被做成裝飾品，並從脂肪組織中提煉出按摩油。當然，蛇皮會可以成帽子的裝飾帶、腰帶、錢包、書套等。

就算你住在有許多蛇出沒的地區，也有可能對開設蛇肉罐頭工廠的想法興趣缺缺。但是，恩德先生賺取 1,000 美元的策略或許能讓你明白，只要認真尋找，或許就能在自家後院找到許多賺錢的良機。

蛤蜊殼能做什麼？

　　瑪莉・庫柏（Mary Cooper）跟兩個年幼的孩子住在簡陋的寄宿房屋內，她失業了。但身為一位機靈的聰明人，她很快就做起自己的小生意，用蛤蜊殼跟牡蠣殼製作新奇的物件。她從附近一家海鮮店獲得免費的貝殼，將這些貝殼做成新奇的物品，然後把這些成品帶到附近的美容院。店主給了她櫥窗內的一個展示空間，並從售出的物件中抽取佣金。這些新奇的手工藝品製作起來花不了多少成本，使用的材料包含一般的菸斗清潔刷、蛤蜊殼、牡蠣殼與其他貝殼，完全不需要特定技能。以下是製作方式：

　　在牡蠣殼細小的那端鑽一個小洞，將菸斗清潔刷的一端穿入這個洞中，將清潔刷在殼的邊緣扭轉固定住，讓剩下的部分向上延伸。現在，在第二個大小相同的牡蠣殼上重複相同動作。將這兩個貝殼擺在一起，在菸斗清潔刷長度一半的位置，將剩下來的清潔刷彎起來並捲在一起。接下來選兩個小牡蠣殼，把這兩個殼合起來安置在清潔刷扭轉的位置。清潔刷突出貝殼上方的部分成為頸部。在一個小圓錐形貝殼的一側鑽孔，將這個殼固定在菸斗清潔刷頂部。這個東西現在看起來像個滑稽的小人，兩隻大腳是用牡蠣殼做的，身體也是牡蠣殼，腿跟脖子則是菸斗清潔刷。當然啦，最上面的那顆小貝殼就是人的頭。可以再拿一根清潔刷，將清潔刷切成兩半，然後固定在脖子部位的牡蠣殼接合處。只要一根小刷子跟 10 美分的顏料，你就能替這個小人偶刷上任何色彩。菸灰缸跟許多有實際用途的物件，都能用這種方式輕鬆製成。

靠手工抱枕賺到巴黎旅費的姐妹

托斯戴爾姐妹剛大學畢業，在家鄉參加過幾場為大學畢業生舉辦的例行派對後，她們燃起一股想旅遊的強烈渴望。於是，海倫（Helen）與瑪莉・托斯戴爾（Mary Tosdale）打算自己賺錢來籌措旅費。

她們倆都擅長一項技藝，那就是縫紉。打從高中開始，她們就親手做了許多洋裝、套裝跟大衣。她們熟悉色彩與布料，對時尚風格也很敏銳。不過這兩位女孩都沒有打算要靠製作女裝來賺錢，而是想靠其他縫紉工作來累積財富，後來她們想到能製作別緻的抱枕。這些年來，姐妹倆在家裡不斷縫製衣物，家裡堆了好多箱有用過跟沒用過的布料、緞帶跟邊角布料。清點一輪之後，她們發現就算不添購新的材料，也能做出一定數量的枕頭。

那年夏天，她們埋頭研究枕頭的設計。來到 11 月，她們已經做出幾十個獨一無二的精緻抱枕。她們將色調相配的緞帶編織成有趣的方塊狀圖案，也用撞色面料拼貼出現代風格。陽台抱枕是用堅韌的印花棉布與裝飾布置成，並以撞色面料飾邊。她們用精緻的刺繡亞麻布，來製作無比柔軟的羽絨嬰兒枕頭，用蕾絲與絲綢的碎料來打造少女風格的抱枕，還有閃耀寶石色澤的方形天鵝絨或綢緞面料，加上環狀流蘇飾邊或撞色滾邊裝飾，製作成量身打造的素色坐墊。

聖誕節前三週，她們信心滿滿準備好展示自己的作品。姐妹倆說服一家當地洗衣店老闆，請他用 5 美元的價格將櫥窗的空間租給她們三週。瘋狂的聖誕節購物潮結束後，不只所有現貨銷售一空，而且還有二十幾個抱枕需要趕工出貨給正在等待的客戶。坦白說，這也是因為她們開的價格很不錯。事實上她們還發現，消費者對手工藝品的欣賞程度，似乎與產品的價格有密切相關。

雖然聖誕銷售替她們帶來豐厚的利潤，但旅遊基金還沒多到能讓她們在

那年去歐洲旅遊。所以隔年春夏，兩姐妹繼續投入在設計、籌備以及縫製抱枕。她們時常翻閱雜誌尋找靈感，並在絲綢銷售市場上不斷尋找成本低廉的材料。姐妹倆設法從一位批發商那邊買進一大批以木棉和羽絨填充的平紋細布抱枕，成本比她們自己製作還要便宜。那年春天，她們接到幾筆來自當地家庭的枕頭與窗簾訂單，並在整個夏天穩定銷售專門放在門廊與陽台的抱枕。當地一家禮品店向她們下了枕頭的訂單，店主表示這些枕頭比她在其他地方買到的抱枕更迷人，造型也更時髦。

那年秋末，她們忙著替聖誕期間的銷售量備貨。她們認為就算自己做了太多枕頭，也可以等到隔年繼續賣。來到聖誕季，她們的枕頭已經多到洗衣店櫥窗都塞不下了。於是她們在一條繁忙的街道上找到一家閒置的店鋪，簽了一個月的租約。店鋪的陳設非常吸引人，路過的人都會走進來看一看。不過，走進來的顧客顯然有大多數都提著抱枕離開，因為在聖誕節前夕的最後一波瘋狂購物潮結束時，這兩位疲憊的女孩清點銷量之後發現手邊只剩兩顆枕頭，其中一顆是被踩髒了，另一顆則是被夾在櫃檯後方沒人看見的地方。

托斯戴爾姐妹隔年實現了歐洲遊的心願，而這顯然不會是她們的最後一次旅行，因為她們已經決定開一家店。了解消費者的需求後，她們決定在店裡販售枕頭、窗簾、被子、躺椅的軟墊、衣櫃抽屜與層架的墊子、襯墊衣架、衣櫃以及壁櫥的配件等等。為了有足夠的存貨，她們還請了兩位能完成精緻針線活的婦女到店裡兼職。

物以稀為貴，製作微型古董複製品

參觀喬治・柯納（George Cona）在舊金山的商店，就像是跟格列佛一同遊歷小人國那樣。這位工匠巧手製作微型古董傢俱複製品時，他的魔法彷彿

能讓時空暫停。在他的工作桌上方，一排排的精巧刨刀與鋸子整齊排列，還有幾隻尺寸迷你的鐵鎚，這些鐵槌能將更細小的釘子敲打進火柴般粗細的木塊中。

有了這些工具，柯納先生能做出一個高度不超過橘子的櫃子。每個細節都精準完美，連抽屜的內襯也不馬虎。從來沒有任何一位傢俱工匠能像他這樣深入研究傢俱的知識，或是運用自己的知識來更仔細打造出擬真的仿製品。

在英國長大的柯納先生，小時候就開始研究傢俱，並培養出複製傢俱的天賦。後來在加州，當他在政府部門工作多年、健康出問題後，轉而靠製作櫥櫃維生。在那段收穫頗豐的歲月裡，他因為仿製古董傢俱而在舊金山聲名大噪。他的手工之靈巧，只有專家才能判斷仿製品與原件的區別。時間來到1929 年，也是經濟相當不景氣的時期。當時他已年過七十，但他精巧的手指仍然相當靈活。由於業務量下滑，他開始把重心轉移到自己的嗜好上，也就是製作齊本德爾式的椅子、鄧肯・費菲（Duncan Phyfe）風格木桌，以及海波懷特餐邊櫃的微縮模型。當然，這些絕對不是娃娃屋的傢俱，而是真正的微縮模型。我們就以價格區分這兩者的差距：柯納的臥室傢俱組要 5 美元，一套類似比例的娃娃傢俱則是 25 美分。

將傢俱送來給他修補的老客戶紛紛注意到這些精緻的小模型，並把模型買回家。他們會推薦那些「想要這樣一套傢俱」的朋友來找柯納先生。微型傢俱的事業逐漸填補大型傢俱的空白。有一天，一位在大蕭條前存了不少錢的婦女，問柯納先生能否打造一棟適合這套微型傢俱的娃娃屋。那當然沒問題，除了熟知古董，柯納先生還在英國學過建築。他繪製設計圖，打造一棟娃娃屋，吸引更多訂單上門。現在他專門接單訂製房屋，而他謙虛的說這些房子的品質「只是好那麼一點而已」。他除了替房地產公司製作 10 美元的小屋，也有可能替富裕客戶的孩子製作 300 美元的迷你豪宅。

現在，他正在製作一棟配有傢俱的迷你屋，要價 550 美元。這棟房子就立在工作室的窗口，他正一塊塊將傢俱裝設在屋內。每天，感興趣的路人都會停在商店櫥窗前，看看這棟迷你房屋的進展。這座有五間房間的殖民風住宅外觀是白色，帶有綠色的裝飾。屋內有橡木與桃花心木的拼花地板，以及一座精緻小巧的橡木欄杆樓梯，走上樓梯就能通往浴室與臥室。房間內有郵票大小的電源開關，吊燈上裝有小球。精心鍛造的窗框中是真正的玻璃，而非模型房屋中常用來製作窗戶的雲母。

過去幾年來，索恩夫人（Narcissa Niblack Thorne）在芝加哥世界博覽會上展出的精緻微型房間，還有電影演員柯琳‧摩爾（Colleen Moore）在慈善展覽會上展示的 50 萬美元娃娃屋，都激起廣大民眾對微型古董傢俱複製品的興趣。知名化妝品製造商赫蓮娜‧魯賓斯坦（Helena Rubinstein）珍藏的無價微型傢俱與房屋也令人稱道。這些微型房屋中的小擺設，是它們的主人多年來收集玻璃、黃銅、木材與零星傢俱等小物件時獲得的。不過，其中的多數物件都是由現代工匠所製作。許多人在自家地下室都設有工作桌，只要本身很有設計天賦，就能夠製作出這些微小的傢俱。相關傢俱設計的書籍與期刊，都能幫助有興趣製作迷你模型的人，打造出幾可亂真、外型與線條仿若原件的複製品。

響尾蛇帶來滾滾財源

亞利桑那州圖森（Tucson）市的凱瑟琳‧C‧雷迪（Catherine C. Reidy），在距離老公上班的城鎮 23 英里處擔任自耕農。那時，她就開始對蛇感興趣。作為一項消遣，她著手研究當地的野生生物與植被，興趣強烈到甚至開始撰寫自然相關主題的文章。這也代表她需要收集參考資料、相機與其他設

備。接著，景氣跌入谷底，家庭收入大幅下降。她寫了幾封信，開始替生物用品商店收集昆蟲，還會販售仙人掌與野花的種子。

在收集與印第安人在地食物有關的資料時，她發現印地安人不僅會吃響尾蛇的肉，還會用骨頭製作裝飾性的項鍊。這讓她深感好奇，於是再次抓到響尾蛇時，她將蛇裝進了水壺，隔天就做起響尾蛇生意。這些裝飾品包含服裝首飾、鈕扣、扣環、項鍊與手環。雷迪夫人解釋道：「這些骨頭就像雕刻好的象牙，經過長時間的清洗與漂白，色澤出乎意料地白。將這些骨頭仔細搭配，並以各種方式串起來，有些是單純用骨頭串成的裝飾，有些則是以各種類型與大小的彩色珠子串在一起。」響尾蛇的皮能製成可愛的鈔票夾、書籤、香菸盒、支票簿、錢包，甚至還能做成靴子或夾克。在芝加哥的世界博覽會期間，雷迪夫人在亞利桑那州的展覽中，展出一套用響尾蛇皮打造的訂製服，成功吸引許多參觀民眾的關注。

響尾蛇的生意好到雷迪夫婦最後搬回鎮上，成立一間工作室。在工作室中，他們能更詳盡地展示自己的手工藝品。她聘用幾位獵人來捕蛇，也備了一些蛇肉庫存。她發現蛇的頭骨、牙齒跟響環還是有少量市場需求。除了經營工作室，雷迪夫人也在西部的旅遊營地跟觀光農場展售自家產品。

專攻上班族的漢堡店

幾年前，被餐廳解雇的亨利・費舍（Henry Fisher），從小規模的儲蓄帳戶中領出 50 美元，在芝加哥洛普區（Loop）一棟辦公大樓租了個小空間，開了一家漢堡店。三個月後，亨利的生意開始賺錢，他又開了兩家店，目前經營得相當成功。

他說：「第一家店的空間非常狹小，在裡頭根本無法轉身。當時的我很

希望之後能有更多空間、增加餐廳提供的品項，並額外提供咖啡、茶和牛奶。但過了第一週後，我決定改變策略，專攻做漢堡。我的漢堡比一般的漢堡大一些，每個售價為 10 美分。中午時分，在大樓裡上班的人會在店外大排長龍，他們顯然只想獲得迅速的服務，對他們來說，其他都不重要。辦公人員知道我開了一家漢堡店之後，每到中午，排隊的人總多到讓我應接不暇。」

「我在設備上的投資總共為 16 美元。6×10 英尺空間的租金是每個月 33 美元。我沒有打廣告，也沒想過這件事，因為我沒打算在那個小地方待太久。由於我用 10 美分的價格提供品質更好的三明治（黑麥漢堡麵包上抹了一點美乃滋、搭配黃瓜調味醬，這有時也被稱為「維也納式」漢堡），所以漢堡的銷量非常好。開賣的第一天，我賺了 24 美元，開支為 15 美元。第二天的情況更好，到了週末，生意已經很穩定。第一家店開張大吉，我跟妻子都超興奮，她鼓勵我不要就此滿足、停下腳步，應該要把握機會開設第二個攤位。我們在找第二個攤位時碰到不少困難，因為很少有辦公大樓有適合的空間，而有這些空間的人租金又開太高。所以，我們選擇了一棟工業大樓二樓的一個小房間，那裡幾乎全都是印刷公司。一家排版公司有一百二十位員工，另一家占據兩層樓空間的印刷公司則有六百名員工。第二間店一開，生意也是旺到不行。很多工廠員工都會到店裡消費，因為這個地點很方便，而且用 10 美分就能買到令人滿意的三明治，這個價格也差不多就是大家願意為午餐付出的價格。那些不想離開商店或辦公室的人，通常會請同事帶漢堡回公司。大樓裡的辦公室助理與跑腿的男孩，一次會幫辦公室裡的男女同事外帶十五到二十個漢堡。我本來可以在第一個攤位賣咖啡，但這就代表我提供服務的速度會變慢。想喝咖啡的人一般都想坐下來喝，但第一個攤位沒有放桌子的空間，而買漢堡的人似乎也不介意沒有咖啡能配。所以，我不需要租太大的空間，把租金省下來，就連固定裝置的成本也省了，生意規模還

跟比較大型的漢堡店一樣。不過，我們有在第二家店賣咖啡，因為上班族習慣請助理去跑腿，一次把足量的咖啡買回辦公室，像是八杯或十杯。我們在這棟建築的利潤幾乎跟第一個攤位一樣。決定開第三家店時，我在另一棟工業大樓裡選了一個空間。這裡的租金很便宜，也有一個很大規模、高度集中的咖啡跟漢堡市場。」

亨利表示，他不認為商業區或工業區以外的區域適合開漢堡店。他指出自己的漢堡店之所以成功，是因為他向時間有限的上班族提供便利的餐飲服務。如果他能吸引到大樓內三成的上班族，攤位生意就能維持的不錯，晚上也能有自己的時間好好休息。

他的第一套設備是一支二手煎餅用淺鍋，30×18 英寸，用來煎炸漢堡麵包。還有一個大型錫盒，用來供應「大型」捲餅，以及一大瓶黃瓜調味醬。製作出美味漢堡的祕訣，是將肉與乾麵包碎屑混合。不需加冰塊，因為漢堡是每天從當地分裝場的倉庫分兩次直送，可以直接丟到鍋中煎炸。在工業或辦公大樓的低樓層（不一定是大廳或街道層）的任何一個小空間中，你都能用少量資金開設這樣一個攤位。袋裝薯片、小餡餅與類似的食品可以當成副業來經營、從中獲取額外利潤。

有質感的蝕刻瓶很好賣

剛大學畢業的哈利・布朗（Harry Brown），決定試試看能否靠一個醞釀多時的想法來賺點錢。在大學的化學課程中，他學到將蜂蠟抹在玻璃瓶外，然後用鋼尖刻字，再將玻璃表面暴露在氫氟酸煙霧中，就能在玻璃瓶上進行蝕刻。

稍加練習後，哈利發現自己有能力製作出看起來精美滑順的玻璃瓶，適

合擺在藥櫃裡。他買了一箱標準尺寸的透明玻璃瓶，並在瓶身蝕刻藥箱中常見的藥名，例如硼酸、金縷梅、洗手液、甘油等。他製作了幾個套組，每套裡面有四個瓶子，分別賣給親朋好友。後來他又挨家挨戶銷售，每拜訪一戶人家，他就會試圖賣出一套完整的玻璃瓶。如果家庭主婦顯然不需要一整套瓶子，他會建議對方至少選一對。有時他能成功說服家庭主婦多買兩個瓶子，並請她自選想刻在瓶子上的字，他就會免費幫她蝕刻。他也接客製訂單，替客戶家中的病人或嬰兒專用藥品製作特殊的玻璃瓶組。

哈利會刻意在傍晚送貨。一般來說，一家之主晚上都會在家，這樣他就能順利在交貨時收款。此外，他還發現有些男主人會想替「私人收藏」添購一套整齊一致的玻璃瓶，上頭刻著黑麥酒、波本、蘇格蘭威士忌等字樣。

另一個銷量不錯的點子是小型鏡面火柴盒。他會以一打為單位購入這種火柴盒，並在鏡面上刻上 1 到 8 的數字。喜歡橋牌的女性對這種火柴盒很滿意，因為她們能把這個當成橋牌的獎品。這項產品大受歡迎的同時，他又購入了一些體積夠大的鏡面香菸盒，並在盒頂刻上流行的香菸品牌名稱。婦女也很樂意買這些新奇的東西作為橋牌獎品，或是買回自家使用。過沒多久，哈利就發現生意好得不得了，他不僅得請人協助蝕刻玻璃瓶的工作，還要找人主動向客戶接洽，以完成源源不絕的訂單。

.

時尚的鍛鐵工藝

經濟大蕭條害他丟了辦公室工作時，伊利諾州迪爾菲爾德（Deerfield）的利安德・赫維爾（Leander Hvale）轉而經營自己的嗜好，也就是製作手工家用小配件。在時髦的北岸地區，口耳相傳替赫維爾先生帶來許多訂單，他的產品包含手工的鐵製門牌標示（大門口的擺動標示或是入口附近的柱

子)、牆牌、風向標與其他手工藝品。兒子是芝加哥藝術學院的畢業生，負責產品設計，他曾替一間流浪狗收容所（芝加哥一位社會領袖創立的機構）設計的門標，圖案是一隻小狗立起上半身乞討，另外兩隻小狗在一旁同情地聽著。另一個設計是一座可愛的聖母像，用於北岸莊園的室外客廳牆面。

門標起源於中世紀，當時還沒有所謂的門牌號碼。為了辨識自家，民眾習慣使用某種獨特的標誌。所以，民眾才會在聊到鄰居時，說誰誰誰是住在「綠公雞」或「黃燈籠」標誌下的先生。在貴族圈，家族紋章的徽章會被拿來當成門標，鬥雞、展翅的老鷹與獨角獸都是很受歡迎的圖案。如今這種替住家命名的熱潮，讓民眾開始想要購買象徵好客與友好的門標。

赫維爾先生意識到，如果他想把生意做起來，就得讓消費者知道他能用鍛鐵做出什麼東西。所以，雖然手上沒有多餘的錢，但他計畫在芝加哥海軍碼頭舉辦的園藝俱樂部花展上展示自己的作品。展覽空間的租金，是在俱樂部打零工和鏟一個月的泥炭賺來的。這次展覽確實讓懂得欣賞鍛鐵之美的人注意到他的作品，也帶來不錯的生意。

鍛鐵能製作成各式各樣的物件。對於這類手工藝有興趣的人，可以在與這個主題相關的書中找到五花八門的設計。紐奧良（New Orleans）的鍛鐵門與陽台是在殖民時期製造的，因其美麗的設計而聞名於世。多年來，這項展現鍛鐵藝術與技能的作品歷久不衰。只有真正的藝術家才能鍛造出錯綜複雜的精細設計，而且這種作品也不容易被取代。不過，普通工匠也能打造出許多設計較簡單的作品。由於民眾又重新愛上殖民時期風格的建築與裝潢，門標、殖民風的大門燈罩、欄杆、小窗台、壁爐設備、格柵、鉸鏈、門環等物件都再度流行起來。當然，鍛鐵製品的價格一定要定得夠高，才不會辜負鍛鐵工藝品的原創設計和專業工藝。

堅持品質的三明治吧

　　四年前，詹姆斯·麥克（James Mack）為了找一個氣候更有利於健康的生活環境，決定驅車前往佛羅里達，並在邁阿密停留了一段時間。現在，詹姆斯·麥克是一位頂級咖啡鑑賞家。他對入口的咖啡種類很挑剔，或許是這個原因，他也自己沖泡美味的咖啡。根據麥克的說法，邁阿密這邊找不到好的咖啡。他試過所有的餐廳、酒店甚至是飲料攤，這裡的咖啡實在太難喝！

　　如果在邁阿密買不到好喝的咖啡，就只好自己動手泡，讓那些佛羅里達的廚師看看北方人喜歡喝什麼樣的咖啡！詹姆斯·麥克火速開了一家三明治吧，菜單上只有兩種口味的三明治，也就是魚跟牛肉漢堡，還有難能可貴的頂級咖啡。不過，一杯咖啡他只賣 5 美分。菜單上還有牛奶，這對那些不能喝咖啡的人來說是一大福音。三明治中使用的魚肉，一定是他當天在市場上找到的新鮮漁獲，數量還得多到足夠讓他以實惠的價格購入。漢堡肉餅絕對是當日新鮮現做，這樣才能跟當地最好的咖啡匹配。沒有餡餅、沒有蛋糕、沒有餅乾、沒有火腿跟雞蛋，只有三明治、咖啡跟牛奶。

　　民眾起初對這門生意抱持懷疑態度，但少數幾位品嚐過咖啡的人馬上就回頭光顧了。他們還會跟新來的移民吹噓說：「我帶你到麥克那裡，你會喝到這輩子最好喝的咖啡。」麥克的三明治吧只有十二個座位，他拒絕擴大規模。「我不想經營開銷龐大的大型店面。」他對某位問他為何不擴大店面的客人這麼回答。「顧客真的很喜歡這種營運模式，這間店很舒服，跟一般的餐館或酒店餐廳不同。如果我擴大規模，就得請服務生跟多放幾張桌椅，這個地方就會被搞得跟其他美食『商場』一樣。」

　　消費者確實喜歡目前這個樣子，他們會在攤位前排隊買咖啡，也覺得這種方式很有趣。他們會先到酒店吃晚餐，然後再到麥克這裡喝咖啡。這變成一種潮流，麥克很聰明，知道這種方式可行，而且堅持繼續維持。只要他因

為擁有鎮上最棒的咖啡而聲名大噪，就不會再去改變營運模式。咖啡的品質一定要好！他會親自選購咖啡豆、親自混合，每次沖咖啡時豆子絕對是新鮮現磨。他提供的幾樣食物總是很新鮮，而且可口美味。三明治吧一塵不染，麥克跟助手身上的白色廚師袍也是如此。這裡沒有餐具與銀器碰撞的嘈雜聲，服務人員輕聲細語，而且環境涼爽，有遮陽棚遮擋陽光。麥克對自己的咖啡與三明治感到自豪，由衷希望大家都能享受這些食物，客人也確實吃得津津有味。

麥克對品質的執著讓他成功。他將舊車換成新車，繳了在北方看醫生的帳單，把攤位整理得更舒適，付清設備的費用，還在銀行裡存了錢！

賺飽飽的甜甜圈生意

離開芝加哥一家報紙發行部門的工作後，拉維利（S. D. Lavely）到密西根州的瓦特弗利特（Watervliet）開啟退休生活。但閒散的生活很快就讓他感到厭倦，他決定做點小生意。他租了一家商店，花了 250 美元購買製作無油甜甜圈的設備，然後將烤出來的第一批甜甜圈當成試吃樣品，分送給經過商店的民眾。第一天，拉維利賣出七十打甜甜圈，每打 25 美分。第二天的銷量更好，因為第一天購買的人都回頭捧場，還帶著其他人一起來買。

第一週結束前，拉維利已經達到每天平均銷售一百五十多打的水平，這也是他的產量極限。後來他擴大規模，增購更多設備。由於瓦特弗利特距離帕帕湖（Paw Paw Lake）車程很短，拉維利想了想，他覺得自己應該能在帕帕湖周圍的避暑勝地大賺一筆。於是，他請了一名女子替妻子烤甜甜圈，把六十多打甜甜圈裝進車內，一路開到湖邊。兩個小時內，他就成功完售了，把所有甜甜圈賣給住在別墅裡的度假者。此後，他每天至少開車到湖邊一

次。後來，他建立一條通往馬塞勒斯（Marcellus）、勞倫斯（Lawrence）與哈特福（Hartford）等附近城鎮的固定路線。在這些地區，他以每打 15 美分的價格將甜甜圈批發賣給許多餐館、零售店、茶室、冷飲販賣部與小吃店。

用拉維利的設備來烘烤無油甜甜圈，每打的成本平均不到 6 美分。他的小機器能在一小時內烤出八打，一天十小時可以烤出八十打。拉維利使用兩台這種機器，日產量最高可達一百六十打。在第一週，他的銷售總額為九百打，每打售價 25 美分。扣除所有成本，他發現自己賺了不少錢，大約有 161 美元。

無油甜甜圈是在電動操作的烤爐中烘烤而成。這種甜甜圈不像普通甜甜圈是油炸的。這裡使用的甜甜圈麵糊，跟烘烤「油膩」甜甜圈時使用的是同一種。包裝在蠟紙容器中，無油甜甜圈的賞味期限大概在六到八天之間。這種類型的甜甜圈易於消化，就連慢性胃病患者也能安心食用。

大家都能在自家廚房裝設烤製無油甜甜圈的設備，接上燈插座就能運作。這種產品的需求一直都很不錯，商店、餐廳與餐館是不錯的銷售通路。你也能以零售的方式向朋友或鄰居賣一些甜甜圈，就像拉維利那樣，你很快就會在不知不覺中建立起屬於自己的繁榮小生意。這門生意的優勢在於，滿意的顧客自然而然會帶其他人一起來消費。美國大眾對甜甜圈的愛好就像鴨子對水的依賴那樣，鎮上居民很快就知道誰做的甜甜圈美味可口，並且一窩蜂上門消費。

服務殘疾人士的電動輪椅

俄亥俄州代頓的盧澤恩・卡斯特（Luzern Custer）專替無行為能力者（失能或殘疾人士）製造馬達驅動輪椅。他在代頓的工廠每週生產大約三張

輪椅，平均價格每張是 200 美元。直到最近，所有輪椅都是以電瓶來驅動。但現在，有些輪椅則用汽油引擎來帶動，能以每小時 15 英里的速度行進。其中一些輪椅有內建的展示櫃，能讓使用者販售糖果或小東西。有一位南方人還訂做了一張能乘載自己跟隨侍僕人的輪椅。有些殘疾人士喜歡色彩繽紛的輪椅，所以他將輪椅漆成火紅色，還在輪椅上裝設明亮的頭燈與響亮的喇叭。

二十年前，卡斯特先生開始製作能用於木板道的椅子。在輪椅上加裝馬達的點子，讓他的生意起了翻天覆地的變化，幾年來他賺了不少錢。然後他就看出替失能與殘疾人士製作馬達驅動輪椅的市場。沒過多久，他的多數業務已經能完美迎合市場需求。

其他一百種生財主題

木材：從比較簡單的東西開始，例如書擋、書架、鳥屋、花園花架、畫框、花園工具架、窗框、腳凳、花台。累積一定技能、熟練使用工具之後，可以嘗試製作折疊屏風、茶几、櫥櫃、懸掛式書架、咖啡桌、玩具等。現代風格的傢俱很簡單，能夠輕鬆製作出來。盡量不要去做那些不會替產品設計加分的繁複裝飾。鄉村風格的草坪和花園傢俱需求也不小。這種傢俱是由小塊的木料與樹枝製成，上面還留有樹皮。傢俱的構造非常簡單，你能在《大眾科學月刊》（*Popular Science Monthly*）和《大眾機械》（*Popular Mechanics*）以及政府提供的文宣手冊中取得設計藍圖。

水泥：比起用木頭製作物品，用水泥來製作東西需要的技術更少。你能購買現成的木製或金屬模型，要自己製作也行。政府有公告如何混合、使用

水泥，水泥公司也會寄使用說明給你。參考生產這類產品的公司的目錄，看看消費者需要什麼樣的產品。鳥缸、日晷、水族箱、長椅、甕、大型花盆花架，還有其他花園與草坪設備都很受歡迎。掌握一定技能後，你還可以製作精巧的小型人像或裝飾品，例如荷花池裡的青蛙和美人魚、草坪上的兔子與松鼠，還有各種農牧神像與鳥類等。

紙：你可以用紙做出很多東西，品項多到無法一一列舉。只要有漿糊跟剪刀，或是單用剪刀，靈巧的雙手就能做出無數種手工藝品。你可以把成品拿到禮品店、自己開的商店、挨家挨戶，或是在博覽會與展覽上販售。最有趣的其中一種紙製工藝品就是剪影。市面上有一些剪影製作的書籍，許多雜誌也有特別撰文介紹剪影藝術。只要雙手夠靈活，再加上足夠的練習，就能靠販售剪影過上不錯的生活。一般來說，販售剪影的人會在禮品店、百貨公司、賀卡店、集市、街頭市集或人潮聚集處擺放自己的工作桌。每個剪影的售價從 50 美分到 1 美元不等。將兩張紙疊在一起，一次剪兩張，然後根據每張剪影的價格，以兩張 75 美分或 1.25 美元的價格提供給顧客。一場小小的「表演」還能提升你的銷售額。你可以用壁紙製作一些美麗的折疊屏風，參考當地百貨公司展示的屏風就能大概有個概念了。你也能用紙盒與壁紙製作衣櫥配件，像是帽盒、毛毯盒以及鞋盒等。這些物件應該要能互相搭配，或說是一個完整的組合。你還能用壁紙製作剪貼簿封面，用來覆蓋廢紙簍，或是錫製菸盒與香菸盒的外包裝。完成後應該要在紙張表面塗漆來保護紙張。很多室內裝修師會從壁紙上把圖案剪下來，將這些圖案作為浴室、廚房或臥室牆壁的貼花邊框，因而大受歡迎。這些邊框也能用來裝飾廚房櫥櫃、麵包盒或其他容器，以及窗戶的帷幔等等。彩色的動物、童話人物、水果與花朵剪紙能用來妝點孩童的房間，作為牆壁或傢俱的裝飾。製作成套的剪紙裝飾，將剪紙裝在玻璃紙信封裡，每套以 50 美分以上的價格出售。你還能

用縐紙做成派對的小禮物或裝飾，這方面可以參考丹尼森公司（Dennison Company）的派對書籍，上面有提供禮品、派對裝飾品與紙製服裝的製作指南。

油布：油布的使用方法基本上與壁紙相同。油布很適合製作折疊屏風（特別是用於廚房或育兒室），或是用來包裹箱子、剪貼簿或教科書，也可剪成圖案裝飾牆面或櫥櫃，用來裝飾帷幔也很適合。此外，油布還能做成夏日度假小屋的早餐與午餐桌墊組，也可以製成兒童用的桌墊、門廊坐墊、廚房圍裙、海灘袋、門廊桌巾、嬰兒圍兜、髒衣袋、廚房用品防塵蓋（去汙粉罐或火柴盒等）、隔熱墊架子的罩子，或是垃圾桶罩等。

羊毛、紗線：各種針織品的熱潮，替嬰兒與成人的針織服裝提供不少商機。百貨公司販售的針織套裝和連身裙最少都要 50 美元。過去幾年，殖民風格傢俱的流行帶動市場對鉤花地毯的需求，這種地毯與殖民風格的市內裝潢很配，也很適合拿來裝飾夏季度假別墅。一位年輕婦女就自己做了好幾張地毯，她不僅具備精湛的地毯編織技術，編織的速度還很快，能在幾天內利用閒暇時間完成小型臥室地毯。透過朋友介紹、在當地禮品店寄賣，以及在附近報紙上刊廣告，僅僅是這幾種曝光方式，她就接到不少訂單，這些訂單的利潤足以負擔一半的家庭開支。她的地毯做工精湛、設計獨特，所以賣得非常好。現代設計與殖民風格的地毯都能用鉤針編織出來。替嬰兒編織的服裝、針繡花邊椅墊跟腳凳套，這些都是賺錢的方法。這些手工藝品的製作技術需要靠練習才能越來越純熟。

紡織品：對手巧的婦女來說，圍裙與居家服具有廣大商機。許多小型企業都是從製作圍裙，並將圍裙賣給附近鄰居起家的。內莉・唐納利（Nelly

Donnelly）是美國目前最成功其中一家女裝與圍裙製造商，她正是在堪薩斯家中閣樓的一個小房間做起這門生意。當時多數廠商認為婦女不會花超過69 或 79 美分來買居家服。內莉・唐納利並沒有被這個迷思綁住，而是靠銷售 1 美元的居家服獲得成功來證明自己的遠見。許多婦女還發現男士喜歡購買訂製襯衫，而且願意為一件剪裁完美的衣服多付一點錢。其他商品建議包含：手工製作的男女手帕、窗簾和帷幔、傢俱外罩、手工絎縫的蓋被和毯子、罩衫、鞋子與手袋、嬰兒與兒童服裝、派對與學校戲劇用的服裝、領口與袖口套組。想在這個產業成功，祕訣就是不要跟市場上的廉價商品競爭。消費者願意支付一定的價格來購買手工製作的產品。用高品質的材料與精湛工藝來製作服裝、圍裙、襯衫和其他商品，再定個不錯的價格，你一定會得到不錯的回報。

金屬：錫製物品目前有越來越流行的趨勢。幾乎任何類型的錫都能用來製作燭台、書擋、花瓶、盒子、掛在牆面的燭座，還有兒童玩具等物品。你需要的工具只有一張工作桌、一副皮手套、一把重型剪刀、一塊木頭、一個木槌、一對隔板、一把半圓銼刀、一把老虎鉗跟一套焊接設備。成品應該要塗上兩層烤漆。除了用這種金屬製作有實際用途或裝飾性用途的物品，你還能用其他金屬為素材，例如浮雕銅、黃銅與白蠟。這些金屬需要更熟練的操作技巧。錫也能用來製作壓紋。壁爐、門標（大門上的搖擺標誌）、刮腳板、殖民風格的大門燈罩，以及其他此類手工鍛鐵器具，如今這些器具備受歡迎，顯然是因為民眾對殖民時期的裝飾再度燃起熱情。用木頭、銅或鍛鐵製作的照明裝置很簡單。不久前，芝加哥的一位女發明家用唇膏容器做成髮捲，每月收入高達 6,000 美元。金屬板是另一種素材，業餘工匠能輕鬆用這種素材製作手工藝品，例如精緻的支架、籃子、架子、書架、擋火網、鳥籠、草坪裝飾品、凳子、桌子、燈座、書擋、菸盒、菸灰缸、玩具、新奇物

品和各式各樣的成品。直到最近，金屬加工者還必須操作繁複的烙鐵以及其他手工用具。不過，市面上已經出現新的金屬板加工設備，在自家加工金屬的工匠就能跟現代工廠運用相同的加工法。有了這套設備，金屬垃圾桶這種簡單的作品半小時內就能完成，包含油漆在內的總成本不到 20 美分。金屬加工設備的製造商會提供設計與圖樣的相關書籍與必要材料。

其他材料：羊皮紙燈罩（尤其是壁燈的燈罩）永遠是非常得體大方的裝飾。你能在商店中買到羊皮紙，許多百貨公司的員工都受過培訓，能幫你設計。手工籃、陶器、珠飾、蠟染與手織品都不難製作，而且售價不低。酒椰葉能用來製作美麗的桌墊與酒瓶的蓋子。貝殼能做成有趣的小人偶，賽璐璐片能用來製作服裝首飾、鈕扣、剪影等。你需要線鋸機或鋼絲鋸才能加工賽璐璐片。舊的內胎能用來製作木偶，橡膠有助於讓舞動中的人偶更寫實。目前，皮革包覆的盒子、書桌墊、信盒、電話簿封面、書架和其他皮革製品都是商店中的暢銷商品，聖誕節期間尤其如此。需要使用工具的皮革工藝其實不難學，只需要少數幾樣工具就能動手做。現在市面上的一些塑料可以用來製作裝飾性或具有實用功能的物品，也是賺錢的好工具。其實，所有生產這種材料的公司都會提供初學者指導。

重點回顧

- 一個人要在某個領域出頭，與其說是天賦異稟，不如說是要對你做的東西有足夠的興趣，願意耐心練習所需的技能來出人頭地。
- 開始之後，就不要讓自己有一絲一毫的氣餒，也不要偏離你選擇的正確道路。走在主要的軌道上，這是成功最重要的關鍵。
- 保持你真正有興趣的嗜好，早晚能找到機會把興趣變成錢的。
- 主動告訴全世界知道你在做什麼生意。你不能指望民眾來找你，必須自己帶著商品去找他們。
- 要成為專家，需要大量的耐心與反覆練習。
- 只要認真尋找，或許就能在自家後院找到許多賺錢的良機。

04

種植作物和養殖動物的商機

RAISING THINGS TO SELL

複利的本質

想養殖或種植東西來販賣，而且資本有限的人，
距離銷售產品的市場越近越好。

下次當你抱怨在美國謀生不易時，想想 1620 年在普利茅斯岩（Plymouth Rock）登陸的那一小群清教徒，想想他們當時的處境有多艱難。他們來到新的國家，對這個地方所知甚少，試圖在此尋求宗教自由與繁榮的機會。他們抵達這個國家時，沒有貨幣能應急，沒有政府來保障生活，也沒有警察部隊守護他們的財產。他們擁有的只是過人的勇氣以及種植生存所需作物的土地。大地沒有讓他們失望，他們種什麼就長什麼，從英國帶來的牲畜數量以倍數成長。透過易貨貿易，他們奠定新英格蘭聯邦（New England Confederation）的基礎，新阿姆斯特丹（New Amsterdam）以北的那些州，後來被稱為新英格蘭。

　　任何擁有土地的美國人（就算這塊地只是城市中的後院），都比他的清教徒祖先還要有優勢。至少他有一個能把自己種的東西賣掉、近在咫尺的市場。他享有交易媒介的好處，這樣就能賣掉自己養育種植的東西，換到一筆錢。在他居住的國家，有武裝部隊能保護他的安危。他不必在半夜從床上爬起來，去抵抗侵略性高的印第安人。如果他能想辦法種植或飼育市場需求大的東西，就能擴大自己的業務範圍，直到建立起一個大規模、有利可圖的企業。世上沒有其他國家像美國這樣，能提供那些不怕吃苦、渴望養活自己的人這麼多賺錢的機會（加拿大或許例外）。

　　然而，在目前複雜的生活體系下，重要的是要仔細考慮該種植或飼養什麼。在清教徒祖先的年代，這只不過是要種植玉米或馬鈴薯的問題，但現在沒這麼簡單。在你居住的社區，玉米跟馬鈴薯可能是市場中的滯銷商品，所以對你來說種植別的東西會是比較好的選擇。而這個東西應該是什麼，其實取決於許多因素。這取決於你最有資格種植、飼養什麼，取決於你喜歡種植、飼養什麼，取決於跟你買東西的人需要什麼，以及取決於在你身處的地區種植、飼養什麼最有利可圖。住在英屬哥倫比亞維多利亞（Victoria）的一位寡婦，靠種植球根海棠塊莖賺了幾千美元。起先，她只是在自家後院種植

球莖作為嗜好，現在她生意做很大，海棠花被運往世界各地。她之所以成功，主要是歸因於溫哥華島（Vancouver Island）那區的溫和氣候。這不代表你也能在一個沒那麼受大自然眷顧的地方靠種植球莖發大財。

　　同樣地，在佛羅里達州有人為了取得鱷魚皮而養殖鱷魚。他曾在大沼澤地（Everglades）獵捕鱷魚，但發現自己養鱷魚能賺更多。靠著養殖鱷魚，他能取得年齡跟大小都恰到好處的鱷魚皮革，這點相當重要。這人靠養鱷魚賺了很多錢。但如果要成功開展這種業務，你必須找到一個適合鱷魚生長的地方。你不可能在緬因州開鱷魚養殖場，但水貂養殖場可能會經營得不錯。所以，當你開始種植或養殖東西來賣時，首先要考慮什麼樣的產品適合在地氣候。當然，也要思考一下風格與流行的變遷。加州有個年輕人花了很多錢創立鴕鳥農場。就養鳥而言，他的鴕鳥養殖事業相當成功。但是在他把農場經營得有聲有色後不久，鴕鳥羽毛就過時了，他也不幸破產。

　　在種植或飼養方面沒什麼經驗的人，傾向於支持各種土地開發計畫。但一般來說，這些計畫並不實際。幾年前，有人創立一家公司，在紐奧良市範圍內的龐恰特雷恩湖（Lake Pontchartrain）上種植並開發 7,000 英畝的橘子園（編按：1 英畝約等於 4046.8 平方公尺）。這些土地經過清理排水之後，以 5 英畝的小果園為單位來種植。後來這些果園被賣給中產階級的北方人。開發公司承諾會種植這些樹木，並栽培這些樹木直到結果年齡，再將果樹交給所有者接管並親自經營。理論上看，這項計畫很吸引人，結果卻失敗收場，因為操作的規模實在太龐大。在紐奧良的氣候環境下，如果出現寒害，住在自己土地上的橘子農可以立刻展開行動，採取預防霜凍的措施：使用油加熱器或是煙燻爐。這是農民個人的責任。今天，路易斯安那州南方有許多小橘子園，這些橘子園出產的橘子品質都好到不行。種植橘子的人幾乎都住在橘子園內，這樣就能在接到第一批霜凍警示時迅速採取預防措施。雖然這些開發計畫也有成功案例，但一般來說，把錢投資在自己的改良農地上，比

放在大規模的開發計畫中還要好得多。

　　農場土地的價格仍然很低，但價值正穩步上升。許多商人都在購買被取消贖回的農場來抵抗通膨。如果你正在尋找一個屬於自己的小天地，在那裡種植或養殖預計要出售的東西，你或許能透過保險公司或土地銀行找到你要的標的物。在其他條件相同的情況下，想養殖或種植東西來販賣而且資本有限的人，距離銷售產品的市場越近越好。

憑著對花卉的熱愛，培育三色菫

　　在距離舊金山商務中心一英里多、綠樹成蔭的遼闊拉斐耶公園（Lafayette Park）中，戴維斯（F. W. Davis）種植三色菫的嗜好已發展成有利可圖的事業，這項業務向所有熱愛花卉的人展現了意想不到的賺錢機會。三色菫看起來如同三色紫羅蘭，但是三色菫的花心呈現黃色，並且有細細的黑線向外發散而出，跟三色紫羅蘭的表面截然不同。一百年前，在阿爾卑斯山發現的瑞士三色菫與三色紫羅蘭混種，開出既像紫羅蘭又像三色紫羅蘭的花朵。

　　戴維斯先生是英國皇家園藝協會（Royal Horticultural Society of England）的畢業生，他對花朵的熱愛已有六十年歷史，也就是他人生的全部。他曾經負責管理過苗圃，並且選擇種植三色菫作為個人嗜好，因為這樣就有機會實驗種植出大小、形狀和顏色不同的新品種。二十五年來，在管理舊金山的巴爾博亞苗圃（Balboa Nurseries）時，他把所有閒暇時間都用來培育三色菫、研究三色菫品種的演化。他終於找到一個自己認為值得投資的品種，準備好足夠的供應量之後，他將這批花帶到一間大型花店。

　　這種三色菫立刻引起轟動。此後，戴維斯先生不再只是一位業餘愛好

者，而是商業種植者，而市場對新品種三色堇的需求一直大於供給。戴維斯先生很快就需要更多種植土地，也很幸運能夠租下拉斐耶公園高處這個歷史悠久的區域。雖然公園歸屬於市政府，但大宅與周圍土地依然是私人持有。

這邊有 25 塊 4.5 英尺寬、30 到 80 英尺長的土地，層層疊疊，一整畝的三色堇綻放繽紛的色彩。由於切花很適合拿來當裝飾，他將全部的產量都賣給舊金山的花商。有些整株的三色堇也被買走了，但戴維斯先生沒有太費心去銷售這些花。起初，民眾為了能在自家花園種三色堇，會拜託戴維斯先生賣一株花給他，並心滿意足地支付 5 美元。目前的價格在 50 美分以上。

目前有六十個品種正在培育中，但種植者持續進行研究，每年都會出現一個新品種。培育新品種很不容易，有時要耗費一千棵樹苗，才能培育出一個值得栽培的品種。戴維斯先生的目標是培育出紅色的品種。

新品種出現時，也會出現代表新品種的花名。比方說，某種中心為金色的純白色三色堇就以沙斯塔雛菊為名，被稱為沙斯塔（Shasta）。名為彩虹（Rainbow）的品種色彩繽紛鮮豔。另一種棕紫色的品種被稱為奧賽羅（Othello）。某種紫色的花讓人想到「愛爾蘭人的眼睛在微笑時的模樣」，自然就被稱為柯琳（Colleen）。還有另一個品種被稱為雞尾酒（Cocktail），因為花朵結合了棕色與黃色。

在大蕭條期間，三色堇的銷量並沒有衰減。戴維斯先生唯一的助手是他女兒，父女倆繼續銷售自己種植出來的所有三色堇。他跟其他找到適合自己的職業的人一樣，每天都樂在其中。他體型瘦小結實、白髮蒼蒼，膚色跟卡其色馬褲一樣閃著古銅色澤，整個人散發沉靜的滿足感，穿梭在花圃中。假如你問他是否一整天都在忙，他會說：「沒錯，我每天通常工作十小時，有時甚至是十五或二十小時。」

靠閱讀養出最好的肉雞

數以千計的人都投入家禽養殖業，但不是每個人都能成功。其中，有一個人確實成功了，他是一家地圖出版公司的銷售員浩爾‧懷特利（Howard Whitely）。在他擔任出版商指定代理人的這些年，他賺了不少錢，也累積不少積蓄。不過，由於操勞過度，醫生建議他辭職，盡可能到戶外多曬曬太陽，因此他決定在印第安納波利斯（Indianapolis）附近購買一間 15 英畝的農場。農場的前一位主人曾試圖靠種植農產品來維生，但懷特利決定養雞。

由於對養雞所知甚少，他向美國農業部索取一些公告資料，並仔細研究內容。接著他又去拜訪附近的一位農民，這位農民一直有在飼養家禽，但都不怎麼成功。在那位農民身上，他學到如果自己想賺到錢，有哪些事情是不能做的。詢問之下，他發現這位農民幾乎不知道如何餵養雞隻，也沒有任何銷售肉雞的想法。他的雞舍很髒，而且他顯然沒有悉心照料這些雞。這位農民認為政府公告跟家禽雜誌都在一派胡言，他粗魯地說：「搞得好像大家真的有辦法靠讀書或看雜誌學會養雞。」

針對這點，懷特利有自己的想法，而且他把這個想法放在心中。在他的小農場中有一間家禽房，他徹底將房間打掃乾淨，還用煙燻消毒殺菌。他搭建一個家禽圈，然後從鎮上一位經銷商那裡買來一台二手孵化器與育雛器，又從另一位經銷商那裡買來十打雞蛋，展開自己的家禽事業。當然，有些雞蛋沒有孵出小雞。成功孵出的小雞中，他保留一半用於繁殖，剩下的就是養來賣。在養雞的過程，他仔細遵照政府發布的公告。他發現，如果不想讓雞隻受到疾病影響，最重要的因素是保持環境清潔。只要阻斷所有汙染與感染源，就能替自己省下許多麻煩，還能節省大量開支。當然，他也犯過一些錯，但這些失誤都無傷大雅。經過一段時間的嘗試，他發現自己很喜歡飼養家禽。

同時，懷特利也一直在思考營銷方面的問題。當過銷售員的他發現，養育出好的雞隻是一回事，但除非你花時間銷售，不然沒什麼利潤可言。準備將雞隻推向市場時，他已經從印第安納波利斯的幾位老顧客，還有兩家酒店和三間餐館那邊獲得訂單。客戶看到他那些用牛奶養得肥肥胖胖的雞隻後，農場裡的雞很快就銷售一空，他也輕鬆拿到了客戶追加的訂單。他跟妻子盡心盡力將雞隻包裝得更吸引人。每隻閹雞都各別用白色防潮包裝紙單獨包裝，一箱裝四隻雞。他的價格略高於商店的售價，但沒有客戶抱怨過。他知道市場需要什麼，所以提供市場需要的東西，也就是優質的產品。而市場也願意為此付出相應的價錢。

酒店和餐館常向他訂購肉雞，他每隔兩、三天就送一次貨。客戶會在需要肉雞時打電話給他，也經常開車到農場購買。他把所有訂單記錄在卡片上，只要一段時間沒有接到客戶消息，他就會主動打電話去詢問是否要訂購雞隻。幾位老顧客的朋友固定會打電話跟他訂貨，某一家高級食品店也在他的銷售名單中，這家店專門服務印第安納波利斯賽車場，只接受懷特利手上最好的肉雞，付的價格也很不錯。

懷特利手上另一筆不錯的訂單是來自鄉村俱樂部。這間俱樂部位於他的農場和印第安納波利斯的中心點。他聽說那間俱樂部打算在某週末舉行盛大的活動，所以就拜訪俱樂部經理，談成一份不錯的肉雞訂單，後來還成為固定合作對象。

懷特利沒有試過賣雞蛋，因為他發現自己沒辦法同時培育出好的蛋雞跟肉雞，無法同時花心思顧好兩種雞。只要農場裡有多餘的雞蛋，他就會努力把蛋跟家禽一起出售，但他從來沒有試著替雞蛋爭取市場。

福克斯夫人的水貂養殖場

葛楚・福克斯（Gertrude Fox）是一位醫生娘，她老公每天忙得不可開交，而她試著在西徹斯特郡山谷（Westchester hills）安頓下來，過著寧靜安詳的日子。不過，精力充沛、熱情洋溢的她，根本無法過著閒暇無事的生活，於是她開始四處尋找有趣的事來做。因為以前養過家畜，所以她覺得飼養有毛皮的動物應該很有趣。她的第一個想法是開設一間狐狸養殖場，但狐狸的外貌特徵對她來說沒什麼吸引力，後來有人建議養水貂，讓她有了動力決定放手一試。

由於對飼養水貂一無所知，福克斯夫人花了一整年時間研究，閱讀所有出版書籍以及政府針對飼養水貂發放的小冊子。她還去參觀了散落在東部與中西部的幾座水貂養殖場。她發現這些養殖場飼養的大多是密西西比水貂，而品質最好的水貂來自拉布拉多（Labrador）北岸。這些動物的毛皮像黑貂一樣黑得發亮。劣質水貂毛皮製成的大衣售價大概只有 500 到 800 美元，但拉布拉多水貂毛皮製成的大衣能賣 6,000 到 1 萬 2,000 美元。她認為自己既然要冒險花時間金錢做這門生意，那就應該飼育品質最好的水貂。

她從魁北克省東北部一位農場主那邊買來種畜，包含十一隻雄水貂跟十九隻雌水貂。這些種畜是純種拉布拉多水貂，與野生種只有一代之隔。然後在南塞勒姆（South Salem）的莊園設立自己的圍欄，開始實驗養育水貂，成為迄今已知從事這份特殊工作的首位女性。那年是 1929 年。1930 年，她受邀在婦女藝術和工業博覽會上展示自己的寵物，這也是她養育水貂生涯的轉捩點。在展覽會上，幾乎沒有人聽過水貂養殖場，大家對此都充滿興趣。

從那時起，她就忙著提供那些想建立水貂養殖場的民眾種畜。其實，雖然她飼養水貂的契機是為了出售毛皮，但她從來沒能從自己飼養的水貂身上取下任何毛皮。這些水貂都被當成種畜賣給業餘水貂養殖者。

開始飼養水貂後，她的重心自然轉移到教導別人養育水貂。她細心指導初學者搭建圍欄以及通道，以及照顧、餵養水貂的正確方法。她都稱自己的顧客是學生，在這些學生購買種畜後的一年內，她都會持續關心追蹤動物的狀況。在這段期間，他們可能會寫信問她問題，她也會針對飼養與照顧的重點提供建議。

不讓水貂遭受病蟲害的侵擾，是飼育過程中的一大難題，所以福克斯夫人不斷強調搭建圍欄的重要性，這樣水貂才能跟地面保持一段距離。除了死於肺炎，幾乎沒有水貂死於其他疾病。如果圍欄的墊料總是保持乾燥，那連肺炎也不太可能發生。水貂的食物種類繁多，包含牛肉、馬肉、碎骨、雞蛋、牛奶、穀類、番茄、魚肝油和魚類。每隻水貂都必須與同伴隔開來，因為水貂是非常凶猛的小動物，會攻擊任何靠近自己的其他水貂。飼養水貂時，必須盡可能防止水貂互相攻擊，因為除了有可能致死，水貂的毛皮也會嚴重損壞。水貂會在每年春季交配一次，產下的幼貂大概會有五到六隻。交配後，母貂會在五十天左右產下幼貂，並將幼貂藏在自己的窩裡直到四周大。產子過多時，幼貂會交由另一隻水貂母親或貓咪來撫養。

除了經營手上的兩座養殖場、提供業餘飼主種畜，還有發布關於毛皮交易的月度公告之外，福克斯夫人還編輯《黑狐雜誌》（*Black Fox Magazine*），也出版了一本相當實用的書，名為《圈養水貂》（*Raising Minks in Captivity*）。

山羊酪農業：前途有望的事業

馬里蘭州諾貝克（Norbeck）的羅伯・費恩（Robert Fearn）是一位山羊酪農，而且是一位非常成功的酪農。他很少飼養小羊，因為他發現每年秋天

購買新的奶羊，並在春天把需要剔除的羊隻賣掉，這樣比較符合經濟效益。剛開始經營時，他有 125 頭母羊，他以每頭 10 美元的價格買入。但他發現購買品質更好的牲畜是值得的。現在他大概有 30 頭羊，每頭的價格在 50 到 75 美元之間。他從這 30 頭母羊身上取得的羊奶，是那 125 頭母羊的 4 倍之多。在 12 月和 1 月，他每天從 25 頭母羊身上取得 70 品脫的羊奶，夏天則為 200 品脫（編按：1 夸脫約為 1.14 公升，相當於 2 品脫）。飼養山羊的新手都急著尋找羊奶產量 6 夸脫或 8 夸脫的母羊，但費恩先生對這種羊不感興趣。他認為，即使羊每天只產 3 品脫的羊奶，這樣也賺得到錢。每天產奶量 6 到 8 夸脫的動物相當罕見，而且幾乎不出售。一般來說，每天生產 2 夸脫的羊奶是正常，3 夸脫算不錯，超過就是非常好。

費恩先生的奶羊場不允許母羊隨意奔跑。這些羊必須躺下、好好休息，準備產奶。擠奶時，母羊會以十隻為一組來到擠奶室，站在柱子上接受餵食。他們會仔細確保羊奶的純度。從準備到實際擠奶大概要花三十分鐘，結束時他們大概也已經進食完畢。他發現只要每天擠奶三次，就能取得更多羊奶。費恩先生說：「黃豆乾草能產出品質最棒的羊奶。胡枝子無疑是最好的粗飼料。只要能吃到胡枝子，山羊都會顯得很迫不及待、胃口大開。」

飼料的比例差異懸殊，每位飼養者或酪農都必須持續試驗，直到找到最適合自己養的牲畜飼料組合為止。關於這方面的資訊，你能從華盛頓特區的美國農業部、印第安納州溫森斯（Vincennes）的《山羊世界》（The Goat World）、內布拉斯加費爾伯里（Fairbury）的《奶山羊雜誌》（Dairy Goat Journal），和紐約赫基蒙（Herkimer）的美國山羊協會那邊取得。

如今，多數飼養者選擇的山羊是純種、進口的品種。美國山羊或一般山羊的產奶量不高，而且其幼羊的價格非常低。當然，只購買純種的動物並確保所有後代都能取得血統證明，這對主人來說是最有利的。繁殖者與酪農最常購買的品種，有吐根堡羊（Toggenburg）、撒能羊（Saanen）、努比亞羊

（Nubian）、法國阿爾拜因羊（French Alpine）、岩石阿爾拜因羊（Rock Alpine）還有穆爾西亞羊（Murciana）。吐根堡羊的產奶量最高，努比亞羊的奶水最濃郁，其油脂含量比其他品種都還要高。純種成熟山羊的價格不低於35美元，小羊則至少有15美元。某些用於繁殖配種的純種山羊價格可能會更高。當然，優秀的配種山羊能在市場上賣到很不錯的價格，就像其他高品質、令人趨之若鶩的配種牲畜那樣。

山羊奶每夸脫賣25到50美分。由於羊奶是最接近母奶的動物奶，所以是嬰兒的最佳食品。不過，羊奶比牛奶更濃郁豐富，所以必須稀釋一半以上才能被嬰兒吸收。羊奶跟牛奶不同，羊奶是鹼性而不是酸性的奶類，因此是病人、老人和腸胃道不適者的最佳營養品。羊奶還有牛奶缺乏的一種重要礦物質，那就是鐵質。如果以正確的方式餵養山羊，羊奶會非常可口香醇。如果羊廄能保持整潔、以衛生乾淨的方式處理羊奶，並將公羊飼養在另一個廄，那羊奶聞起來、喝起來就絕對不會有令人不舒服的味道。由於山羊幾乎沒有結核病，羊奶也不會傳播這種可怕疾病的病菌。但是為了確保山羊不會接觸到結核病感染源，必須將山羊與奶牛分開飼養。

費恩先生銷售商品的方式特別有趣。他不向醫院和醫生銷售，而是在華盛頓與巴爾的摩（Baltimore）的藥局擺放小型冰箱。這些冰箱上貼了吸引人的標籤，消費者能透過玻璃門看到1品脫大小的羊奶紙瓶，每品脫瓶售價為25美分，這個方式一下子就開拓出穩固的市場。

乳品商還能在罐頭工廠找到羊奶的市場。這些罐頭廠目前正推出一種煉乳不加糖的羊奶品牌。這種11盎司的罐頭售價為20美分，相當於1夸脫30美分的原奶。

一頭每天平均產2夸脫羊奶的母羊，連續10個月能產出600夸脫。按照每夸脫25美分計算，將會帶來150美元的收入。母羊的飼料費12個月為36美元，再扣除勞動成本後的利潤為114美元。一頭產奶量3夸脫的母

羊，每夸脫以 25 美分來計算，10 個月可以產出 900 夸脫，也就是 225 美元。飼料的成本可能會高一些，例如每天 12.5 美分或一年 45 美元。這樣扣掉勞動成本之類的淨利潤就是 180 美元。簡單比較產奶量 2 夸脫跟 3 夸脫的母羊，就顯示出產量更大的母羊能帶來多少利潤。保守估計，一頭好的母羊每年產奶帶進的利潤，不僅能打平主人當初購買牠時花的錢，而且還能靠小羊賺取額外收入。

起司作為收入來源

許多山羊的飼主都沒有體認到自己能靠生產與銷售山羊奶起司賺取額外收入。某些品質最好的進口起司是由山羊奶製成，每年都有大量起司進口到美國，市場銷量也很好。國產起司也有不錯的市場，但我們必須教育社會大眾，讓國民知道國產山羊起司多麼有價值。在山羊奶起司中，目前最受青睞的有茅屋起司、奶油乳酪、紐沙特起司（Neufchatel）、切達起司、羅克福起司（Roquefort）、瑞士起司、帕瑪森起司，以及至尊起司（Primost）或棕色乳清起司。在各州的農業試驗站、美國農業部，或內布拉斯加費爾伯里的《奶山羊雜誌》都能取得起司的製作流程。

業餘起司製作者最好從軟起司開始，例如茅屋起司、奶油乳酪和紐沙特起司，因為這些起司比較好上手製作。製作起司的首要須知，就是你的羊產出的羊奶必須飽含脂肪，否則無法做出高品質起司。劣質羊奶沒辦法變成好吃的起司。

羊奶起司有哪些市場？如果你已經有銷售羊奶的市場，那每一位客戶都是羊奶起司的潛在銷售對象。運送羊奶時，可以帶起司去給老客戶試吃，同時也能將試吃品擺在當地社區的店鋪中。

在當地打廣告，別忘了在靠近你的酪農場道路邊設置一些標誌，以及在酪農場設立一塊大立牌。路過的駕駛通常都是很有可能會消費的客戶。你的

鄰居、朋友、朋友的朋友，這些人都是起司的潛在客戶。讓他們了解山羊奶與起司的價值。如果你做出高品質起司，一定要廣為宣傳，口耳相傳絕對能替你帶進大筆訂單。

獨特模式的養雞場管理

在美國東部，一間遵照工廠生產線模式經營的養雞場大獲成功。這間養雞場座落於馬里蘭州科基斯維爾（Cockeysville）附近，占地只有 1 英畝。這座養雞場總共有六萬一千隻雞，如果按照一般的方式飼養餵食，則需 610 英畝的土地。但是在這座養雞場，雞隻從來沒有接觸過地面，也沒有到過戶外。牠們生活在一層層的鐵絲籠裡，籠子所在的房間空間寬敞、有空調、經過消毒，還具有恆溫加熱或降溫設備，而且光電照明充足。兩千五百隻蛋雞並沒有屬於自己的窩，因為在籠子的特別設計之下，蛋雞產下雞蛋後，雞蛋會滾到外頭一個小架子上。專人每小時都會到養雞場輪流撿拾雞蛋。在這種條件下，蛋雞的日產量為 58%，而一般產能則是 50%。

每層雞籠都有輸送帶運送食物，所以每個籠子裡的雞都能輕易取得飼料。籠子頂部的金屬奶嘴會持續滴水，底部則有一條輸送帶專門收集排泄廢棄物。這些廢棄物會被送到一個垃圾桶中，會有專人將廢棄物定期取出來製作高級肥料。

任何感染源都有可能危及六萬一千隻雞的存亡，所以養雞場必須保持在非常乾淨整潔的狀態。每個房間每天都要消毒一次，而每隔一段時間，所有雞籠都要接受蒸氣消毒殺菌。二十一名員工身穿一塵不染的制服，女性制服為白色，男性制服則為條紋亞麻長褲與外罩。

很多人都對這間採工廠化經營的養雞場感到好奇，不僅有附近社區的農

民會到養雞場參觀，還有人特地從遙遠的埃及或非洲到這裡來參訪。週末時，養雞場會接待眾多遊客，為了盡量減少感染風險，養雞場主人會用玻璃牆將雞籠與圍觀者隔開。

讓比爾樂此不疲的鬥魚之旅

舊金山的比爾・克萊伯（Bill Klaiber）開始以飼養暹羅鬥魚為興趣時，壓根沒想到自己正在展開一項後來會發展成「全國規模」的養魚業務。

比爾的正職是在一家油漆製造商擔任玻璃工人。三年前，他偶然間向一位生意快做不下去的朋友買了一些魚，意外開啟這場熱帶魚的飼養之旅。和其他人一樣，為了深入了解，比爾仔細鑽研養魚這門學問，閱讀所有自己能找到的資料，甚至購買無法從圖書館取得的昂貴書籍。實際運用所學，飼養的魚數量也不斷增加。久而久之，育種者聽聞他養殖的精美魚種，紛紛前來購買。比爾・克萊伯不敢相信自己的魚竟然有如此銷售潛力，也很意外大家對於這個魚種的渴望與垂涎是如此強烈。於是，他順勢在幾個月前成為經銷商與育種者。

起先他是與航海員聯繫，請他們在熱帶地區的內陸尋找淡水時，替他取得稀有的熱帶魚種。現在，他會在一些駛向熱帶地區的船上裝設水族箱，付錢給航海員照顧他的魚種。

三個月前，比爾有機會買下一台完整的小型孵卵器，就把所有裝備搬到一間更大的商店。重新裝潢後，比爾將其命名為「克萊伯的水族館」。他的妻子每天會花一段時間待在水族館，平日傍晚與週日則由比爾顧店。

克萊伯的水族館洋溢著熱帶氛圍。在小型水族箱中，無數隻閃耀斑斕色彩的小魚四處游竄。水生植物不僅能提供氧氣，也是賞心悅目的裝飾。

照顧這些魚並不難，最勞心耗神的部分在於繁殖育種。但這也是飼養鬥魚的樂趣所在。這不僅代表育種者必須投入時間、保持耐心，往往還得面對因失敗而來的失落感。但比爾‧克萊伯對於投注心力在混種雜交和嘗試養育完美的品種樂此不疲。有些魚種，例如大神仙魚（Scalare），就特別難以配種。他表示：「除非母魚讓公魚心情好，不然公魚不會跟牠們交配。要靠很多技巧跟母魚才能誘使公魚成為種魚。」事實上，鎮上只有兩到三位育種者成功讓大神仙魚與母魚配種，比爾就是其中一人。另一種罕見的魚種會將橙色的魚卵均勻排列在一根長長的蘆稈上，公魚和母魚會輪班守護魚卵、覓食。

比爾最專精的泰國鬥魚或暹羅鬥魚被單獨養在美乃滋玻璃罐內。如果把這些魚擺在一起，牠們會廝殺到死。在暹羅，泰國鬥魚被用來賭博，互鬥的結果決定誰能拿到賭金。不過這種野蠻的小魚在求偶時卻很溫柔，還會防止受精卵不受潛在吞噬者和往昔的配偶侵害。

飼養這些小魚缸中的小魚，相關的學問多到講也講不完。比爾最初花了2美元買了三十隻魚，現在已經增加到幾百隻了。他收到的訂單來自各處，包括德州、中西部甚至是加拿大，每週獲得的利潤有時已經超越他的正職薪水。他是怎麼辦到的？育種者之間消息流通迅速，他的許多新業務都是來自朋友和老客戶。

他成功的其中一個原因，是他只販售健康的魚種。他認為雖然「擺脫」病弱的魚很容易，但這麼做實在很蠢。而成功的另一個原因是他開了一間水族館，能在必要時與客戶保持聯繫，盡可能提供買家協助。

水族館外部空間張貼了一張地圖，清楚顯示出他對熱帶魚的研究有多麼透徹，還耐心製作一份熱帶魚與其棲息地的清單。在世界地圖上，他將各種魚類的名字標記在牠們的所在地，這張地圖不僅提供詳實資訊，更是顧客選購魚種的重要參考資料。

結合賺錢和興趣！給愛狗人的提案

　　你愛狗嗎？狗喜歡你嗎？那何不把這種嗜好轉換成收入呢？為什麼不開始養狗，然後把生意跟興趣結合起來呢？或許再也沒有更好的生意，能讓你在閒暇時間繼續賺錢，或是讓你在擅長的領域發展出遍及全國的知名度了。芝加哥的哈羅德・克魯斯頓夫人（Harold Cluxton），就是美國最成功的一位俄羅斯獵狼犬繁殖者，她之所以開始經營養狗場也是因為興趣。

　　克魯斯頓夫人原本並沒有這項計畫，一直到她從加拿大的朋友手上接收兩隻非常優良的俄羅斯獵狼犬後，才決定成立自己的養狗場。她對這個犬種產生濃厚的興趣，並仔細研究所有關於這個主題的資料。她訂閱了美國與英國的所有犬類雜誌，甚至還去學俄語，只為了能閱讀俄羅斯出版的獵狼犬書籍刊物。此後，在絕大多數的展覽中，只要有克魯斯頓夫人，她幾乎會囊括所有獵狼犬的獎項，一頭獵狼犬的獎金高達 5,000 美元。

　　養殖狗的其中一個好處是，只要有 100 美元的資金，你就能開始。當然，你無法用這麼一點錢買到在比賽中贏得最高榮譽的狗種，但只要稍微比較挑選、仔細判斷，就能用這筆錢買到一些熱門品種的母狗。

　　首先，要決定自己打算專攻飼育哪個品種，並盡可能取得一隻血統最優秀、有身分註冊的母狗。這隻母狗必須是健康的，而且在類型上不該與她所代表的品種特徵有太多差異。換言之，如果那個品種的狗骨頭應該是重的，那就要選擇有這種特性的母狗。仔細檢查母狗，找出判斷這個狗種特性的主要依據，然後盡可能取得擁有最多品種優良特性的母狗。可能的話，從曾經得過藍絲帶最高榮譽的血統中購買母狗，這樣你飼育的狗就具備一大賣點，能用來說服潛在買家。

　　跟其他行業一樣，養狗同樣有風險。蟲子跟犬瘟熱是幼犬的頭號危機，但如果飼育者夠小心謹慎，這兩種狀況都能得到控制。剛開始飼養狗的時

候，比較明智的做法是花錢找一位好的獸醫幫忙照顧頭幾窩幼犬，幫小狗驅除寄生蟲，處理一些你不熟悉的問題。這當然會需要額外一筆費用，你必須規畫在成本開銷中。此外，你還需要獸醫的協助，避免養殖場遭受犬瘟熱侵害。每一位想要保護自己與客戶免受犬瘟熱侵害的育種者，都會在適當的時機替幼犬接種疫苗來抵抗這種可怕的疾病。如果你對這種傳染病抱持僥倖的心態，日後肯定會後悔，因為哪怕只是一頭幼犬染上這種病，開銷也極為龐大。很多時候就連獸醫也無法挽救幼犬的性命，昂貴的醫藥費加上一隻小狗的損失就足以吞噬你的利潤。

如果你喜歡狗，可能參加過狗展，對各個品種的狗也有所了解。當然，最受歡迎的狗種會大量出現在狗展中。有一年是德國牧羊犬（通常為警犬），另一年則是剛毛獵狐㹴，還有一年是萬能㹴或蘇格蘭㹴犬。還有一些品種似乎永遠不退流行。在某段時期，波士頓㹴、獅子狗和英國可卡犬的人氣一直都很旺。某些類型的獵犬總是備受歡迎，例如塞特種獵犬（英國與愛爾蘭品種皆然）很受那些不打獵的民眾和運動員的青睞。德國牧羊犬也一直是備受歡迎的狗種，但由於這種狗不太適合都市生活，受歡迎的程度已逐漸衰退。

針對城市類型的家庭，尤其是那些住在公寓大樓的人，以下品種最適合，因為牠們體型不大，也很適應都市生活：波士頓㹴、法國鬥牛犬、臘腸犬、剛毛獵狐㹴、短毛獵狐㹴、英國可卡犬、蘇格蘭㹴犬、愛爾蘭㹴犬、獅子狗、博美、西里漢㹴、迷你雪納瑞、日本獵犬和約克夏㹴。

對於郊區家庭來說，剛才列出的狗跟下列狗是最適合的品種：英國與愛爾蘭獵犬、愛爾蘭水獵犬、史賓格犬、萬能㹴、可麗牧羊犬、杜賓犬、德國牧羊犬、大麥町、鬆獅犬、德國雪納瑞（中型）、指示犬、小獵犬、戈登蹲獵犬、牛頭㹴和鬥牛犬。

對於大型莊園或農場來說，除了剛才提到適合郊區住宅的狗，以下狗也

可以考慮：俄羅斯獵狼犬、愛爾蘭獵狼犬（所有狗當中體型最大的一種）、聖伯納犬、獒犬、大丹犬、紐芬蘭犬、拉布拉多犬，以及喜樂蒂牧羊犬。

如果你所在的地區每年有許多狩獵活動，以下狩獵犬種會很受歡迎：史賓格犬、愛爾蘭水獵犬、小獵犬、獵兔犬、浣熊犬、獵鹿犬、獵狐犬、拉布拉多獵犬、英國與愛爾蘭獵犬、指示犬、英國塞特犬和戈登蹲獵犬。

不管你所在地區是否有聖伯納犬、獒犬、大丹犬等大型犬種的市場，新手都有機會好好開發其他能夠銷售小型犬的市場。這麼做的理由很顯而易見。如果要飼育大型犬種，你需要大面積的土地來搭建狗舍，而且大型犬的飼料費會是開銷中的一大筆數字。看看聖伯納犬每天的飲食就懂我在說什麼了。

養狗本來就需要大量的工作：狗舍需要保持清潔來預防疾病、你必須替狗刷洗梳毛，必須精心準備狗的食物，定期幫狗餵食。狗生病時必須隔離開來仔細照顧，這不僅是出於人道主義的考量，更是經濟方面的考慮。母狗生產時需要格外仔細的照料，而且你也必須花很多心思來照顧幼犬。斷奶時的工作更是繁瑣。不過，如果你真的喜歡養狗，這些工作對你來說都是有趣的，不會變成苦差事。

在廣告方面，你需要替來看小狗的潛在客戶印製一些卡片。你應該在當地報紙上刊登廣告，讓附近的每一位商人知道你是蘇格蘭㹴犬、波斯頓犬以及任何你選擇飼育的品種繁殖者。在你的城市發行量最大的報紙週日上午版上刊登廣告，如果你住在郊區或鄉下，就在距離最近的大城市刊登報紙廣告，這樣通常能成功吸引潛在客戶。記住，一定要留下你的電話號碼。

許多小規模的養殖者將養狗當成副業，同時還保有原本的全職工作。在這種情況下，家中必須有其他人負責料理狗的日常生活。有個很有趣的案例是芝加哥的一位洗衣店司機，他每週要替芝加哥最大的洗衣店工作六天。他和妻子住在城邊一棟占地 3 英畝的小別墅，兩人都特別喜歡狗跟打獵。為了

狩獵之旅買了一隻品種優良的英國塞特犬後，他們決定把這隻狗當成種狗，配種的價格為 25 美元。配種後得到兩隻公的幼犬，每隻售價為 35 美元。這隻狗又以同樣價格再次進行配種，兩隻幼犬分別以 35 和 40 美元的價格售出。他們用這筆錢買了一頭血統優良的可卡犬，並以牠作為種狗。這回他們得到兩隻幼犬，一公一母，分別以 35 和 30 美元的價格售出（母狗的價格通常低於公狗）。後來他們又買了一隻母的可卡犬，來自藍絲帶最高榮譽血統。這兩隻可卡犬生的幼犬價格在 35 到 40 美元之間。

夫妻倆主要用自家飼養的雞下的新鮮雞蛋、附近農民提供的香濃牛奶來餵狗，精心餵養加上充足的陽光，讓小狗的骨骼與肌肉都發展得很健壯，毛髮也無比光亮。只要一有銷售消息，他們幾乎都在很短的時間內就把狗賣掉了。當然，他們將小狗推到市場上販售時，客戶都會接到通知，口耳相傳也讓他們接到許多訂單。與一家獵犬訓練學校密切合作後，他們成功收到幾筆不錯的訂單，同時也會提供學校近期跟他們購買幼犬的顧客姓名。

養蜂盈利

愛荷華州康瑟爾崖（Council Bluffs）的喬治·杰賽普（George Jessup）開始將養蜂當成副業。不久後，這項副業的利潤已足以支付家庭開支，如今他每年從養蜂獲得超過 1,000 美元的收入。養蜂不僅幫他支付家庭開銷，還讓他每年都能在銀行裡存一筆錢。

杰賽普說：「很少有職業可以像養蜂這樣，既能讓人培養興趣，還有放鬆效果。對上班族來說，養蜂還有一個額外誘因，那就是能在室外活動。我從一個大蜂窩裡的一個蜂群開始。我聽說對於孵育幼蟲與儲存冬季糧食、避免蜂群擠在一起，還有提供女王蜂大蜂巢來提升產能，這個空間已綽綽有

餘。我一開始購買蜜蜂與設備的費用為 20 美元，當年生產蜂蜜的成本為 5 美元。蜂群生產 100 磅的蜂蜜，我全部賣給當地零售商，平均價格為一桶 60 美分，一桶有 5 磅重。」

第二年，冬季孵化幼蟲後蜂群的規模大幅增加，所以我把蜂群切分開來，建立第二個蜂群，這個蜂群也產了 100 磅蜂蜜。我發現這大概是每個蜂群的平均產量。同時，我對養蜂的方式非常滿意，所以將蜂群數量增加到十個，並將一些蜂蜜批發出去，平均每桶獲得 45 美分的利潤。當然，要照顧這十個蜂群代表我的工作量也會增加，但是真的要做的不過就是採集蜂蜜而已。蜜蜂不太需要照顧。你可以放著蜜蜂不管好幾天，你不在的時候蜜蜂會自行覓食、替你產蜜。去年我又增加了十五個蜂群，總數達到二十五個，利潤當然也增加了。

「我生產的大部分蜂蜜都賣給當地雜貨店，其中一些則運往迪比克（Dubuque）與鄰近地區。一般來說，我以每桶 60 美分的價格賣給當地雜貨店，一般來說，外部市場行情大約是 55 至 70 美分。賣給消費者時，我每磅能賺 20 美分，去年就有很多消費者直接跟我購買。在這個市場要賺錢並不難。雖然我一直以來都決定要開發消費者的需求，但我還沒花時間好好做這件事。」

「養蜂是件迷人的工作，同時也能帶來利潤。你能在任何地方養蜂，地窖、穀倉、車庫、閣樓，甚至是有對外窗的壁櫥裡都行。而且只要有一隻好的女王蜂，蜂群就不會亂跑，這點毋庸置疑。不過，如果你讓蜂群的規模變得太大，那麼從冬季幼蟲孵育中出現的女王蜂，就有可能會帶領一部分的蜜蜂飛往某處的空心樹上。所以你必須觀察蜂群的變化，並且適時將蜂群分開。提供你孵育出來的女王蜂專屬蜂窩，這樣牠們就不會引誘其他蜜蜂集群。」

「我認為自己之所以能成功，一大原因是我只養高加索蜂。這種蜜蜂比

較溫和，而且牠們跟你合作產蜜的速度也比其他蜂種快。這種蜜蜂似乎比較不容易生病，蜂蜜產量也不亞於義大利蜂。不過我也從經驗中學到大蜂箱的缺點，所以我現在使用標準的十框設備，用全深度的蜂箱做上層。我從另一個上層蜂箱中移入一框蜂蜜，簡化孵育室的營養供應、確保提供蜜蜂足夠的冬季養分。只要跟上層蜂箱的蜂巢交換，就能輕鬆移除有成片雄蜂的蜂巢，並且讓孵化的幼蜂從上面出現。當蜂巢在季節尾聲裝滿蜂蜜時，會跟其他收成一起接受處理直到將蜂蜜全數取出。用蜂箱工具在頂杆上做個記號，就能輕易辨識出有哪些蜂巢還沒處理。」

　　只要幾美元就能開始經營養蜂場了。一小群蜜蜂在短時間內就能回本，不僅是嗜好同時也是副業，是非常吸引人的活動。養蜂設備可以自行製作，也能花 10 美元購買。這種設備的設計能讓蜂群永久居住，還能抵禦外頭冰冷的溫度。

　　你能用非常合理的價錢購得蜜蜂。2 美元就能買到一袋 2 磅重的小蜜蜂跟年輕的女王蜂，兩到三袋就能建立出一個很完整的蜂群，很快每年就能生產至少 100 磅蜂蜜。還有一點值得一提，那就是目前市場對蜂蜜的需求遠大於供給，所以蜂蜜全年度的售價都很不錯。美國不同地區的批發價格略有不同，從每桶 30 到 55 美分不等。零售價在每桶 45 到 85 美分之間。但在多數地區，批發價與零售價的波動都不超過每桶 10 美分。

觀賞鳥的市場需求極大

　　威斯康辛州基諾沙的約翰・凱勒（John Keller）表示：「我把 60 英畝不適合耕種的土地，變成飼養觀賞鳥的圍欄。這塊地的一端有座池塘，有一條輕淺的小河流經這塊地，但岩石與沼澤讓這塊地不適合作為牧場使用。就是

因為有那座池塘，我才想到要碰運氣養養看天鵝。我心想，這塊 60 英畝的地距離房子不遠，是很適合養天鵝的場地，因為我能就近觀察這些鳥。我花了 65 美元買了一對白天鵝，在池塘邊用柵欄替牠們圈出一個空間。我大量閱讀關於天鵝習性的資料，發現天鵝是種感情豐富的鳥，交配後就不會離開配偶。天鵝在 3 月至 5 月產卵，喜歡獨自生活，必須與其他動物保持距離。我的第一窩小天鵝總共有七隻，夏天結束時已經累積到十八隻。天鵝很強壯堅強，不難飼養，需要的照顧比火雞或雞更少，而且價格也更高。我一開始花了 65 美元買了一對天鵝，在圍欄上花了 30 美元。到了聖誕節，我已經賣出八對小天鵝，每對 70 美元。我保留其他天鵝用於繁殖，在接下來兩年半的時間，我總共養了一百五十對天鵝，平均價格為 60 美元。」

「開始養天鵝不久後，我決定試著養幾隻孔雀，因為我還有足夠的空間。我很快就發現，如果要飼養孔雀，需要在整個飼養區域周圍設置高聳的圍欄，因為孔雀有在屋頂、樹上或高處棲息的習慣，而且牠們拒絕在欄舍裡睡覺。孔雀相當強壯，跟天鵝一樣好照顧，就算天氣降溫也沒太大影響。孔雀比天鵝更多產，而且孔雀的羽毛很華麗，能賣出不錯的價錢。一對匹配的綠孔雀最多能賣到 95 美元，去年我就以這個價格賣出七十六對。」

「唯一需要密切注意的是不要讓狗或其他小動物闖進大圍欄。雖然孔雀跟天鵝是大型鳥類，能在跟狗對抗時自我抵禦。但是，只要有狗現身，或是狗的出現對牠們構成威脅，牠們就無法下蛋。孔雀與天鵝只要受到驚嚇，似乎就會失去下蛋的渴望。天鵝不像雞那樣會受到疾病的侵害，因疾病造成的損失幾乎是零。孔雀與天鵝終生交配，你應該要留意牠們的交配模式，不要拆散兩隻交配過的鳥。經過估算，飼養一隻天鵝的成本約為 3 美元，孔雀為 3.25 美元。這包含製作圍欄的費用、飼料費以及附加費用，但不含勞動力。我和妻子負責照顧這些鳥，每天只要一到兩小時就夠了。」

比起其他禽類，飼養觀賞鳥需要更開闊的空間，因為這些鳥喜歡大搖大

擺走來走去。有些農場還有一些外圍的土地，這些土地能用來飼養觀賞鳥並從中獲利。市面上永遠有現成的需求，因為公共公園、動物園、私人莊園、遊樂場、公共和私人機構，還有大專院校，這些單位對孔雀與天鵝的需求都大於現有供給。

你也可以在飼養天鵝與孔雀時搽養其他觀賞鳥類，成本不會增加太多。比方說中國的鴛鴦、木鴨和紅嘴樹鴨，這些鳥跟天鵝都處得來。紅腹錦雞、白鷳和珠雞能跟孔雀一起成長茁壯。

聰明銷售肉雞的方式

住在伊利諾州布盧島（Blue Island）的艾麗絲‧莫菲（Alice Moffet）夫人決定幫忙負擔家庭開支，以飼養肉雞來賺錢。花了幾個月時間實驗自己的銷售理念後，她找到一種方式靠肉雞事業賺到 1,000 多美元。

「跟許多其他剛開始養雞的人一樣，我以為飼養者要做的只有餵小雞、讓小雞保暖，並在 12 週大時把牠們賣給屠夫。我對家禽銷售一無所知。但我很快就發現，如果想從肉雞身上賺取大筆利潤，就該在銷售前用能吸引消費者的方式來打理、包裝肉雞。」

「我遵照一般認可的方式，從值得信賴的孵化場購買 1 天大的雛雞。把這些雛雞放在育雛器中，仔細照顧牠們直到 12 週大。在飼育專門拿到市場上賣的小雞時，我犯了許多錯，隨著經驗累積教訓，如今都改過來了。我曾經放任雞隻在大圍欄裡奔跑，導致雞肉變得過於堅硬。現在我不會讓小雞跑來跑去，而是把牠們放在一個特殊的肉雞場，價格也變得比較好。在肉雞場中飼養小雞，讓我可以在狹小的空間內餵養、照顧五百隻 1 天大的小雞。等到滿 12 週，牠們就能進入市場，以最高的價格出售。」

「起先，我將活的小雞運到批發店，但我很快就發現無論距離遠近，運輸過程中的體重縮水損失約為 10%，這嚴重削減了小雞的市場價值。由於搬運和餵食時間不規律，小雞的體重會在運送過程中往下掉。第一次將這個損失與委任公司付給我的價格相比較時，我完全無法理解。我生意做很大，卻沒賺到錢。所以我嘗試其他營銷策略。我不賣活的小雞，而是將小雞去毛、處理內臟後，包裝在漂亮的硬紙板箱子中，上面寫著『喝牛奶長大的肉雞』。我把這些肉雞賣給屠夫。比起活體小雞，用蠟紙包裝得非常精美、已去毛除內臟的肉雞能讓他們多賺幾分錢。」

「經驗顯示交叉配種的小雞是品質最好的肉雞。雜交配種後的強大生長力，讓牠們比純種雞長得更快，而且滿 12 週時的體重比一般純種小雞多30%。如果是以肉雞為目標來飼養小雞，關鍵在於飼料。只有好的飼料才能讓肉雞長到極限。若是能提供精心挑選的飼料，重量較重的品種的雛雞，體重能在幾週內增為 30 倍。」

莫菲夫人目前擁有一座長 40 英尺、寬 18 英尺的雞舍，但其實她剛開始經營時規模很小，總共只投資 60 美元。現在的雞舍花了她 190 美元，在設備上的投資也達到 160 美元，這 350 美元都要算在她成本的一部分。她以每隻 4 美分購買 1 天大的雛雞，總數為五百隻。五百隻小雞在 12 週大時總共花費 120 美元。經過處理、在硬紙板容器內用蠟紙包裝後，這些小雞能替莫菲夫人帶進約 50 美元的利潤。小雞的包裝成本大約是每隻 4 美分。肉雞並不難飼養。只要能在一個相對較小的空間裡設立一座小型肉雞場，就能養兩百頭肉雞。每座中等規模的城市都有現成的肉雞市場，尤其是在春季。肉雞的價格隨季節變化。只有來自無病雞群的雛雞才能拿來當肉雞。病弱的雞隻沒有足夠的耐受力，而且死亡導致的高損失率會將利潤吞噬。

養兔子來取兔毛

你知道兔毛經過染色後，能拿來製作合成海豹皮大衣嗎？沒錯，而且頭腦精明的人能靠這個方式賺取 1,000 美元。俄亥俄州托雷多（Toledo）的布蘭琪·克拉比爾（Blanch Krabill）就為了取兔子的皮毛而飼養兔子，並且持續將兔毛賣給一家製革廠，從中盈利。然而，她發現就算不是取整張皮毛，也能靠將兔毛剪下來賣、賺到一樣多的錢。現在她的兔舍裡有九百隻兔子，專門提供用於商業用途的兔毛。

布蘭琪表示：「我不喜歡為了皮毛而殺兔子，因為我對兔子很有感情。但我養了這麼多隻兔子，牠們繁殖的速度這麼快，快到我已經快養不起了。我必須靠某種方式從兔子身上賺錢。有朋友建議我將兔子毛剪下來，拿去賣給毛織品製造商，我的問題就解決了。兔毛比羔羊毛更柔軟，而且也沒那麼滑溜。我的問題是要搞清楚市場上是否有對兔毛的需求。經過詢問，我才了解到用兔毛製作毛織品的商業價值。安哥拉兔的毛髮特別滑順纖長，是製作毛織品的理想素材。在所有大城市，例如底特律、芝加哥和紐約，市場都對這種毛織品有固定需求。了解這點後，我就開始勤快替兔子剪毛，將毛運到最近的市場。」

「兔毛能用來製作各式各樣的東西，例如針織毛衣、嬰兒服裝、圍巾、圍脖和裙子。這是一種美麗的毛線，跟普通羊毛一樣強韌耐久，但是觸感更柔軟細緻。我的兔毛每磅可以賣到 1.4 美元，每年能替兔子剪四次毛。安哥拉兔非常巨大，每隻兔子每年生產約 1.25 磅的兔毛。」

兔子是所有毛皮動物中最容易飼養的一種，你在自家後院就能成功飼養多達五百隻兔子。兔子不會受到任何害蟲的侵襲，而且幾乎能抵禦所有疾病。只需要注意衛生、定期清洗兔舍就行了。飼養一百隻以上的兔子，成本大概是每隻兔子 10 美分。

針對有興趣養兔子的人，克拉比爾小姐有些育種建議：從可靠的育種者那邊取得兩頭配種用的母兔和一隻公兔，育種者必須確保這些兔子是健康，而且是純種的。明確要求公兔必須跟母兔來自不同的胎次，這樣之後才能跟母兔的胎次育種。這項防護措施能讓你用第一與第二胎次的兔子來育種，而且不會發生近親繁殖的風險。兔子的繁殖能力很強，如果一開始就能獲得品種不錯的兔子，你很快就會有一群能把皮毛拿去賣的動物。你可以透過製革廠來處理這些皮毛，願意的話也能將毛剪下來。

帶來歡樂與收益的唐菖蒲花園

八年前，加州米爾谷（Mill Valley）的盧克莉西亞・凱斯・漢森（Lucretia Kays Hanson）面臨龐大壓力，她不僅要養五個孩子，丈夫還因為健康不佳而被迫放棄事業。漢森夫人身高 5 英尺，體重 100 磅，但她毫不退縮地擔起養家的重責。起先，她到處兼差打工，後來應徵了《米爾谷紀錄報》（*Mill Valley Record*）的工作，這是一份由兩位能幹的女編輯領導的報紙。或許是女編輯的心腸比較軟，漢森夫人在這裡找到了一份辦公室工作，到現在還一直在報社任職。傍晚，她會替一位盲眼商人打字，兼任法文、英文與數學家教，並且照顧自己的小孩跟打理有九個房間的家。

同時，漢森先生忙於自己的嗜好，也就是種植唐菖蒲（又稱劍蘭）。他很好地掌握了種植這種花卉的訣竅，每株唐菖蒲花朵都華麗盛大地綻放。民眾被這種花的美艷動人深受吸引，紛紛想要購買。但漢森先生卻把這些花大批大批地送出去，漢森夫人這才建議：「如果他們想要買，為什麼不賣呢？」

他們討論了商業分銷的問題，漢森夫人找來鎮上最高檔市場的老闆，詢問是否能將自家的唐菖蒲拿去市場賣，老闆爽快同意，還表示他們提供的這

種花會是一項資產。他唯一的要求是在商店開張前將花都打理安排好。

　　漢森夫人每週有六天會提早起床，攤販在市場中將新鮮的商品擺出來賣時，她則將大把大把的唐菖蒲插在高高的花瓶中。第一個月就賣出五十打，替漢森一家帶來 25 美元的收入。由於市場老闆拒收佣金，漢森夫人堅持要他在週六和妻子舉辦派對時將所有他想要的花帶回家。

　　這自然也帶動球莖的銷售。有些客戶希望替自己的花園添購特定品種，其中一種熱銷的品種呈現淡黃色，被命名為「億萬富翁」，因為這個品種具有很大的花莖，而且花開得茂密繁盛，有時一根花莖就能開二十朵。因其特色，億萬富翁很常被拿來用在婚禮裝飾與花束中。

　　沒過多久，漢森夫人發現這些花還有另一個銷路。雖然在外圍地區有幾座苗圃，但米爾谷沒有半間花店，所以殯葬業者也會兼賣花束。作為服務的回報，殯葬業者教導漢森夫人製作花束，她也開始接到 2 美元以上的訂單。

　　很快她就想到還有哪些方式能爭取訂單。例如，知名茶室舉辦宴會時，賓客贈送的花籃能讓她多拿到幾筆裝飾花束的訂單。鎮上有新店開張時，送給店主的開幕花束能替她帶進一些生意。偶爾在報紙上刊登廣告也可以招來客戶。有一次在一個獨一無二的場合，舊金山市政禮堂的平台上擺滿紅色的唐菖蒲，一萬多人聚集在基督教奮進會的國際會議上，慶祝教會的金禧紀念五十週年。

　　「賣唐菖蒲在很有趣，雖然這不代表能發大財，但我們總能在需要時賺得一定的收入。」漢森夫人表示，「此外，有收入的勞動，也能讓漢森先生不再煩惱、鬱鬱寡歡。」

靠草本植物園賺錢

雖然草本植物園在歷史上不曾缺席，但上一代美國人似乎完全遺忘這種園藝形式了。沒錯，我們還是會在下廚時用鼠尾草和芹菜鹽調味，但多數人已經忘記那些祖母與曾祖母都曉得、而且每天煮飯時都會使用的草本植物。

不過，民眾近來對草本植物的熱忱有稍稍復甦。廚房裡再次飄出用百里香、墨角蘭、羅勒和龍蒿來替食物調味的芬芳香氣。雖然這些草本植物不一定會增加菜餚的食用價值，但無疑能讓食物嚐起來更鮮美。某些草本植物，尤其是薰衣草，還能放在衣櫥裡或箱子中作為芳香劑。醫學界也會針對某些具有療效的藥草進行研究。

將大多數草本植物種植在肥沃、有適當鬆土的土壤中，而且陽光充足的話，其實不需要特別照顧就能長得好。仲夏時節是在花園裡採集草本植物的時機。要是能在開花前採收，香氣就能保留在曬乾的葉子裡。種植草本植物不僅是快樂的賺錢法，草本植物研究也是很引人入勝的主題。東岸有位婦女靠著在自家花園種植較稀有的草本植物，並將這些植物賣給製藥商，生活過得相當優渥。她的花園不僅帶來豐碩的經濟效益，她還成為草藥方面的權威。

就算沒有遼闊的土地，你也能開闢草本植物園。加州奧克蘭（Oakland）的海倫・萊曼（Helen Lyman）擁有一座直徑約 25 英尺的草本植物園，她在裡頭種了三十種草本植物。頗有心得的她出了一本名為《用三十種草本植物打造草本植物園》（ *30 Herbs Will Make an Herb Garden* ）的小手冊，跟大眾分享如何成功經營草本植物園並樂在其中。

芝加哥的馬歇爾・菲爾德公司（Marshall Field & Company）是世上規模最大的百貨公司，他們現在有一個部門完全致力於將草本植物運用在料理、醫療和香水中。他們使用的草本植物，是來自英國肯特郡（Kent）附近一座

超過一世紀歷史的草本植物農場。在菲爾德草本植物部門經營的產品中，有一種老式的香丸，看起來跟祖母掛在衣櫥裡的那種香球一樣。在這裡，消費者能買到各種知名的草本植物，還有一些醋跟散發特殊草本植物香氣的果凍，以及用某些具效用的草本植物調製而成的化妝品。一個小架子上擺了十種精選烹飪用草本植物，並以套組的形式出售。能用來拌沙拉的草本植物也以一盎司或半盎司為單位來賣。

如果花園裡有個陽光充足的角落，許多婦女都能開闢一個專門種植藥用或烹飪用草本植物的園地。如果她很擅長做果凍或果醬，就能將這兩種有趣的專長相互結合，順便做一些坊間罕見的果凍，這樣才能賣更高的價錢。比較好的食品專賣店就是這種商品的完美銷售通路。

市面上有不少關於種植草本植物的書，許多園藝雜誌也會刊登關於「草本花園」種植者的文章。種植草本植物的各種細節對男性或女性來說都不難上手，個人的經歷與行動力才是能否成功的關鍵。

不可小覷的金魚獎品

1900 年，尤金‧希爾曼（Eugene C. Shireman）替一家公司賣洗衣粉，這家公司想到一個妙招，就是提供一個小魚缸跟一對金魚作為獎品。這個獎品策略很有效，公司很快就把金魚送完了。這時希爾曼決定把他多年前繼承的一塊沼澤地變成養魚場，再把自己飼養的金魚賣給公司。他在池裡放了兩百條金魚，一如預期，這些金魚健康地迅速繁殖了。遺憾的是，當他可以拿出足夠的金魚來賣時，公司已經倒閉了。不過，市場上還有其他銷售通路。現在，他透過銅板商店、寵物店、連鎖店、藥妝店、花店跟百貨公司來銷售金魚。各政府部門也是金魚的買家，因為金魚能廣泛用來防治蚊子。屬於鯉

科的金魚非常喜歡吃蚊子的幼蟲，能在短時間內清除這些池塘中的害蟲。

從 1900 年兩百條金魚的小規模起家，希爾曼在印第安納州馬丁斯維爾（Martinsville）建立起著名的格拉西福克漁場（Grassyfork Fisheries）。這間漁場由 1,500 英畝的平緩丘陵構成，提供 125 個就業機會。這裡有 615 座池塘與 216 個孵化池，池塘跟孵化池都是梯田式分布，這樣池子就能從漁場中的多個湧泉持續獲得新鮮的淡水、促進池水循環。

他將十六萬條精心篩選過的金魚保留在孵化場中作為種魚。漁場在伊利諾州的芝加哥與紐澤西州的馬鞍河（Saddle River）都設有分支運輸點。金魚會從馬丁斯維爾出發，藉由油罐車車隊送往其他地區。如果是從芝加哥與馬鞍河出發，金魚會被裝進奇特的球狀運輸罐中，透過快遞交到顧客手上。除了金魚，格拉西福克漁場還飼養了大約四十種觀賞用熱帶魚。這些魚近年來蔚為流行，像是絲足鱸科的魚、卵胎生孔雀魚、劍尾魚跟其他品種。由於這些魚的生命力不像普通金魚那樣堅韌，飼養牠們的水箱都位於室內溫室。水生植物部門是這項業務中不可或缺的要素。除了多年生植物、沼澤與濕生植物和其他必要的植物之外，漁場內還飼育大約六十種睡蓮，來讓水池與岩石造景更賞心悅目。

金魚的價格從普通的小金魚每條 5 美分，到相對罕見的黑色摩爾龍睛金魚（Moor telescope）每條 25 美元。在美國，最有趣也最有價值的品種是著名的自由債券金魚（Liberty Bond），這種在世界大戰期間展出的金魚，帶有紅色、白色與藍色的紋路，被用來在 1917 年與 1918 年的自由債券活動中吸引人群。這種魚當時的價值是 1 萬美元。

在那些將金魚當成獎品的商人與廠商之間，金魚還是有很龐大的市場。芝加哥的 L・費舍傢俱公司（L. Fish）就以這種方式建立業務，這是世界上規模最大的其中一家公司。他們是以分期付款的方式來銷售傢俱，當客戶快要還清款項時，銷售員就會登門早訪，捧著一碗寫著「費舍先生（魚先生）

向您致意」的金魚。這讓銷售員有進一步銷售的機會。送出金魚後，銷售員會詢問客戶家裡是否有電冰箱。如果沒有，銷售員就會跟客戶推銷，當然同樣還是採取分期付款的方式。如果已經有電冰箱了，銷售員就會試著賣洗衣機或其他電器。這樣一來，客戶每年都會跟公司買東西。

靠火雞大賺一筆

印第安納州珀拉斯凱縣（Pulaski County）的保羅·恩格爾（Paul Engle）的妻子決定要養火雞而不是雞時，壓根沒想到自己會大賺一筆。恩格爾夫人說：「每個人都在養雞，但很少人注意到火雞，所以我開始小規模養火雞。1933 年我們有一千隻火雞，在聖誕節時以每磅 20 美分的價格出售，我們對這筆利潤很滿意。」火雞的平均重量超過 10 磅，而她每隻火雞的成本約為 50 美分，所以那一季的利潤約為 1,400 美元。

照顧、飼育火雞的工作並沒有讓恩格爾夫人打退堂鼓。她說：「吃苦就是吃補。」她把農場之前的雞舍改造成大型火雞舍，這是一項大工程，但事實證明這是值得的。她會將 1 天大的火雞安置在這棟火雞舍裡，所以一切都必須保持乾淨衛生。將小火雞移進雞舍前，她會先用鹼水擦洗水泥地面。每件設備都經過清潔擦洗，雞舍也經過薰蒸消毒殺菌。她還在雞舍外搭建一個能折疊的遮陽棚，不需要的時候能快速將遮陽棚拆下擺在一邊，而且是由鋼絲覆蓋的框架組成，製作成本低廉。天氣一好，小火雞能在這個遮陽棚裡奔跑。燕麥收割完畢後，小火雞會被轉移到一小塊燕麥農地中，將這塊地變成火雞牧場。

重新搭建火雞舍跟搭建圍欄的費用總共不到 100 美元，恩格爾夫人也沒有特地為小火雞添購育雛器或孵化器，而是使用雞舍原本用來養雞的設備。

恩格爾夫人認為衛生條件是成功飼育火雞的關鍵。為了不讓火雞舍受到傳染，她必須盡心盡力打理內部環境，每週一定將髒的墊料清掉，並在火雞舍地板重新鋪上乾淨的稻草。有人要進入飼養小火雞的雞舍前，得先穿上徹底消毒的橡膠鞋。恩格爾夫人解釋：「我們在衛生方面必須竭盡所能小心。如果沒有謹慎預防，黑頭病（blackhead infection）有可能會從雞隻接觸過的地面被人帶到雞舍裡。」

雖然恩格爾夫人將農場的火雞數量增加到約莫三千隻，但每隻火雞的飼養成本卻穩定下降，現在每隻火雞的成本大概是 27 美分。她強調，維持利潤的祕訣並不是降低飼養成本，而是細心照顧火雞。要是粗心大意導致小雞死於疾病，養殖場就虧大了。

你能從大型家禽養殖場以非常低的價格購入 1 天大的火雞。小型火雞群不需要大面積放養，就算在城市中一塊普通大小的土地上，也有辦法將最多一百頭火雞養到成熟年齡。養殖場會小心翼翼用包裹或快遞運送火雞，在普通的飼育照料之下，90% 的火雞都能順利長大、可供上市販售，替飼養者帶來比例極高的利潤。

培育血統優良的愛爾蘭㹴犬

幾年前，朱爾斯·博蒙特（Jules Beaumont）在芝加哥黃金海岸附近的建築用地後方租下一間車房，開始經營養狗場，完美證明任何人都能善用嗜好做點生意。博蒙特獲得兩隻血統純正的愛爾蘭㹴犬，他非常喜歡這兩隻狗，所以租下閒置的車房，當成這兩隻狗跟牠們生下的小狗的家。鄰近居民發現這幾隻狗的優良血統跟優美體態，紛紛駐足想購買小狗。他把價格定得很高，也不在乎是否真的能把小狗賣掉。不知不覺，博蒙特開始大賺特賺，

平均每個月靠販售純種狗與提供狗主人飼養相關用品賺取的收入超過 300 美元。

博蒙特指出：「提起小狗的智商時，我很清楚知道這是個有爭議的話題。但我相信愛爾蘭㹴犬的主人都同意這種狗是所有狗當中最聰明的。我一開始養的這兩隻㹴犬有很棒的血統，經過養狗場的民眾都會被我的狗吸引。有一天，一位婦女實在太喜歡我的狗，很想買一隻送給她的 15 歲兒子。雖然我很不情願，但還是忍不住把狗賣掉了。因為她很有誠意出 150 美元的高價，我當時覺得這是一筆不小的數目，就同意讓她把狗帶走了。我有四隻愛爾蘭㹴犬，那筆訂單成交後一週，那位婦女的朋友們不斷打電話來，每個人都死纏爛打想跟我買狗。取得下一窩小狗的訂單後，我決定正式進軍養狗業。這個時候，我已經沒有錢可以拿去買更多狗了，所以我專心照顧、看管手上有的這幾隻。小狗出生後，陸續通知那些有預先下訂的民眾。在頭六個月內，我靠賣狗賺到足夠的錢來達到收支平衡，並從狗糧、套繩、狗鍊跟狗藥等配件的銷售中賺取豐厚利潤。」

「其實還有其他利潤來源。很多人看到可愛的小狗都會忍不住一直跟狗玩。有些人會跟狗玩到狗累了為止，有些則會餵狗吃太多東西。所以說，由於過度關切與愛護，小狗變得疲憊虛弱，染上各式各樣的疾病。此外，小狗也會感染蟲子，而主人經常忽略要幫狗驅蟲，導致幼犬變得呆滯、病弱。被買家帶走之後，小狗就有可能遭遇這類不當對待。由於買狗的養狗場是飼主尋求建議與治療的首要管道，你很快就能累積一些可帶來利潤的副業，成本還很低。比方說，許多看起來生病的小狗只需要待在一個溫暖乾燥的地方，待上一天左右的時間不要進食就行了。這種治療對養狗場來說幾乎不會造成成本負擔，而主人也很願意付高額費用來讓狗恢復健康。」

「一般來說，一窩狗只會有兩隻以上的公狗跟一到兩隻母狗。公狗的需求量永遠都很大，價錢也很高，母狗的價格基本上比較低。我的第一窩母狗

都賣掉了，但我保留後來的那批母狗用於繁殖，兩年來大幅增加養狗場的生產力。後來我又加入其他很受歡迎的品種，因為我發現有些品種的狗特別受青睞，大家願意為這些狗付更多錢，例如西里漢㹴、獅子狗、博美狗、剛毛獵狐㹴、大麥町犬和長毛牧羊犬。」

許多人認為開一家養狗場需要很多錢，但這只是迷思。養狗場生意有了好的開始之後，我才累積足夠多的錢。事實上，我在血統純正的狗身上投資的總金額不到 300 美元。我花了大約 70 美元將廢棄車庫改裝成適合養狗的狗舍。我發現，雖然你能輕鬆向經過狗舍的人賣出幾隻小狗，但如果想賣出更多狗，就必須花時間推銷。我選擇最簡單的推銷方式，就是在養狗場內舉辦狗展。我不把自己的狗放在養狗場的狗展中出售，只讓客戶跟他們朋友的狗參加狗展。那些有好好調教自家狗狗的人，都是獲得藍色與金色緞帶的狗主。這些狗展不僅吸引新客戶，還能刺激狗用品與配件的銷量。只要主人願意，所有純種狗都能參展。」

只要想要，你也能在自家開設一間愛爾蘭㹴犬養殖場。一開始你只需要一隻優良的母犬就夠了，費用大概是 40 到 50 美元。等到母狗夠大了，就能讓母狗跟一流養狗場中的純種公狗配種，配種的費用通常是一窩小狗中公幼犬的售價。把每一窩小狗中的母狗留下來，你很快就會有足量的小狗能夠販售。如果你沒辦法自己談到好價錢，或是只想批發銷售，所有被美國養狗場俱樂部（American Kennel Club）認證的狗舍都會跟你買幼犬、替你轉售。

靠蘑菇快速獲利

拉茲・勒文（Laz Lewin）下定決心創業時，決定做一些不同凡響的事。在得知能將蘑菇種在地下室、棚屋、穀倉或車庫內並從中獲利後，他購入少

量的蘑菇菌種，在地窖中搭建一個蘑菇圃，開始培育蘑菇。這並不是什麼新鮮的想法，多年來陸續有人試著在家中栽種蘑菇，但近幾年已出現新的蘑菇培育法，使栽種蘑菇的利潤大幅上升。不過在勒文的家鄉田納西州曼非斯（Memphis），這是一個聞所未聞的作法，這項事業很快獲得當地店主、餐館、咖啡館等店家的支持與認可。

「開始養蘑菇之前，我完全不知道蘑菇是如何生長的。」勒文坦承，「我好驚訝蘑菇竟然會集體突然冒出頭，這才體會到『如蘑菇般湧現』這句古老格言的意思。我從一個面積 100 平方英尺的蘑菇圃開始，花了 2 美元來做這個 10×10 英尺的圃。然後我買來蘑菇種子，也就是蘑菇種植者所謂的『菌種』。收到菌種時，那個東西看起來像一團糾纏在一起的白線。我按照說明小心栽種蘑菇，兩週後，蘑菇圃上出現了蜘蛛網狀的白色物質。我在上面鋪了後院的普通土壤，又等了三週。某天一早，我走到地下室查看蘑菇圃，發現整個區域都被蘑菇覆蓋，實在太驚人了。這真是一大驚喜，因為前天晚上什麼都沒有。我還在想這些蘑菇不知道要長多久才能拿去賣。隔天，我發現蘑菇又長了 10 倍大，立刻把蘑菇採收下來。在 100 平方英尺的蘑菇圃上，平均每平方英尺能採收 2 磅半多一些的蘑菇，我以每磅 45 美分的平均價格將所有蘑菇拿到當地市場賣。」

「我花了 8 塊多美元購買菌種，再加上圃的 2 美元，這就是我的總成本，而蘑菇大概賣了 110 美元。」

「這時我才真的了解到種蘑菇的利潤有多高。我用第一批蘑菇的利潤擴充蘑菇圃，很快就建立起 1,000 平方英尺的產量。我以每磅 45 美分的價格輕鬆將所有蘑菇賣出去。由於我不用付租金、管理費，也沒有特殊設備或營銷成本，我的優勢比商業種植者還要大。」

「直到那時，蘑菇在當地市場的銷量都很不錯，我似乎沒有理由不繼續拓展種植面積。許多販賣蘑菇菌種的公司也是代理商，在全國各地設有蘑菇

接收站。有些公司會購買家庭種植者產出的所有蘑菇，並將這些蘑菇轉售給當地商店。當然，這能讓種植者以當前的市場批發價格立刻將蘑菇銷出去。另外，這些公司還會支付 5 磅以上蘑菇的運費。有了穩固的銷售通路，我繼續增加蘑菇圃的面積，善用住家周圍之前沒有好好利用的空間。一直以來，我都是種純白色的專利蘑菇品種，這種蘑菇的售價也最高。選擇要種植哪種蘑菇時，我應該算是運氣很好、選對品種了。」

蘑菇很好種，因為你根本不需要費心照顧。蘑菇不需要日照，不管是在地下室的樓梯間還是光線充足的房間，蘑菇都能長得頭好壯壯。事實上，根據有經驗的種植者，明亮的光線其實不太適合蘑菇生長。蘑菇的市場很廣，而且能帶進許多利潤。隨時隨地都能提供新鮮蘑菇加上快速交貨的服務，絕對能替你賺進大把鈔票。

種植 1 磅蘑菇的菌種成本在 4.5 美分至 6 美分之間。向批發公司與代銷公司發貨的蘑菇種植者發現，收到的價格與付出的實際成本之間其實存有相當大的獲利空間，能夠在充分獲利的情況下經營蘑菇圃。一般來說，最理想的銷售策略是在自家社區以較高價格出售部分蘑菇，並將剩下的蘑菇拿去批發或代銷。

其實任何蘑菇菌種都能在一般的地下室或棚子裡生長，只要維持溫度均勻就行了。根據菌種的生長期間，溫度應介於攝氏 13 至 21 度之間。

廣告替農場帶進收益

印第安納州蒂珀卡努郡（Tippecanoe County）的亞瑟・沃夫農場（Arthur Wolf Farms）立起「分類廣告」之後，生意才真的有了起色。這些廣告是以告示立牌的形式搭起，上頭寫著農場的名稱、郵局與電話地址。廣告資訊下

方有兩個欄位，分別標注為「出售」以及「想買」。根據欄位的使用方式，農場主可在可拆卸的金屬板上列出產品清單。

每當農場有東西想出售或是想從市場購買某樣商品，農場經理萊利先生（Mr. Riley）就會在相應的欄位中插入正確的金屬條。在「出售」的欄位中，會有騾子、綿羊、苜蓿乾草、種母豬、燕麥、紫花苜蓿、小豬、飼養牛、機械、乾草架、乾草玉米等。如果沃夫先生需要任何種類的乾草、活體牲畜、苜蓿或苜蓿乾草、燕麥、食用豬等東西，就會在「想買」欄位中掛出金屬牌來標明需求。

由於沃夫先生的活畜業務相當廣泛，有許多牛跟豬需要餵養，所以有時候農場也需要購買乾草和玉米。這時，他就會向經過附近公路、看到招牌而且有合適產品能銷售的人購買。假如農場的飼料過剩，卡車司機就成了買家。上一批火雞跟食用豬都是靠這個告示牌賣出去的。農場內多餘的牲畜或農產品，通常都能靠這個告示牌在幾天內賣掉。農場偶爾會在場內拍賣飼養牛或乾草，這時就會用告示牌提前幾天通知路人拍賣資訊。在這個占地1,050英畝的農場內總共有兩支告示牌，分別立在農場兩側的公路與地界線交界處。

你是否有了一些創業的點子，想到如何幫當地廣大農場主人架設告示牌，或是向他們販售這種廣告牌標呢？

重點回顧

- 考慮看看，為什麼不把嗜好轉換成收入呢？
- 先知道市場需要什麼，提供市場需要的東西，市場也會願意為此付出相應的價錢。
- 客戶之間消息流通非常迅速，許多新業務都是來自朋友和老客戶。
- 個人的經歷與行動力才是能否成功的關鍵。

05

創造獨家優勢：
發明與申請專利

THINGS TO INVENT AND PATENT

如果你有發明以及推論演繹的能力，也有靠專利賺錢的野心，
首先要確定你的市場確實存在，才能花時間跟金錢來發明。

你的生意如果越接近壟斷的形式，就越有可能成功。在美國，「壟斷」這個詞彙有許多含糊不清之處。對某些人而言，壟斷代表靠不公平的手段來欺壓小型競爭者。不過，自伊莉莎白時期祭出特許權與專利權以來，壟斷就代表業主免受競爭的影響與侵擾。有時候壟斷是由國家以專利或准許的形式授予業主，但通常這是由商人或貿易者憑藉自己在「同業公會」中的資格所取得。伊莉莎白女王簽署的最後一項官方法案，就是廢除《英國壟斷法》（British Monopolies Act）。

　　我們在美國商業界能看見哪些形式的壟斷？首先，我們有「信託」或控股公司，這些公司藉由收購所有競爭對手而享有壟斷地位，讓自己獨霸所屬產業，將所有交易攬到自己身上。這種壟斷是建立在財力之上，對獨立的小型商人是一大威脅。這種壟斷，就是西奧多・羅斯福（Theodore Roosevelt）試圖藉由取締壟斷來粉碎的那種壟斷。有些商人依舊認為自己的經商方式，就是解決殘酷競爭的方法。靠這種權力來進行貿易壟斷，在概念上是不符合美國精神的，經過邏輯推演後也會發現這種模式不符合經濟效益，必然會導致壟斷的壟斷，最終壟斷政府的職能。

　　不過，有另一種壟斷是由政府扶植的壟斷，這種壟斷符合公眾利益，同時也受到另一種負面壟斷的反抗。技能的壟斷就屬於這種類別，這是所有壟斷中最棒的一項。享有這種壟斷的人能製造更優秀的捕鼠器、畫出更美的畫、寫出更好的書、設計更精湛的衣服，或是在任何領域表現得過人一等。你能把一件小事做得比世界上其他人還好，這本身就是成功的保證。雖然在某個領域中功成名就的壟斷在時間上是有限的，但只要你能夠永遠優於後起的模仿者，壟斷就得以延續。

　　再來，有些壟斷是來自所在地點。比方說，大家都曉得在百慕達島（Island of Bermuda）上，有一群人已完全控制該島。這些最主要的島嶼居民會保護本地商人，抵禦那些試圖剝削島嶼資源的新移民侵擾。他們是怎麼

辦到的？很簡單。假設有一天你到百慕達島旅行，愛上當地的氣候，決定在那裡開一家汽車代理公司。這個計畫聽起來能輕鬆賺進好幾千美元。統計數據顯示，在百慕達，每輛汽車對應的居民人數比美國境內或周邊任何地區都還要高，看來是個很不錯的商機。所以你成立一家經銷商，在漢密爾頓（Hamilton）掛起招牌。結果完全沒有生意上門。你會發現的第一件事是，只有政府官員才有資格在島上駕車，島民也不希望排放廢氣的汽車到處奔馳、釀成事故。接著你還會發現，在百慕達，光顧任何不受「主要」原始島民家族認可的企業，是不符合禮俗的行為。百慕達是一個小地方，住在那邊的人都覺得社會接觸必不可少，光顧「錯誤」商家的人會立刻遭到社會的責難。這麼一來，那些受到歷史悠久的島民家族認可的商家就取得壟斷，而那些試圖「亂入」的生意人通常會以失敗收場。

　　另一種形式的壟斷是在市場上獲得獨家特許權，或是成為某些廣告商品的獨家地區代理者。愛斯基摩冰棒（Eskimo）首度進軍市場時，商家就支付高昂價格，只為獲得當地特許權來製造這些冰棒、將冰棒賣給普羅大眾。在某個地區銷售霓虹燈的「權利」，以 1,000 美元到 1 萬 5,000 美元不等的價格讓迫不及待的銷售人員購買。可口可樂公司是另一個知名案例，這家公司會將獨家特許權賣給銷售代理商。不過，有一點很值得注意，在這種藉由販賣特許權來替公司籌措資金的案例中，幾乎所有企業獲得的多數資金，都被拿來支付一開始的廣告行銷活動。儘管也有人靠出售專利權來籌措資金，但這通常是一種困難、容易令人失望的創業募資法。

專利有何用？

多數沒有經驗的人認為，如果自己發明某樣東西並取得專利，很快就能賺到 1,000 美元。要不是直接把專利賣掉，就是以繳納專利權使用費的方式來出售。他們認為由於自己握有專利，就等於有聯邦政府撐腰，不會被剽竊者或強盜侵擾。在專利經過高等法院檢核之前，過度依賴、重視專利是很危險的。

舉例來說，有些廣告人「發明」了詭計多端的郵寄卡、從頂部往下折的信件或是其他裝置，並且申請也得到這些東西的專利。在許多情況下，他們憑藉這些專利從印刷商和其他人那邊收取使用這個想法的費用。一家大型平版印刷商為一種折疊式信頭的專利付了數千美元，這項專利包含任何在蓋口下有印刷字樣的信紙。這份專利沒什麼問題。但是，如果這項專利的權利被上訴到美國最高法院，侵權訴訟或許會被駁回，理由是該專利涵蓋了機械技師在執行個人業務時的自然操作。英國的非成文法給予機械技師明確的保障，正如法案保障商人在沒有正當法律程序下不會被沒收資本一樣。一項專利到底是真正的發明，還是單純機械技術的問題，這必須由法院根據兩造提出的證據來判斷。

還有另一種可能，就是有人能出面證明某樣東西在你申請專利之前已有人使用。最近有人靠「彈出式」收藏檔案夾取得專利，這似乎是一項非常好的專利。數百家公司正在向發明者支付使用這個概念的專利費。不過，早在發明者將這個概念套用在檔案夾上之前，搞不好多年前就已經有人在情人節禮物上用過這項設計。如果有人費盡心思在舊的情人節禮物上找出類似的想法，就能證明這不是原創發明、從而使專利失效，發明者就無權獲得政府壟斷的益處。

跟專利相關的另一項風險，是有些人可能會以你的專利為基礎進行「改

造」，或以其他方式來調整產品設計，藉此逃過跟你購買專利權的必要。當然，我們的想法是要盡量擴充專利權的範圍與項目，但由於早期的專利或是印刷出版品，專利權的範圍僅限於發明者在該技術領域提出的創新變革。有時候唯一能獲得專利的是一個配件。這就是為什麼在申請專利時，你應該聘請一家有信譽跟經驗的專利律師事務所，不要去找那些替傻瓜打廣告的外行人。支付給有信譽的專利律師的費用，一定會比門外漢收取的服務費用還要高，但有信譽的律師會坦率表明你的發明是否實用，甚至還能幫你推銷。

特別的是，多數傑出的發明都是由「外行人」想出來的。大家都曉得，蒸汽機的原理是詹姆士·瓦特（James Watt）發想出來的，他看著茶壺的蓋子上下跳動而有了這個想法，這讓他發現蒸汽中存在的動力，所以開始以他那粗糙原始的方式研究如何運用這種動力。我們現在的工業系統就是來自這項發明。

班傑明·富蘭克林並不是電工，但他發明出避雷針。伊士曼柯達公司（Kodak）付了 10 萬美元給一位發明某種裝置的人，這個裝置能讓你在底片曝光後在背面寫字。就連嬰兒車上那不起眼的煞車裝置，也不像大家猜想的那樣是由嬰兒車製造商發明的，而是由一位正在尋找能大肆打廣告的「特有」功能的廣告人所發明。

所以說，不要以為自己不了解某件特定產品的所有細節，就沒辦法想出改善這件產品的方式。想到改進產品方法的人，通常不是製造者而是使用者，這點非常有趣。在這種情況下，製造者會急著付一筆現金給改善產品功能的人來買專利，或是作為專利權利金。改善你在日常工作中使用的器具和物品，這是靠專利賺錢最簡單和實際的方法。向大型製造商收取 1,000 美元作為報酬，以提供你想出來而且持有專利的產品改良，這並不是什麼難如登天的事。你有一百種方法在自家廚房賺到 1,000 美元。雖然目前已有數以千計的專利，但大家還是需要一個更好的開罐器、更好的衣夾、更好的開瓶

器，以及其他日常使用的簡單生活用品。

　　一般來說，簡單的發明是最有利可圖的。駝峰髮夾就是一個很棒的例子。多年來，婦女在使用直髮夾時都會一直把髮夾弄丟。因為沒辦法好好固定，髮夾會從頭髮上滑下來。後來有聰明人想到在金屬髮夾尾端做一個彎。這實在太簡單了，看起來沒什麼大不了的。但這種髮夾在芝加哥帶起龐大的業務，「駝峰」髮夾已經海撈數百萬美元了。

　　另一方面，同一位發明家可能花了好多年的時間發明洗碗機，但發明後才發現民眾必須接受適當教育，才能用洗碗機來洗碗，而且市面上還有十幾種洗碗機了。如果你有發明以及推論演繹的能力，並有藉由專利賺錢的野心，首先要確定你的市場確實存在，才能花時間跟金錢來發明。

　　政府每年頒發大量專利，其中有許多是由公司申請，來保障改良產品的研發工作，或是保護他們的生產方法與設備（通常已多少在市場上獲得認可）。企業通常也會申請替代品或代用品的專利。他們並不是想榨乾這些產品的價值，只是想持有專利，來防止競爭對手使用這種產品。但在其他專利中，也就是那些頒發給「自由」發明家的專利，可能有十之八九是根本沒有商業價值的發明。通常，這不代表那項發明好處全無，而是因為這項發明沒有能夠妥善發揮的商業領域。沒有適當商業領域的原因很多，有可能是製造費用太高，無法將發明的銷售價格降到有利可圖的生產量。如果發明出來的產品無法被標準化，需要太多種類的存貨，商品銷售的成本也有可能過高。

　　一般而言，發明都是為了替特定情況提供有效的解決辦法而生，但潛在使用者可能數量太少或過於分散，以至於無法以符合經濟效益的方式來與消費者接觸、進行銷售。只適用於特定品牌或型號的汽車或家用鍋爐的配件就是這類發明。

　　在其他情況下，假如製造商要接手一項發明並進行研發，直到產品可投入生產，這段過程或許會耗費鉅額資金，所以製造商通常興趣缺缺。研發的

龐大成本（付給發明者的權利金也必須從生產利潤中扣除），或許會使發明者無法靠專利賺進太多收入。所以，在研發成本最低的發明中，發明人最有機會靠專利獲得一大筆權利金或一次性付款。

跟讀者分享這些難處，並不是想阻止大家透過發明來賺錢，而是想提醒大家：除了發明本身的優點以及效用之外，在你決定是否要投入時間與金錢來實現你腦中想到的發明時，還需要留意哪些因素。

申請專利的費用

申請專利的費用也是一筆開支。在你的努力成功得到回報之後，還得從賺取的權利金中將申請費用扣掉才是淨利潤。而且別忘了，在發明的優點得到證明、在你的專利獲得法院背書之前，發明就像賭博。某種程度來說，申請專利的成本取決於機器與設備的複雜程度。另一方面，某些發明的簡易特性會讓專利費更高昂，因為律師必須花更多時間向專利局提出論據，來反駁專利因為簡單所以看似平凡無奇的反對意見。請律師幫忙申請專利，準備作業與提交申請的費用通常不會低於 100 美元，其中包含專利局的繪圖費用與 30 美元的政府申請費。有價值的專利通常會連帶產生一些執行作業費用，也就是在申請專利後透過專利局取得專利的費用。而在最終發放專利之前，發明者還得向政府支付 30 美元作為最終費用。在多數情況下，即便是最簡單的發明，專利費至少也要 140 美元或 150 美元。即便是一般的發明，申請專利的費用也會略高於這個數字。如果發明特別複雜，專利局的繪圖費，以及律師在申請和提出論述上需投入的額外時間成本，都有可能會讓專利費的總金額來到 300 美元甚至更多。專利受到的保障會決定你能靠專利賺取多少收入，所以在申請專利時最好找一位適任的專利律師，因為專利的價值往往

取決於律師的能力。雖然有些律師願意以較低的費用來幫你申請，但聘請能力受到大家認可的律師來申請專利，這才是比較明智的做法。順道一提，直接與專利律師商談能帶給你莫大助益，這點你肯定能有所體會。

產品改進是最有價值的專利

靠發明賺錢的最佳方式，就是改善日常生活中會使用到的物品。一般來說，製造商都會迫不及待改善自己推出的產品，願意為改善產品的想法支付大筆資金。

以常見的廚房攪拌器為例。攪拌器有各種功能，但我們可以說這項普通的家電應該還有無數種未被開發出來的用途。市場上有幾家攪拌器的製造商，彼此競爭激烈。如果有一個附加配件能讓攪拌器多出其他使用方式，而且其中一家製造商具有這個配件的獨家使用權，這絕對會是無價的賣點。

道理相同，最簡單的東西還是有改進修正的可能。普通的牙膏管就是很棒的例子。牙膏管的前身是篩頂罐（sift-top can），而篩頂罐的前身則是父親那一輩人使用的肥皂罐。但這種管狀物還有許多未盡之處。牙膏管很不方便、使用起來相當麻煩，而且也不衛生。下一個改進有可能是什麼？會是簡單的牙膏分配裝置嗎？就像普爾曼汽車上的給皂器一樣，能裝在藥妝櫃或洗手台上隨時使用？有人想到掛在牆壁上的義大利護手霜分配器，後來也成為那間公司銷售計畫中主打的一大賣點。

如果具備敏銳的洞察力能看出事物的缺陷，並有足夠的智慧能找出改進的方式，就有很多機會能改善民眾在家中、花園與辦公室裡使用的物品。當然，如果你在某個領域特別有經驗，就有優勢能想出該領域有哪些東西能變得更好。在這個世界上，沒有什麼東西是完美到沒有改進之處的，也沒有什

麼東西是優秀到沒有改善空間。那些認為人類已經進步到所有盡善盡美的東西都被發明完的人，清醒後會發現沒有什麼事情是一成不變的，而人類想像力豐富的大腦總會不斷尋找方法來把同一件事做得更好。

當然囉，發明新東西來滿足長期以來的需求，這種機會當然多到不勝枚舉，但這種發明的發展與營銷也是很難預知的，例如，有一名男子發明了專供只有一隻手的人使用的刀叉，他積極生產出數千組刀叉。但他很晚才發現，市場上沒有那麼多一隻手的人需要使用這種刀叉，而且創造需求的成本太高，以至於產品的售價已經超出一般單手者願意支付的價格。如果把同樣的時間與精力花在改進有已知需求的物件上，這些時間跟金錢就不會付諸流水了。

飛機模型愛好者的夢想事業

伯特・龐德（Bert Pond）還在芝加哥讀高中時，對飛機模型就展現濃厚的興趣，並加入伊利諾州航空模型俱樂部。他認為，在各種微型飛行器的各個方面，這個飛機研究小組就是世界第一。到伊利諾大學唸書後，他繼續投入在製作各式各樣的小型飛機模型中，並用自己在國家展覽中贏得的獎金支付兄弟會的費用。

不過，在林白（Lindbergh）首度飛越大西洋、美國社會對航空開始更具意識之後，他才開始用自己的飛機模型來賺錢。他辭掉在漢威聯合（Honeywell）的工作，決定幫忙其他人建造飛機模型。他的第一份工作是擔任飛機模型設計課程的講師，授課地點涵蓋基督教青年會、童子軍營隊，還有其他印第安納州的學校。後來，他替《大眾航空》（*Popular Aviation*）、《科普月刊》（*Popular Science Monthly*）和其他同類出版物，撰寫一系列關

於飛機模型的文章。沒過多久，這些課程的學生以及文章讀者，紛紛表示他們想獲得自己動手做模型的材料，所以他的下一步是製造這些市場需求龐大的材料。

在他位於印第安納州祕魯（Peru）的飛機模型店裡，他除了開始製作小型馬達與 6.5 盎司的汽油馬達，還替那些在家自己做模型的愛好者製作常見的橡皮筋旋轉器與其他零件配件。他後來還供應用來製作飛機模型的輕質木材、日本絲綢紙、特殊膠結材料，以及提供動力的新鮮橡皮筋。他也製作便宜的秤，用來秤量模型的零件，精確度到 0.001 盎司。另外，他還製作了微型的真螺距螺旋槳，數以千計的這種小螺旋槳被其他微型飛機公司採用。他的商店也為其他公司設計模型套件和製造現成的飛機模型。過去幾年來，他的店在許多銅板商店中賣了數十萬架飛機。

他的商店一整年都要忙著接洽不斷湧入的訂單，遇到業務高峰期，店鋪根本是二十四小時營運。在每年舉辦的三、四次大規模全國性競賽期間，訂單的成長量更是讓人笑得合不攏嘴。伯特‧龐德成功將興趣轉化成事業的案例，就很好地顯示，好好發展個人嗜好是潛力無窮的，這不僅能替你賺進穩定收入，或許還能帶來額外的財富。

另一個將愛好轉變為真正職業的實例是布歇先生（H. E. Boucher）。小時候，布歇先生經常製作小船，這讓他的玩伴羨慕不已。他父母的教育目標是將他塑造成一位船舶工程師，而他也確實達成這個目標。不過，他的嗜好占據了所有閒暇時間，一有空就忙著替朋友搭建微型船舶，而且數量還不少。隨著需求大幅增加，他「真正」的工作也被嗜好大幅壓縮。此時此刻，經過思量後，他決心不在兩者之間繼續掙扎，創立了布歇製造公司（H. E. Boucher Manufacturing Company）。數百位對迷你船隻或船舶零件感興趣的愛好者，為他的產品提供了穩固的市場。最後，原本單純的愛好變成同業中規模最大的企業。

一年僅此一檔！限量發行的電動玩具

長達一年多，芝加哥一家商業出版社的編輯一直在研究一個電動玩具。猛然一看，這個玩具似乎不起眼。把玩具拿起來端詳，會以為這只是某種小丑彈跳音樂盒。不過，當你拉起盒子裡固定小丑的鉤子時，驚喜就會突然現身。小丑有兩個大大的電動眼睛，從盒子彈出來時雙眼會亮起火紅的光芒！

玩具準備上市時，有充分銷售經驗的編輯決定親自帶著玩具去尋找商店買家。這時候是 9 月時節。來到 11 月中旬，他已經成功把玩具賣給州街上的每家店，除了規模最大的那家除外，因為那家店的玩具採購忙到沒時間仔細研究他的玩具。負責生產玩具的小工廠，生產量目標就是發明者認為在第一個節慶季節能銷售的數量。後來玩具再度收到大量追加訂單，大多來自外圍商家，又以那間規模很大的商店占多數。不過，他已經賺到當年的目標利潤，其他買家只能等到隔年聖誕節再進貨。第二年，玩具的數量多出許多，但一樣全數賣光。

機械或電子玩具產業提供發明家無窮商機。他們能發明出新的玩具，或是將市場現有玩具重新改造包裝。每逢假日，疼愛孩子的父母、祖父母還有叔叔阿姨，都會在玩具專賣店尋找獨特的新款玩具，他們的需求簡直就像無底洞，而能滿足這些需求的發明家就能獲得豐厚的利潤。

「不便」的商機——葬禮旗幟生意的誕生

兩年前，羅伯·胡貝爾（Robert Hubbell）失業了。有一天，他和朋友去參加葬禮，在汽車隊伍駛向墓地之前，殯儀館的助理在汽車的側踏板上夾了一個金屬裝置，用來固定一面帶有紫色十字架的白旗。葬禮結束將夾子取下

後，胡貝爾的朋友發現夾子把側踏板的琺瑯刮傷了，金屬板也出現紋路。

胡貝爾對此沉思一番，並在兩個小時內在工作室中發明出一個能套在保險桿上的旗幟支架。由於旗子碰到雨水或下雪會變得破爛不堪，他決定使用紙做的旗子，因為紙旗能不斷換新，費用也不高。所以，新的裝置包含一支能將紙旗夾在上面的旗桿。

這個想法大獲成功。如今胡貝爾先生坐擁一家工廠，專門製造支架、旗桿與白旗。他雇用十幾名員工，多數時間都在外向批發商銷售。此外，他還花了一些時間致力於讓十幾個州通過一項法案：規定葬儀車隊使用葬禮旗幟，以免其他車輛誤闖隊伍。

讓人看得目瞪口呆的玩具汽車

一輛 5 美分的玩具福特汽車替發明者帶來大把利潤。這輛車會自動轉彎，成功引起圍觀者的興趣。起初，玩具車開向桌子邊緣時，大家都以為車子會往下掉，但是與前輪成直角、隱藏式的第三個輪子，能讓汽車順利轉往另一個方向。凡是看過的人，大家都想要這個玩具，因為這能將旁觀者耍得團團轉。這種有趣味的玩具替發明家提供無窮商機。

以天賦為本錢，削木頭來獲利

迪斯戴爾（A. O. Dinsdale，朋友都叫他歐迪）是一位很有抱負的年輕人，1915 年他剛從加州藝術學院（California School of Fine Arts，現為舊金山藝術學院）和柏克萊藝術與工藝學校（Berkeley School of Arts and Crafts）

畢業，決心成為與米開朗基羅齊名的畫家。但戰爭改變了一切。在法國服役後，迪斯戴爾焦躁不安地回到舊金山。他來到內華達山脈，將自己隔離在距離山腳 20 英里遠的一個簡陋小屋中。在這座小屋，他漫無目的地削出各種奇形怪狀的小動物，並替這些小動物著色。一位獵人碰巧看到這些動物，笑著說：「這些動物真有個性，拿去藝術商店賣一定能賣得不錯。」

迪斯戴爾聽取了建議，不久後，他的動物作品引發一股熱潮。他每天忙著繪製粉紅色的大象跟紫色的獅子，忙到沒時間哀嘆自己的野心破滅。回到鎮上之後，他買了一把帶鋸，用三層松木切割出有個人風格的動物，再用油彩上色。他在藝術學院唸書時花了不少時間鑽研解剖學，所以雖然他的動物有著奇異繽紛的顏色，比例卻恰到好處。

生意越做越大。他在車庫中設計出許多作品，像是育兒室的內部裝修跟店鋪的陳列。比方說，他替一個專賣青少年鞋子的店鋪設計出「住在鞋子裡的老奶奶」風格。迪斯戴爾將他的工作室稱為歐迪工作室，並設計一個專屬工作室的黑貓與黑鳥的商標，因為他新婚的妻子認為黑貓能招來好運。

就這樣幾年過去，歐迪的工作室現在位於市中心，裡頭有最新的器具配備。業務蓬勃發展之後，迪斯戴爾早就不做動物了。他的業務項目非比尋常，其中包含大型計畫的裝飾性浮雕地圖，配合聲光效果的機械展示品、漫畫，還有與眾不同的動態展覽。

各種特殊的案子都會來找迪斯戴爾，其中之一是替富國銀行歷史博物館（Wells Fargo Bank Museum）打造的歷史展品。這些木製的誇張造景完全符合比例以及史實，與加州開拓時期的寶貴文物館藏相互輝映。比方說，其中一個造景是首次發現黃金的薩特磨坊（Sutter's Mill），同時也在五個場景中展示採礦工具的流變：從粗糙的選礦鍋跟鏟子，到更有效率的液壓法設備。場景繪製精細，每個細節都精準正確，印地安人、礦工、西班牙紳士與其他人物的古樸形象讓場景更栩栩如生，而每位人物的型態跟服裝都相當寫實。

飛剪式帆船的委託案是一大難題，因為這些曾用來運送郵件繞過合恩角的船已不復存在。迪斯戴爾花了好幾天的時間與年邁的海濱居民交談，試圖從中勾勒完整的模樣，從飛剪式帆船的資料收集到最終成品的模型，他完全沒有遺漏任何一絲細節。

他最有興趣的創作是打造出聲音與動作同步的機械裝置。他在舊金山製作出第一個這種類型的聖誕櫥窗，留聲機播放歌曲時，櫥窗裡會有三隻小豬與大野狼的動態表演，新奇的創意讓興奮的圍觀群眾將交通堵得水泄不通。

不過對迪斯戴爾來說這只是小試身手。他正跟一位無線電工程師合作研發聲控機械。他預測未來的動態表演將不會用留聲機來進行時控，而是由實際的聲音震動來推動。

保證不磨腳的神奇新業務

多年來，亞伯特·薩克斯（Albert Sachs）在馬里蘭州索爾茲伯里（Salisbury）擔任零售鞋商，心中早有經營另一項業務的點子。他認為經濟大蕭條尾聲是開展這項事業的絕妙時機，而這個點子就是開發一種能消除鞋子「不適」的設備。

這十年間，薩克斯先生一直嘗試各種透過機械來磨合新鞋的方式。他不斷想要找出能讓顧客的腳更舒服的辦法。對他來說，許多人在穿新鞋時碰到這麼多麻煩，這種痛苦實在不必要。

最後，他發明出一套系統，其中包含一組打了孔的千斤頂。他會在堅硬的鞋子裡使用這組千斤頂，直到受壓面積超過一個孔。然後他會從外面敲擊皮革，直到皮革面往內凹，這樣就能消除穿鞋者的不適。

薩克斯先生後來又針對這組千斤頂進行改良，發明出目前使用的設備。

以這套在索爾茲伯里使用的初始原理為基礎，他發展出液壓機，設備的其中一部分是各種黃銅製成的模型，機器會將模型壓入鞋子中造成不適的那個區域，然後施以極大壓力，徹底解決磨腳的區域。

薩克斯先生認為，最理想的經營方式是將機器租給其他業主，讓這些業主以他的指示來經營這項業務。紐約目前已有三家舒適鞋店（SHU-EEZ Comfort Shops）。雖然這些店鋪是由承租人所經營，但薩克斯先生都會密切監督他們的操作與營運方式。

每雙鞋的處理費是 25 美分。這項服務受歡迎的程度之高，每天都有幾十位顧客來到他的本店，只為了讓鞋子變得更合腳舒適。似乎每個人的鞋子都會造成雙腳不適。1936 年初，一位來自英國的男子到店裡調整鞋子。幾個月後，他再次造訪美國，竟然抱著一大批鞋子要來用液壓機來調整磨合。

薩克斯先生的創新業務仍然是小規模企業，但這個企業正在賺錢，而且未來潛力無窮。他更高興的是自己沒有被大蕭條嚇跑，反而鼓起勇氣將想法付諸實踐。

用用看！柯爾曼的拋光劑新配方

幾年前，喬治·柯爾曼（George Coleman）發現一種製作金屬拋光劑的配方，這聽起來很簡單，所以他決定找原料來混合出一些拋光劑。第一種拋光劑是液態的，而且效果非常好。但當他試著銷售拋光劑時，卻發現這並不完全符合客戶的需求，於是他決定再找找新配方。經過大量實驗，他開發出一個配方，能作為多用途的金屬與玻璃器皿拋光劑，並藉此賺了數百美元。

柯爾曼說：「雖然我發現市場對於高級金屬拋光劑有廣泛的需求，但我很難賣出足量的商品來賺取充分利潤。一開始，我對銷售或廣告一無所知，

花了一點時間學習。比方說，我使用的容器沒有標籤，我的產品也沒有名字。有一天，我把 1 加侖的瓶裝拋光劑賣給芝加哥的一家大飯店，他們問我拋光劑的名字，因為他們有必要在記錄中寫下品牌名稱，我一時語塞，然後說：『我沒有幫它取任何特別的名字，但是你們用用看，如果覺得不錯就會回購。』那名男子笑著回答：『那我就叫它用用看吧。』約莫兩週後，我在家接到一通電話，對方說要買 5 加侖的『用用看』。這就是拋光劑名字的由來。四處拜訪客戶時，我總是請大家用用看這款拋光劑，銷量逐日增加。拋光劑的效果很好，但競爭也很激烈。不過，由於我持續穩定獲得下一筆又下一筆訂單，並專注服務現有客戶，很快就開始賺錢了。」

「如果我替拋光劑取商標名，並一次做出一週或十天的用量，可能會賺更多錢。但謹慎起見，我每天只做訂單需要的量。另外，我也會印製一些傳單，但我認為沒必要提供購買者使用指南。後來發現我錯了。」

「為方便銷售，金屬拋光劑必須具備某些特點，而你應該要向買方解釋這些特點。解釋過後，需要再說明如何將拋光劑使用在玻璃與金屬表面，並展示拋光劑的效果。請確保你的配方是無毒的，而且不摻雜任何有毒物質。雖然火災的危險性不大，經常使用拋光劑的人不會在室內使用易燃或有毒的拋光劑，畢竟他們也不希望承擔不必要的職業傷害。無毒不可燃的拋光劑並沒有比較難製作，而且成本還比較低。我建議所有想試著生產拋光劑的人對產品進行多次測試，看看你的產品是好用還是難用。盡可能讓使用者能輕鬆使用你的拋光劑來達到最佳成效。如果你的金屬拋光劑在操作上安全、易於使用，還能完美拋光所有金屬表面，包括黃銅、銅與鉻，就能找到各式各樣的銷售通路。不過，如果拋光劑還能拿來擦亮鏡子、瓷器以及陶瓷，需求量會更大。」

有許多配方能做出符合上述條件的優質拋光劑。俱樂部、酒店、酒館、醫院、餐館、辦公大樓、工廠、車庫、汽船公司、鐵路和家庭其實都會定

期、穩定購入拋光劑。拋光劑的製作成本相當低，而你可以把拋光劑包裝得很吸引人，涵蓋包裝在內的成本為 8 盎司 6 美分，零售價為 25 美分。大量賣給使用量較大的客戶，價格大約是每加侖 1 美元到 3 美元。對於喜歡調製配方的人來說，沒有比製作和銷售拋光劑更適合用來賺取第一桶金的方式了。

羅伊頓夫人的童話小羊

加州奧克蘭住著一位名叫夏洛特・羅伊頓（Charlotte Royeton）的年輕寡婦，她有四個孩子要養。為了維持生計，她向聯邦政府機構求助，得到了一份遊樂場輔導員的工作，條件是她要設法讓孩童在場內玩得盡興，讓他們想一直回來玩。她該如何滿足這些要求？孩子都是來自貧困家庭、種族各不相同，他們對閱讀不感興趣、沒辦法在球場玩一整天，縫紉更不用說了。

這位寡婦焦急地在銅板商店裡東找西找，心想益智拼圖行不通，骨牌跟刺繡茶巾也不行。然後她發現一塊畫小豬圖案的麻紗，這種麻紗目的是讓人將小豬剪下來做成填充玩具！她立刻把小豬買回家縫紉組裝，幾乎整晚沒睡，坐在那裡製作小豬填充玩偶。

第二天早上，看仔細！小豬有一件最精緻的黑色下擺圓角外套，外套鑲著黃色的邊，小豬還有一條蜷曲的尾巴，而那頂特別的帽子斜戴在一隻粉紅色耳朵上。羅伊頓夫人的小孩說這隻小豬很「讚」，她照顧的遊樂園孩童也這麼認為，並迫不及待地想做出一模一樣的小豬。羅伊頓夫人沒錢，但她說：「孩子們，雖然我不知道該怎麼做，但我們來試著做出小豬吧。」

她買了 12 英尺的麻紗，並把身上所有錢拿去買木棉，用這些材料做了十七隻小豬，但木棉很快就用完了。她腦筋一動，請孩子把家裡沒在穿的襪

子帶來，把襪子剪碎後拿來填充小豬。

除了小豬，她又增加其他動物，購買跟設計其他圖樣，最後共做出五十種填充玩偶。孩子越來越高興，把家裡用不到的碎布料全部帶來了。兩位中國女孩從父親經營的洗衣店帶來兩張用不到的床單，把自己需要的量剪下來後，剩下的床單都分送給其他人。安東妮父親的舊條紋褲被拿來做成精美的大象，凱蒂的綠色粗羊毛短上衣則變成毛絨絨的小狗，眼珠還是綠色珠子做成的。那年夏天，班級人數從十五人增加到五十人，孩子們總共做出超過兩百隻的動物，這讓遊樂園主任感到不可思議。

但童話故事從這裡才開始。某天，羅伊頓夫人又在熬夜替隔日的課程設計動物，然後小羊就出現了。小羊是用白色平紋細棉布做成，有黑色的蹄，眼睛是扁平的黑色鈕扣，看起來就像跟隨瑪利亞的無辜小羊。這頭小羊被選中參加在華盛頓特區舉辦的全國手工藝品展覽，羅伊頓夫人對此渾然不覺。在展覽會上，紐約薩克斯第五大道百貨（Saks and Company）的玩具採購一眼就被小羊吸引。群眾都對小羊一見鐘情。百貨採購熱切地想要買下那頭小羊跟其他類似的填充布偶。終於，羅伊頓夫人接到一封信，百貨採購除了訂購十幾隻小羊，還預先下了一大筆未來的訂單，讓羅伊頓夫人大吃一驚。

收到大訂單後，女兒埃洛伊斯和三個兒子齊力幫母親整修地下室作為工作室，羅伊頓夫人開心地說：「我覺得自己像一朵即將綻放的花。」她希望不久後自己就能留在家中，一邊顧家一邊賺生活費。即使沒有賣出 100 萬頭小羊、沒有賺到 100 萬美元，種種跡象都顯示她絕對能賺到 1,000 美元。

重點回顧

- 你的生意如果越接近壟斷的形式，就越有可能成功。
- 想到改進產品方法的人，通常不是製造者而是使用者。
- 好好發展個人嗜好是潛力無窮的，這不僅能替你賺進穩定收入，或許還能帶來額外的財富。
- 世界上，沒有什麼東西是完美到沒有改進之處的，也沒有什麼東西是優秀到沒有改善空間。人類想像力豐富的大腦總會不斷尋找方法來把同一件事做得更好。

06

經營路邊攤
的獲利思維

STARTING A ROADSIDE BUSINESS

複利的本質

充分了解你的社區，然後想辦法盡量增加利潤。

如果你沒有足夠資金將貨物帶到市場，換言之就是無法開店、無法大量打廣告，或是無法請人幫忙挨家挨戶銷售，就必須讓顧客自己上門。這個門可能是一個路邊攤，像你在路邊看到的攤位那樣。在交通發達的道路邊，來往人潮不斷增加，你就有一個機會無窮的潛在市場。開車到路上繞繞，隨便幾英里就會看到至少一個路邊攤。

這個攤位可能是銷售農產品的常見攤位，例如雞蛋、家禽、水果、蔬菜、奶油、蜂蜜等。也有可能是散落在全美高速公路邊、成千上萬的路邊小吃攤，販賣漢堡、熱狗、烤肉三明治、柑橘和其他水果飲料、汽水、洋芋片、焦糖爆米花、甜甜圈或卡士達冰淇淋。紀念品和明信片攤位相當普遍，這就不用提了。再來還有歷史紀念品，這些商品會在具有歷史意義的城鎮中心販售。

在以上列舉的各種攤位中，你能靠哪種攤位賺錢，取決於所在地區的特有需求、路過群眾的消費習慣，當然還有你吸引顧客的能力。要充分了解你的社區，因為絕大多數業務可能來自鄰近的民眾以及路過當地的遊客。將你賣的產品與在地特色相互連結，經過佛蒙特州小鎮的遊客很有可能會想要楓糖漿或楓糖糖果，你或許能成功說服佛蒙特州的當地人或遊客改吃熱騰騰的墨西哥粽，但在你真的達到目的之前可能會損失很多錢。

所以說，要迎合所在地區的特色。在太平洋沿岸、大西洋沿岸、海灣或五大湖區，魚類（新鮮與煙燻的）是路邊攤的常見產品。在東部，尤其是紐約，你會看到很多「牛奶站」。德州居民是冰淇淋的忠實消費者，到處都能看到販售這種夏日點心的攤位。像果仁糖這種墨西哥糖果，在紐奧良與德州的某些地區相當受歡迎。在某些西部與西南部地區，路邊攤會販售罕見的岩石與半寶石。在印地安人保留地與附近攤位上，能找到印地安人的手工藝品，像是珠子、銀飾、綠松石首飾與皮革製品。在整個西南地區，你幾乎能在路邊攤上找到各種吃的、穿的跟用的東西。手工製作的珠寶、陶器、珠

子、蕾絲、雕刻裝飾品、針線藝品、手工籃子、手工編織毯、墨西哥粽跟辣椒，這些都是能在路邊攤買到的東西。

除了這些具有地方特色的攤位，販賣以下物品的路邊攤生意也很好：鳥屋、花園裝飾品、釣魚飼料、各種寵物、貝殼、太妃糖、蜜蜂和蜜糖、餡餅、山核桃、焦糖蘋果、古董、棚架和鄉村類型的花園傢俱、樺樹皮製成的物品、木雕玩具、花草與灌木、金魚、娃娃和領帶。

除了找到適合所在地區的商品，成功的另一項關鍵就是廣告。廣告有很多種形式，你可以在通往你攤位的路上，找個顯眼的位置擺放標誌，或是在遊客營地與鐵路車站放置告示牌。或者，你也能用一種新型展示攤位來宣傳自己的商品。例如，有個很有事業心的年輕人請廠商替攤位做了一個巨大的「熱狗」，向全世界宣告自己賣的特色商品。好萊塢則有一座巨大的冰山，專門賣冰淇淋與甜筒給青少年。在西部地區，你能看到一些大型「檸檬」或「橘子」，這些攤位專賣柑橘類水果飲料和三明治。如果你想要一些與眾不同的設計，可以搭建一個跟洛杉磯冰淇淋冷凍櫃類似的告示牌。這個巨大的冰櫃大到遠在幾英里外都看得見，冰櫃上有一個真正的把手，並且透過馬達來運轉。在東岸，一個生意很好的點心攤位專賣白脫牛奶、奶油、冰淇淋、麥芽奶、三明治與類似產品，這個攤位的外型是一個巨大的牛奶罐。櫃檯是圍繞著罐子的弧度搭建出來，上方有一個向外延伸的遮陽棚。一個外觀看起來五顏六色的巨大蔬菜籃攤位，就是銷售農產品的絕妙廣告。雖然全國各地有許多「咖啡壺」，但這種點心攤很特別，因為店鋪上方有一個店主居住的小公寓。蘋果酒桶或是老舊磨坊外型的攤位，能告訴顧客你賣的是蘋果酒，冰屋造型的攤位則能告訴消費者你專賣飲料跟冰淇淋。一般來說，比起普通攤位的建造成本，這些新奇的攤位成本不會高出太多，而且其廣告效應無可限量。汽車駕駛每天會經過幾十個普通攤位，一個別出心裁的攤位一定能引起他們注意。

不過，展示攤位並不是唯一能夠蓬勃發展的路邊攤。許多高爾夫球場的經營者，靠著迎合那些開車「出來兜兜風」的高爾夫愛好者來賺取利潤。多年前備受青少年喜愛的騎小馬現在依然很受歡迎，孩子只要看到小馬都會吵著要騎。在芝加哥，就有人靠自己養的一批小馬賺了不少錢，當他退休後把經營權與小馬頂出去賣掉時，還賺了幾千美元。由於射箭又開始流行，射箭練習場在公路兩旁如雨後春筍般湧現。自行車攤位很常見，馬術學院也是。芝加哥附近一座相當成功的馬術學院曾經是座古老的農場，農舍已經改建成一家旅館，穀倉裡停放著大約二十幾匹馬。每逢週末，成群結隊的年輕人就會到這裡騎馬吃飯。許多放假的學生也會在週間造訪。

另一種相當新穎的路邊攤生意，是由一位剛畢業的學生所發想。覺得工作難找的他買了幾台便宜的相機，在一個大型野餐樹林入口處出租相機，民眾租相機時需要付押金跟小額租金。他還在攤位上販賣底片膠卷來增加收入。這類型的小生意絕對會成功，除了沒有管理費，還可以滿足其他攤商不屑於滿足的需求，而這永遠都是能夠吸引顧客的重要因素。在攤位上賣糖果棒、口香糖、包裝好的堅果跟其他東西來增加利潤，也是聰明的作法。

舉辦高額利潤的穀倉活動

每個農業社區皆有機會舉辦穀倉銷售活動，全年都能賺取穩定利潤。如果你的社區目前沒有太多這樣的活動，那就值得一試。雖然這種銷售活動最好辦在大型土地或建築物裡，但就算沒有穀倉也無妨，你還是能好好經營業務。當然，要為此租一個空間也行。

銷售活動的進行方式如下：穀倉銷售活動的主辦人會發廣告，說他將在固定的日期銷售所有被送到穀倉的財貨。這種銷售活動通常會定期舉行，每

週一次或每月兩次。雖然這種活動通常會辦在週六，不過也有例外，其中一個最成功的穀倉銷售舉辦人，固定每週二在俄亥俄州華盛頓科特豪斯（Washington Court House）附近的一座農場舉辦銷售會。

馬、騾、豬、牛、羊、蔬菜、種子、灌木、水果、各種農場設備、傢俱、爐子和其他類似物品都有需求。事實上，任何你能想到的東西都會出現在定期舉辦的穀倉銷售活動中。交易採現金制，並以拍賣的形式來銷售。

在華盛頓科特豪斯的施耐德穀倉（S. F. Snider Sale Barn）銷售活動，每位賣家都要向穀倉經營者支付銷售額的佣金。一般來說，活體牲畜的佣金為3%，各種設備的佣金為 10%。

本書有位投稿人在某天下午參加一場銷售會，賣出一車葡萄柚、一個圓盤犁、牛和幾匹馬。一頭 6 歲大的公馬更替他賺進了 215 美元。

開辦銷售活動的方式是先選擇一個好地點。這可以是一塊靠近商業區的空地。如果你覺得需要更多空間讓買家與賣家停車，就在郊區選一塊更大的土地。當然，如果有棚子、空曠的穀倉或某些能遮陽避雨的地方就更好了。

選定地點後，就可以去拜訪社區的農民，向他們解釋你的計畫，以及通知第一次銷售會的日期。一開始，你可能需要說服他們帶東西來賣。與農民交談時，不妨主動詢問他們家中是否有馬、騾、小牛、奶牛，一些額外的水果或罐頭食品、犁、耙、耕地機、施肥機或任何他們想賣的東西。幾乎每位農民家中都有某些生產過剩或多餘的農產品。

如果第一場銷售活動得到了適當宣傳與討論，就能吸引大批民眾。好的拍賣師總是能從各種拍賣的物件中得到一些利潤。社區民眾耳聞初次銷售活動的結果之後，之後的活動就不怕沒人來或沒東西可賣了。

如果你的城鎮附近有市區型或社區遊樂場，或許能安排遊樂場土地來進行銷售，這也會是個理想的空間。話雖如此，任何交通便利的路邊地點，都能拿來舉辦銷售活動。

參與銷售的賣家會在銷售時將佣金付給活動主辦人，且通常活動遵循拍賣會上常見的競價規則。在當地報紙上刊登小廣告，發放所謂的傳單或廣告單，這樣就能充分發揮宣傳效果，把這個固定日期或每週某天舉辦的銷售活動，成為社區中廣為人知的定期活動。

路邊輪胎維修：我的煩惱也會是別人的煩惱

某天，詹姆斯‧莫里（James Mowry）從芝加哥前往密西根的路上，行駛在 20 號美國國道時，前輪突然爆胎了，而這場意外竟讓他展開了自己的事業。爆胎之後，莫里做了許多其他駕駛也會做的事，拿出備胎來替換，並將舊輪胎扔在路邊雜草堆中。他決定在密西根市買一個二手輪胎作為回程的備胎。打電話給幾家印地安納的輪胎經銷商後，莫里被迫花 5 美元買一個不怎麼樣的輪胎，品質比他丟掉的輪胎可好不到哪裡去。

莫里深深覺得自己被坑了。在回家的路途上，這個想法不斷縈繞他腦海。他很想知道其他駕駛碰到類似情況會是什麼感受。於是，他靈機一動，想到或許在路邊設立一個低價修補輪胎的服務站能賺很多錢。把車停好在家門口時，莫里已經打定主意要做這門生意了。

他在蓋瑞（Gary）以東不遠處租了一個與加油站比鄰的攤位，並在裡頭放了 50 個翻新的輪胎，這些輪胎是從芝加哥一座批發廠取得的。他在新輪胎站以東 300 英尺處與以西 300 英尺處各掛起一個大招牌，上頭寫著「300英尺處，輪胎最低 2.25 美元」。服務站也掛了一塊大牌子，面向高速公路，上面寫「吉米保障輪胎之家，最低 2.25 美元」。莫里正式開張營業，那天是 7 月 2 號。7 月 4 號那天，他賣掉手上所有的股票，賺了 52 美元。他最初投在輪胎站的資本額是 145 美元，包含輪胎、租金、招牌跟雜支。在他經營攤

位的第一個月，扣除全部投資成本，莫里淨賺 203 美元。

莫里使用的重建輪胎是一流品牌的輪胎，並以成本低廉的特殊工序修補。因此，顧客買輪胎時，可以掛保證這個輪胎還能跑很長一段距離。事實證明，這項業務令人愉快，而且有利可圖。需要的資金不高，幾乎不可能會虧損。

打一手好球！受歡迎的推桿練習果嶺

去年夏天，在科羅拉多州的埃斯特斯公園（Estes Park），有個聰明人在這個繁華度假小鎮的主要街道租了塊地，並在空地遠端的一個斜坡上設置一塊大型高爾夫球推桿果嶺，藉此大賺一桶金。果嶺上的推桿訓練洞口大概是高爾夫球場上洞口的 4 倍大。洞口外圍的圓圈是以石脊砌成，而且標有刻度，所以越接近球杯口距離越窄。果嶺的直徑約 12 英尺，以大約 15 度的角度面向發球台。發球台距離球杯大約有 50 英尺遠。

當然，這個點子是為了讓那些認為自己鐵桿打得好的人，用 9 號鐵頭球桿將 10 顆球打進球杯中證明實力。球掉進球杯中就算 1 分，沒有掉進球杯但落入第二個圓環裡算 5 分，掉進下一個圓環裡算 10 分，以此類推。球洞的標準桿為 20，練習者打出標準桿時就能免費打 10 球。打 10 球的費用是 10 美分，而那些推桿數低於標準桿的「神準」球員名字會被貼在黑板表揚一整天，積分較低的人每天都能拿到獎品。

這樣的練習場搭建成本不高，唯一需要的設備是一打鐵桿，包含 5 號跟 9 號鐵頭球桿，以及大約 50 顆重新噴漆的高爾夫球。雖然這個想法跟幾年前的迷你高爾夫熱潮很類似，但這有一項顯著優勢：能讓高爾夫打者有機會練習自己的「進球」技術，因為在這種場上，打者使用的是符合規範的球

竿，環境也跟任何球場上的實際高爾夫球賽條件相同。如果你是這種球場的經營者，大概能預估每位打者一次會打 50 顆球。

值得一試的誘餌路邊攤

住在密蘇里州喬普林（Joplin）的 77 歲寡婦艾拉・加斯頓（Ella Gaston）身無分文，沒有任何收入，而且健康狀況不甚理想。但她依然想方設法賺錢謀生。某天，她靈光一現，想到在通往奧札克（Ozark）漁村的公路上，有許多漁民會經過她家。這些人的魚餌都是哪來的？附近一條小溪的泥灘上有很多小蟲，也許她能抓這些小蟲來賣。無論如何，這個點子值得一試。友人替她搭了一個路邊攤，並在上面掛一面招牌，告訴大家這裡有在賣魚餌。

加斯頓夫人在水壺、水桶、箱子跟吊桶裡裝滿土跟蟲子，路人也真的停下來購買了。不久後，她的生意好到得請一位男孩來幫忙挖蟲滿足客戶的需求。請男孩挖子孑的報酬是每一百隻 10 美分，她以每打 10 美分的價格出售。有時她的銷量高達一千打。兩年來，加斯頓夫人估計自己已經賣出超過一百萬隻子孑！而且，她也在兩年內成功償還自己跟死去哥哥的債務。有了好玩又能賺錢的工作，她的健康也慢慢好轉。

最有趣的創業！高爾夫球場的「停車擊球速」

約翰・加威（John Galway）跟馬丁・謝菲爾德（Martin Sheffield）是找不到工作的高中畢業生，為了賺錢，兩人集思廣益，在芝加哥郊區兩條繁忙的公路邊租了一個空曠的角落，開設一家高爾夫球練習場，並在五個月內賺

進 600 美元。這個方式能讓人輕鬆賺進 1,000 美元。

　　「這個想法並不新奇。」約翰表示，「但這是我們能想到最棒的點子，而且幾乎不需要任何資金就能開始。我們以 15 美元租下這個角落，租約是整個夏天，這筆金額剛好也是地主要繳的稅金。我猜地主覺得我們瘋了，但他還是讓我們去做。我們跟父母借了 50 美元，取得一些二手木材，用這些木材建了一個攤位，並畫一些標誌。我們在那塊地上測量距離，並在距離發球區 50 英尺、100 英尺、150 英尺、175 英尺、200 英尺和 250 英尺處掛上標誌。不只發球區整地，所有勞力活我們都自己來，包括剪草跟修整設備。我們在木材跟標誌上的花費為 21 美元。因為我們有一些高爾夫球桿，所以剛開始不需要添購任何器材。然後用剩下的 50 美元買了最便宜的高爾夫球，準備好開始做生意。我們的價格是 25 球 25 美分，75 球 50 美分。我們在 4 月底一個寒冷的週日早晨開業，帶著滿滿的希望坐在攤位上。有幾輛車經過，但沒有人停下來。當天下午 1 點左右，第一位顧客出現了，他花了 50 美分來練習揮桿擊球。第一位顧客在發球台上揮桿時，下一位顧客也在攤位邊停下來，花 25 美分擊球。前兩位顧客結束前，又出現兩位顧客。所有人在同一時間離開。不過我們總共賺進 2 美元，心情不至於很糟，但我們還是滿焦慮的。接下來幾天也沒什麼生意。我們聽說 5 英里外有座練習場，於是我就去看看他們經營得怎麼樣，但他們也沒特別做什麼。為了收集情報，我主動和老闆聊聊，他安慰我：『別擔心，客人是一群一群來的。只要他們看到有一兩個人在你的球場打球，就會停下來。關鍵在於盡量保持球場上有人在練習的狀態。』」

吸引顧客的小招數

　　「想到第一天的經驗，我滿同意這個說法。我覺得關鍵在於讓第一位汽車駕駛停下來練球。回到自己的球場，我立刻找馬丁討論這件事，他說，

『乾脆誘騙顧客，就像獵人誘騙鴨子那樣啊！要是球場沒人，我們就找人來在附近閒晃練球，民眾經過的時候就有可能會停下來。』於是，我們試著找人來扮演誘餌，但我們邀請的每個人都說他們必須領工資，這點我們實在辦不到，所以只好自己在球場上揮桿。我率先在球場上揮桿揮了一小時，然後馬丁也下場打球。這個做法是否真的吸引顧客上門，我無法肯定，但我們的生意慢慢好轉。婦女在平日下午外出兜風，會開車過來打個球。許多人每天會固定過來。同時，我跟馬丁也在學習揮桿的技巧、正確的揮桿姿勢，以及如何利用一點曲球的技巧來增加擊球的力量。如此練習後，我們很快就能打出長距離的球，開始吸引到一些汽車駕駛的注意。有一天，一位之前隸屬於小型高爾夫球俱樂部的專業人員來找我們，他說自己失業了，想來我們的球場教人揮桿。我們同意讓他使用場地，並以五五分帳的方式合作。談妥後，立刻掛上揮桿課程的招牌。他每小時收費 2 美元，偶爾也會順便調整我跟馬丁的揮桿姿勢。一個月後，他找到另一份工作，但我們把教學招牌留下來，親自下場以每小時 2 美元的費用揮桿教學。星期天生意特別好。單是一個陽光耀眼的週日下午，我們靠練習場使用費跟學費就能賺進高達 30 美元。平日的平均收入為每天 18 美元，當然，下雨天就沒生意了。」

幾百顆高爾夫球、幾根球桿、一個攤位，以及公路旁一塊大小適中的場地，這就是開設練習場所需的一切。販賣冷飲、三明治、冰淇淋、咖啡、香菸、跟糖果棒也能增加總利潤。對於年輕有為的人來說，想在適合打高爾夫的季節經營這種事業、累積資本，這就是最吸引人的創業方式。

浪漫的路邊書店

　　梅迪斯（J. C. Meredith）經營一項相當不尋常的生意，他在密西根州特拉弗斯城（Traverse City）附近擺了一個路邊攤。這個攤位不賣熱狗也不賣漢堡，不賣冰淇淋也不賣汽油，而是賣書。雖然在美國很少見，但這種類型的書店或攤位在歐洲很常見，尤其是巴黎。梅迪斯先生認為，一般人都喜歡逛書店，即使是遊客也無法抵抗停下來翻看書籍與印刷品的衝動。他在攤位上方的大牌子上寫：「幹嘛趕時間？停下來享受逛路邊書店的樂趣吧！」

重點回顧

- 在交通發達的道路邊，來往人潮不斷，你就有一個機會無窮的潛在市場。
- 試著將你賣的產品與在地特色相互連結，也是一個創業方向。
- 除了找到適合的商品，成功的另一項關鍵就是廣告。

07

開店致富的經營智慧

STOREKEEPING AS A BUSINESS

複利的本質

不管你過去有過什麼樣的經歷，運用你擁有的一切優勢。

最重要的是，你賣的每個東西都必須帶來利潤。

無論你住在何處，周邊一定有大量的商店。多數城鎮的一般店舖數量太多，每週都有數以千計的零售店主破產，店舖被迫關閉停業，每家店的損失從 1,000 到 1 萬美元不等。洛杉磯某家批發廠就有一人專門負責處理關閉店舖的事務，因為這些店舖的主人無法支付他們的商品帳單。

　　商業調查機構針對許多零售商店經營不善給出各種理由：缺乏資本、缺乏經驗、信用損失、管理不佳、位置不佳。這些只是其中幾項。仔細研究過後，你會發現最主要的原因，其實是店主沒有替自己服務的社區提供需要或有用的服務。決定是否要開店的時候，這是你首先要考慮的：你能為店舖所在城鎮、社區或鄰居提供有用的服務嗎？你會提供社區居民他們需要或想要，但目前仍缺少的服務嗎？還是，你的店舖只會重複提供那些需求已被滿足的服務呢？你的商店會不會只是過度擁擠的領域中的其中之一？

　　寫這篇文章時，美國各領域的店舖數量如下：

食品店：532,010 間

藥妝店：56,697 間

五金行：26,996 間

乾貨店：28,709 間

鞋店：18,967 間

女帽店：9,568 間

男裝店：13,198 間

肉鋪：32,555 間

雜貨店：11,741 間

傢俱店：17,043 間

女士成衣店：21,975 間

珠寶店：12,447 間

從寫這篇文章到你讀到這篇文章的期間，數以千計的店舖將破產、易手、合併、搬遷或做出其他改變，而這些改變都顯示店主就算沒賠錢，利潤也少得可憐。從這個總結聽來，你可能會覺得開店是個很糟的生意點子。事實並非如此。這是一項基本需求。在經濟蕭條期間，零售業承受的損失整體來說小於其他類型的企業。當然，經濟蕭條會淘汰那些不合格、懶惰、馬虎、不用心的零售商。但是，好的零售商長年來順利營運，無論時機是好是壞都不受影響，穩定度其實不遜於其他類型的業務。

失敗的紀錄或許令人卻步，你還是有可能想開一家店。要開什麼樣的店？連鎖店的出現，讓雜貨店、藥妝店、雪茄店、帽子店或鞋店越來越難盈利。這類商店滿街都是，為何要讓自己去跟全國最精明的商品銷售商競爭呢？由於各種個人無法掌控的因素，關於雜貨店、雪茄店、藥品店、帽子店和鞋店等一般商店我們就不討論。當然，每週一定都會有獨立經營的老闆踏進這些領域，其中也有些人的結果是經營成功。但是，要成功經營一家藥店，你必須是一位藥劑師。鞋店需要大量投資。雜貨店領域有很多能力不足的人，而且必須與連鎖店激烈競爭，進入這個領域的誘因不大。

雖然開店無法避免要面對這些必須考量的不利因素，但別忘了，美國某些最偉大的富人都是靠開店致富的。如果真的有能力，一定能在市場立足。每年都有數以千計的新產品投入市場，每件新產品都替店主開拓新領域。想想各種在十年或二十年前聞所未聞的電器。想想消費者如今花在體育用品、運動服和玩具方面的錢，比十年前還多出許多。想想現在市場上有多少現成或做好的東西，短短幾年前，大家可是都會自己在家裡動手做的。現在，數百萬名婦女從來沒烤過蛋糕，而是到商店購買蛋糕、餅乾和麵包。很多東西以前都是由婦女親手做成，但她們現在會直接到店裡買現成的。曾幾何時，女性只會買一個錢包，並把錢包用到爛為止。現在，女性消費者會替每件衣服買一個錢包、帽子、手套、長襪和鞋子來搭配。近幾年來，配件或成套搭

配的概念替零售業額外吸引數百萬美元的銷售額。

我們一下就能看出零售商能提供的服務是無窮無盡的。目前，美國國民收入有一大部分都流到零售商店了，在以前民眾還會自己動手做食物、用品與衣服的年代，花在零售店上的收入比例要小得多。這就是為什麼店鋪會越開越多，而且數量持續成長擴充的原因。

如何決定開什麼樣的店鋪

排除競爭過於激烈、需要特殊經驗或培訓的領域之後，你顯然不會想要開設任何一般類型的店鋪。不過就算把這些選項刪除，專賣特定產品的店主還是有相當廣闊的選擇。「專賣」店鋪這個說法是什麼意思？一般來說，這裡指的是每條大街上的小商店，專門販售內衣、胸衣、服裝首飾、不到 2 美元的女帽、新奇用品商店等。不過，目前還有數以百計的其他類型專賣店鋪尚未遍及全國各地。

這些店鋪有很多，例如：熱帶魚店、寵物店、獨家襪子店、只賣堅果和堅果糖的小店、專賣橋牌用品與獎品的店、領帶店、鋼筆店、吸塵器店、洗衣機（新機與二手）店、便攜式打字機店、不賣藥的藥妝店、禮品店、奶油雞蛋店、牛奶站、郵票販售或交換店、洋芋片店、焦糖爆米花店、賀卡店與新奇商品店等不尋常的店鋪。

在你考慮開一家專賣店時，應該要評估自己過去的經驗、你喜歡跟不喜歡的東西，以及你的個人偏好。再來是資金問題，你能投資多少錢？你想做多大的生意？你想做大規模的業務，願意接受賒帳、送貨並且處理大量庫存嗎？還是你比較喜歡小規模的商店，只需要一位助手幫忙顧店，不需要送貨或賒帳呢？決定要開什麼樣的店鋪之前，一定要仔細思考這些因素。

當然還有其他事情要考慮。你認識什麼樣的人？有一群忠實支持你的工廠勞工階級或熟人嗎？那就開一間店販賣這些人會買的商品。你認識社區中最富裕時髦的人嗎？若是如此，就開一家符合他們需求的店。運用你擁有的一切優勢。你是否認識汽車車主，或是你過去曾以某種身分替他們服務？那你可能會考慮開一家輪胎店。不管你過去有過什麼樣的經歷，開店時都要盡可能好好運用。

還有另一個方法，能幫助你判斷要開什麼樣的店。了解你的社區居民必須到城鎮外購買哪些商品。假如你考慮開一家漁具店，那就要跟幾位漁民聯繫，請他們跟你分享都去哪裡買釣具。是去城鎮外的商店，還是郵寄購買？如果你經營一家販售各種釣魚用品的店，他們會上門光顧嗎？他們最難在當地店鋪找到的商品是什麼？開店前，你必須問問社區居民這些問題。

各位讀者一定能在書中找到各種具體明確的建議，這些建議都是來自其他人在開店時累積的實際經驗。根據這些建議以及你對社區需求的仔細調查，如果你真心想要，一定能成功靠開店賺錢。

選擇最佳地點

一般來說，店鋪位置有兩種類型，也就是俗稱的高租金與低租金位置。不用多說，高租金位置是繁忙市中心街道上的「黃金位置」。在這樣的地區，即使只是開一家小店，租金可能就高達數千美元。如果沒有足夠資金，這樣的店鋪是一般商店經營新手遙不可及的，但對於銷售某些「隨手可得」的商品來說，這種地點就很關鍵。

消費者不會爬到二樓、繞過街區，或甚至走到對街來購買口香糖、雪茄、香菸、常見藥品、無酒精飲料或類似商品。對於販售這類商品的店家而

言，地點最重要。

　　挑選地點時，要好好思考你的店鋪有多依賴地點。挑選一個位於城市發展區的地點，避開那些被工廠、車廠或廉價公寓占據的區域，或是那些看起來會越來越破敗衰頹的社區。

　　不同類型的商店需要挑選不同的位置。務必搞清楚你打算服務哪一類的消費者，並確保你選的地點是這些人經常造訪的區域。在每個商業區，總是有一條街的某側特別熱鬧。把你的店開在這一側。現在絕大多數繁忙活絡的地點都被廉價的連鎖店搞得亂七八糟，這些連鎖店都主打破盤低價商品。就算有大量人潮經過，一家被夾在 2 美元帽子店跟銅板商店之間的高檔店鋪還是有可能會失敗。

　　不要太有自信你的店能吸引民眾跨出他們習慣消費的範圍與路徑。為了改變消費者的消費習慣，許多店主都破產了。不要選擇一個民眾必須走上臺階，或者是往下走的地點（就算是只比人行道低 1 英尺左右也不建議），來影響店鋪的生意。請選擇一個地面與人行道持平的位置開店。避免門面向內彎曲的店鋪，路人通常不會注意到這種店面。

　　多數年輕店主都會犯一個錯，就是租一間面積太大的店。評估一下你覺得自己需要多少空間，然後再把空間減半，這是挑選店址時非常建議參考的規則。別忘了，面積大的商店需要更多暖氣與照明、更多固定裝置，以及更大的庫存。就算房東想把整間店租給你，也不代表他不願意把店鋪分割開來，把一半或三分之二的空間租給你。

　　你也可以找一家沒有競爭關係的店鋪承租空間，例如珠寶商偶爾會在藥店的另一端租個小空間，或是有時你也會看到珠寶店在傢俱店內占有一塊展示區。如果能將自己的店開在一家已經上軌道的店裡，就能減少或省下許多開銷。在全國數以百計的百貨公司中，有些獨立經營者占有特定區域，但是經營想法是將這些部門視為百貨公司的其中一部分營運。

辦公大樓的大廳、飯店大廳，還有大商店入口處的小空間，這些都能拿來開設小店。請記得，你在租金跟雜支上省下的每一分錢，都能讓你的店撐更長的時間。

商店成功的原因

聖路易（St. Louis）大批發公司萊斯與史提斯（Rice-Stix）零售商服務部門的悉尼・卡特（Sidney Carter），多年來致力研究零售商店成功的原因。他表示：「我認識一位零售商。他不是很友善，店鋪也不是很整潔，但他生意很好，因為他商品數量很多。我也認識另一位商人，商店很整潔，庫存量不錯，但生意相對較差，因為他對顧客不是很客氣。還有一位我認識的商人店鋪光線昏暗，店內裝設也很平凡，但他生意卻很好，因為他很會銷售商品，也知道如何教導店員賣東西。所以說，一家商店是否能成功，決定因素其實有很多。」

國家收銀機公司的主管都很熟悉經營店鋪的大小事，而他們在公司出版的好書《卓越零售》（*Better Retailing*）中指出，顧客最愛的因素包含：.

- 種類齊全、排列整齊的庫存。
- 標價清楚正確。
- 服務迅速、客氣、精準。
- 無條件換貨與退款。
- 商品的真實性。
- 每位顧客都能用相同價錢買到一樣的商品。
- 迷人、便利、光線充足、舒適的店內環境。

- 需要花時間挑選商品時，有椅子可以休息。
- 會貼心照顧兒童與隨行親友。
- 正確填寫電話訂單。

過去幾年來，商店整體都有顯著改善。現在顧客在商店裡都能碰到更優秀的銷售人員、受到更仔細的接待、獲得更多「服務」、店鋪光線更明亮，而且還得到超乎預期的禮遇。顧客現在已經不會再容忍一間馬虎、粗心大意、雜亂無章的店鋪了，不整潔的店鋪比邋遢的社交名媛更令人不敢恭維。

不會再有人為了退貨而爭論。不管顧客「錯」得多離譜，顧客心中永遠都覺得自己是對的，同時也期望得到相應的待遇。顧客或許無權在戴過帽子之後還期望能退貨，但從來沒有任何一家店是靠捍衛自己的「權利」而發財的。

許多老闆之所以失敗，另一個原因是採購過度。一間成功的資深店家提供簡單的賺錢祕訣：「記得，貨沒了再買就有。」開店進貨時要記得，製造商基本上不會讓有市場需求的商品停產。開店時，不要用一半以上的資本額來購買存貨。留一些錢以備不時之需、度過生意冷清的淡季。你也能用省下來的錢買新的商品，來取代那些判斷失準而錯誤進貨的滯銷商品。

保持商品的流動

成功的店家不會害怕犧牲滯銷的商品。商品停留在店鋪裡超過幾個禮拜後，就已經開始「自我消耗」了。你應該以任何合理的價格將商品出清，目的是為了將這樣的滯銷商品換成現金，把錢投到賣得出去、能獲利的產品上。不管商品的進貨成本是多少，你能用多少錢把商品賣掉，這才是商品的

價值。

　　成功的商家不會輕易購入昂貴、需長時間分期付款的設備。例如，有位商人握有價值 800 美元的各種商品庫存跟一台 750 美元的收銀機，不要重蹈他的覆轍！雖然好的設備很重要，但不要讓裝潢、磅秤、收銀機或招牌的費用把你綁死。即使生意很好，每個月的設備分期付款也會耗盡手頭上的現金。

　　最後一點也同等重要，就是要想方設法滿足顧客，讓顧客不斷回來消費。如果顧客只消費一次，或者你甚至懷疑顧客到別家店消費，就打電話給他、拜訪他、寫信給他。找出顧客不回頭消費的原因，把錯誤修正過來，讓顧客知道你正盡力滿足他的需求。成功的店主就是靠這種策略賺錢的。

集郵愛好者的郵票店

　　65 歲時從郵政部門退休的菲利浦・卡本特（Phillip Carpenter）對集郵有相當濃厚的熱忱，他將自己多年來收集的郵票賣給奧勒岡州波特蘭的集郵愛好者，這也是他居住的城市。雖然他起先供應的郵票量有限，但他租了一個商店櫥窗的位置，將個人收藏的多數庫存擺在那裡展示，等待買家上門。

　　他表示：「我多的是時間，所以展示郵票跟與潛在買家交談不會有什麼損失。我這裡有一定數量的郵票，是我在過去三十年的郵政職涯中從郵局買來的。部分郵票是一些聽說我有集郵興趣的親友送的，其中有許多是復刻版的紀念郵票，例如世紀進步（Century of Progress）跟哈定（Harding）。還有些是外國郵票或航空郵件的郵票。總之，我的收藏擺出來還滿吸引人的。」

　　「但是我對營銷沒什麼概念。第一週我只賺了 15 美元，勉強能支付開銷。幾週後，我跟其他經銷商混熟了。我們固定每週在一家小餐館碰一次

面、談生意。從那時起，我開始對郵票業務有了比較正確的認識。他們指出我針對某些郵票開的價格太低，有些價格則太高。他們還說我需要一些新的庫存，所以我接著跟幾位批發商聯繫以更新庫存。之後我慢慢建立了正確的觀念，很快我也看到這項業務蘊藏的真正商機。」

「我研究各種發行的郵票，發現比起跟批發商購買，我能以更有利的價格跟私人收藏家買。有一天，一位傢伙帶著一批了不起的收藏品來。他說：『我破產了，這整批庫存賣你 100 美元就好。』他跟我說這些郵票原本花了他將近 2,000 美元。其他集郵者不願意跟他買，原因除了經濟蕭條，還加上他堅持把整批郵票完整賣給買方。我瀏覽了一下這些郵票，發現有幾張相當罕見，我馬上看出自己能從中海撈一筆，一口答應買下這批郵票。隔天，我拜訪一位一直在尋找丹屬西印度群島（Danish West Indies）郵票的顧客，並以不錯的價格賣了三組四入的郵票給他。在那週結束以前，我以 796 美元的價格，將整批收藏賣給歷史教授、學校老師與集郵者。針對這筆交易我想了好一段時間，得到的結論是，如果有一個人想把自己的收藏賣掉，那應該還有其他人也想賣。於是，我開始在報紙上刊登小廣告，向大眾宣告我願意收購波特蘭居民的集郵收藏。透過這種方式，我獲得不少優秀的收藏，目前庫存規模很不錯，成本只有 460 美元。充分準備後，我不再繼續刊登廣告，全心全意銷售這些存貨。很快我就賣掉了所有郵票，只剩下幾張，利潤是1,400 美元。」

卡本特其中一個銷售策略是主動與波特蘭的大學、學校甚至是博物館聯繫。學校老師都對郵票很感興趣，尤其是教高中科目的老師，因為他們能透過郵票來讓歷史或地理課的內容更豐富有趣。來自異國的註銷郵票，特別是來自法國、印度、英國、義大利、德國、瑞典、英屬南非、宏都拉斯、中國和日本的郵票，不管發行量或年分如何，都是學校老師持續想購入的郵票。這些郵票能替集郵者帶來高達 3 至 4 倍的利潤。

批發商會提供列出郵票售價的目錄，有些目錄會同時列出零售與批發價格。要開始經營一家郵票店，可以像卡本特那樣在報紙上刊登郵票廣告，或是在眾多的郵票批發公司尋找適合的對象聯繫。這些公司基本上同意先把郵票寄給經銷商參考，經銷商決定購買後再付款，而且能享有 25％到 50％的折扣。所以說，要開一家郵票店不需要有很多資金，這類業務的最佳地點是學校附近的流通圖書館。

掌握經營概念，靠雜貨店獲利

大多數開雜貨店的人都會失敗，這是眾所皆知的事實，失敗率比其他產業還高。之所以如此，原因有以下幾點。有時候，開店的人不夠勤勞，是個懶惰的人。他有可能選了一個很糟的地點，也有可能是他在替商店進貨時選錯商品。但失敗率高的主因在於，開雜貨店的一般人忽略了銷售能力與銷售知識的重要性。

如今雜貨店競爭激烈，老派的店鋪經營法則已經行不通。為了成功，你必須知道消費者的購買動機為何，以及如何讓他們花錢購買商品。某種程度而言，這種知識對善於觀察的人來說相當自然。但是想在零售產業成功，就必須了解某些關於銷售技巧的確切基本原理。幸好，對於詹姆斯・布蘭特（James Brandt）來說，當他開始考慮在洛杉磯開一家雜貨店時就意識到這點。他沒辦法好好花兩三年的時間來累積必要的銷售經驗，但他從一個朋友那邊得知，有些學校透過函授的方式來教授銷售技巧原則。他覺得這樣事情就沒那麼複雜了，因為他能一邊開店、一邊學習、一邊賺錢。他說：「這門課程的一部分是在講零售營銷，而且除了各種知識，還會解釋各種建立零售銷售的方式。當然，這個部分是專為造訪零售商的批發商銷售員所設計，目

的是讓銷售員知道如何協助零售商將貨架上的產品賣掉。身為一位零售商，我仔細讀了這個部分，發現裡頭有些很棒的建議，後來我也將這些實踐在雜貨店業務中。」

「從我開店的那天起，我就體會到這套銷售課程的好處。它不僅教我如何面對顧客，還教我如何推薦商品來增加銷售量。只要運用正確的推銷原則，我發現我還能將銷售額提高 1 美元之多。額外向顧客推薦產品的方式各有不同，有些方式會讓顧客反感，有些則會勾起顧客的興趣。這套精湛的銷售建議，讓我有了很好的開始。運用這些原則跟其他方法，我在洛杉磯的雜貨店事業很快就站穩腳步。」

詹姆斯・布蘭特花 84 美元購買銷售技巧課程，他按月支付少量費用。但對他來說，這套課程的價值遠超過 84 美元。雖然多數人可能對銷售技巧課程不感興趣，但如果你想要成功做生意，不妨考慮看看培訓課程的各種好處。這類培訓課程不僅開拓新的領域，還能讓你少走許多代價高昂而且能事先避免的冤枉路，這點毋庸置疑。想替自己的成功事業做準備，最好的辦法就是接受商業實踐與基礎知識方面的專業培訓，這絕對能加快你賺到第一桶金的速度。

絕對不會讓客人失望的禮品店

巴克萊夫人（Mrs. Barclay）手上有 500 美元，她想自己做點生意。鎮上已經有兩家經營得很辛苦的禮品店，不過這兩家店的商品都很普通。如果居民想買稍微有特色的禮物，就必須到附近城市的百貨公司。在這個鎮上，幾乎每個人一年到頭都在打橋牌，社交生活相當活躍，也有很多準新娘送禮會、新生兒派對、宣告派對，以及孩子的生日派對等。這個鎮上有一個龐大

的禮品市場。有一天，巴克萊夫人慎重地對一位老朋友說：「這個小鎮需要一家優質的禮品店，我打算開一家。」

第一步是找到合適的地點。有一家閒置的店鋪不僅距離商業中心很近，能招攬不少生意，但是又沒有近到房租超過預算的程度，這就是最理想的地點。店內牆壁漆成淡黃色，當地木工製作的低成本貨架與展示桌也漆上同樣的顏色。兩個展示櫥窗的黃色薄透窗簾被拉到兩側，以便讓路人清楚一覽店內的樣貌。在呈現色彩如彩虹般繽紛的各式禮品時，這種單色調的店內裝潢是最完美的背景。

一面牆的架上擺了瓷器、陶器跟玻璃製品，對面牆上則放著銅器、錫器、木器與銀製禮品。後方牆面的展示架高度較低，上面披著一塊可愛的印花棉布、立著一面殖民風格的鏡子。這些低矮的架子上擺放著適合送給嬰兒到大約 10 歲兒童的玩具。另外兩面牆的架子上方空間夠大，能夠懸掛幾幅畫：刻蝕畫、版畫，以及油畫和水彩畫的複製品。店內的小桌子兩旁各擺著兩張舒適的座椅，三張展示桌跟包裝櫃檯占據了店鋪的剩餘空間，但店內還是有足夠空間讓幾位顧客逛逛。

有張桌子的長度足夠用來展示適合作為橋牌獎品的商品，價格從 1 到 3 美元不等，這也是該社區通常會設為橋牌獎品的價格。一張較小的桌上擺著橋牌、橋牌分數計算表、鉛筆、桌巾、菸灰缸跟一些關於橋牌規則的書籍。第三張桌子上擺放的是目前流行的新產品，在短時間內一定會有充分的市場需求。展示櫃位於包裝櫃檯底部，放著容易被弄髒的商品，像是絲綢燈罩、絲綢與天鵝絨坐墊、精緻的亞麻織品和嬰兒禮品，例如帽子、夾克、連身裙、鞋子、車毯跟枕頭。

櫃檯一端的櫃子裡放了禮品卡、包裝用的包裝紙、絲帶與彩繩、生日蛋糕用的小蠟燭，午餐和晚餐桌上擺放的各色大蠟燭、餐巾紙跟桌巾，還有座位的姓名卡。

禮品店的櫥窗永遠保持乾淨明亮，陳列品每天都會換新。櫥窗中保有留白，避免擺放太多商品，有時可能是一個碗跟燭台、一幅畫和美麗的錦緞，或是一盞小燈跟獨一無二的菸盒，菸盒保持敞開展示裡頭的香菸。櫥窗中的每樣商品都精緻、獨特，色彩繽紛，也有可能同時集三項優點於一身。

累積客群：把每個客人放在心上

把客戶名單紀錄在卡片上，仔細標注客戶的姓名、地址與電話號碼，背後詳列購買物品的項目與日期。老闆每個月都會檢查一次客戶卡片，找出那些還沒有消費的客戶，然後向這些客戶發送新產品公告。他們也會透過電話告知客戶新產品的相關資訊。巴克萊夫人會訂閱禮品雜誌，隨時了解市場上出現了哪些新產品，也會去附近大城市的大型禮品店與百貨公司禮品部門考察，從中得到陳列與禮品項目的靈感。當然，她還會定期參加該城市每半年一次的禮品展覽，時常仔細翻閱《美麗居家》（*House Beautiful*）、《哈潑時尚》（*Harper's Bazaar*）跟《時尚》（*Vogue*）等雜誌，來尋找各種陳列或櫥窗布置的點子。與顧客交談時，她會刻意提到店鋪裡的商品或陳列跟《美麗居家》、《時尚》與其他雜誌上的照片相同，這些商品與陳列正好也是她從雜誌上得到的靈感。這項策略成功引起顧客對新產品的興趣，同時也有助於向顧客銷售。

開店幾星期後，民眾開始注意到這家店。他們發現這不只是一家可能找得到自己想要的東西的地方，而是一家「絕對會有你想要的東西」的商店。顧客對她挑選的產品抱持信心，讓她成功累積一定規模的客群。到了第一年年底，巴克萊夫人不得不雇用一位助理，並在店內增加兩個新的區域：賀卡區以及編織專區。這位助理是棒針編織專家，也是一位有想法、個性討喜的年輕女性。她很快就替巴克萊夫人在編織專區建立起成績不錯的毛線業務。

當然，你也可能用比巴克萊夫人更少的資金開一家禮品店。如果你家是

九〇年代建造的老式舒適住宅，就能將部分空間規畫為商店。選擇作為商店的房間應該要有利於顧客進出，並有合適的窗戶能用來展示商品。如果就當下情況而言，牆壁與木製傢俱不適合展示商品，那就應該刷上和諧悅目的顏色。屋內若有壁爐就更棒了。對於展示商品來說，貨架當然是必不可少，商品庫存增加時更是如此，但你也可以將許多禮品作為傢俱擺飾的一部分來展示。比方說，你能在壁爐上擺放花瓶、瓷器小雕像、圖片、鏡子等，而且展示品應該天天更換，這樣才能善加利用這個房間的視覺中心。一到兩張活腿桌、一張折面桌、一張斜面桌和咖啡桌，這些都有助於展示禮品，而抽屜櫃能容納更多易碎的商品。研究一下目前室內裝潢雜誌中的擺設範例，就能在設計店鋪陳列空間時有更多想法。

在當地報紙上發放公告、印製傳單、針對各種場合提供理想禮品建議，把產品資訊寄給你選出來的目標客戶，民眾就會知道你有一家正在對外營業的商店。保留一份客戶清單跟「來店裡看看」的客人名單，在新品到貨時用電話聯絡他們。不要指望這種類型的業務會在一夜之間成長，緩慢穩定的成長速度才是你的目標。

總是會賺錢的女服胸衣商

如果你的所在城鎮有家醫院，這裡有個點子或許能讓你賺進第一桶金。一位曾經做過胸衣商的婦女決定用自己的積蓄開一家店。她在居住城市一個相當繁忙的外圍地區選了一處作為地點。兩個街區外的區域被劃分為輕型工業區，有許多女孩在這些工廠的辦公室上班，也有一些婦女在鄰近辦公室和商店工作。但最重要的是，離她商店兩個街區遠的地方有家大醫院。在調整外科術後矯正胸衣方面，她有豐富經驗，選擇這個地點就是為了服務那些手

術後需要穿腹部支撐胸衣的患者，同時也能提供殘疾者或其他需要特殊矯正服裝的民眾合適的緊身衣。

她打算販售一家知名廠商的「系列」商品，例如熱門的緊身胸衣、胸罩和束腰。這家公司同樣以製作外科術後支撐衣及其配件而聞名，也跟銷售這類產品的胸衣商合作無間。考量到自己的市場，她在店內也替附近的年輕上班族女性準備了束腰，替住宅區中體型較壯碩的家庭主婦準備緊身胸衣，還有衣領與袖口套組、皮帶、手套、手帕、高彈力褲襪、胸罩與其他內衣、胸花，以及織補棉線、膠帶、線、髮夾、粉撲等用品。過一陣子，等她更了解顧客的品味，就能很有自信地從價格適中的系列中採購 10 到 15 件衣服。她知道這些服裝適合哪些顧客，然後打電話通知這些顧客新衣服到貨了。由於款式跟價格都很理想，這些服裝通常一兩天內就能賣掉。

開發矯正服裝業務的第一步是拜訪周遭的醫生，向醫生自薦自己是一位受過專業訓練的胸衣裁縫，專門製作外科術後支撐服。她還在醫院辦公室留了名片，跟她購買褲襪或其他產品的護士也發揮了宣傳打廣告的效果。

她經手過的每位顧客卡片紀錄都保存在檔案資料中，紀錄中包含姓名、地址、購買的款式、購買日期與尺寸。她會定期寄明信片給顧客分享一些獨家資訊。另外，她還留了另一份購買外科術後支撐服的病患紀錄，透過電話進行售後跟進聯繫，詢問顧客是否滿意購買的服裝，也順便了解一下顧客是否還需要一件新的或是不同類型的服裝。

商店只有一個展示櫥窗，不過她很懂得如何充分利用這個櫥窗。櫥窗永遠保持一塵不染，她也經常替換陳列品，展示最新的流行內衣或是最吸引人的季節性產品。每次只要進貨幾款衣服，她就會將其中一件擺在櫥窗中，並附上一張卡片，標示這是剛到貨的新款服飾。在店內，她很懂得如何以最吸引顧客目光的方式，將衣領與袖口套組、手帕和絲質內衣擺在展示櫃中，胸罩則展示在胸衣區的假人模特兒上。如果店內有洋裝庫存，就會陳列在店鋪

後方的長桿衣架上。外科支撐胸衣區則位於店鋪後方的房間，這個房間是專門用來當試衣間以及量身修改的地方。

　　十年來，這家小店穩定地蓬勃發展，無論順境逆境，這個女老闆都能賺錢。不管出現什麼樣的競爭對手，對方都會立刻凋零消失，因為她從來沒有打算要在價格上與人競爭，而且很少有商家的顧客服務能力能跟她相提並論。她代理的胸衣製造商發現她所在的市場已經開發得差不多了，就一直敦促她搬到一個商機更大的街區。最後她決定跨出舒適圈，租下製造商代理人選擇的店鋪。這家店有兩個櫥窗，讓她可以吸引更多路過的民眾。庫存量變大、種類變多之後，她也建立起比以往更龐大的業務。這區的兩家醫院讓她忙於替患者試穿訂製，而且舊店區域醫院的醫生還是持續幫她介紹新客戶。新店的位置距離舊店只有大約 2 英里，所以許多老客戶還是會繼續上門光顧。

　　雖然你可能不像這位女士有受過專業培訓的優勢，但你還是能開始做這行生意。多數胸衣商或裁縫都有開課，你可以參加這些課程來學做這門生意。你不必一開始就開店，先接朋友或其他人的訂單也很好，等到訂單量穩定再擴展規模。如果是以這種方式開始，那你只需要少量資金，等你賺到幾百美元後就可以花錢進貨，開一家自己的店。如果你喜歡人群、喜歡銷售，而且也謹慎小心地進貨採購，應該很快就能把生意做起來，賺進每年超過1,000 美元的豐厚收入。

開辦二手雜誌店的經營之道

　　「一疊雜誌、幾塊錢、一個想法跟一個地點，我們就這樣開始經營雜誌店。」麥金泰爾夫人（Mrs. McIntyre）聊起自己和丈夫賺到第一桶金的事業

時，她說：「那時，我們得找個地方住，所以租了個便宜的店面，搬進去，把窗戶洗乾淨之後，在後方隔出一個生活區域。當時有個倉庫正在出清沒有付租金的租客的物品，於是我們從一個儲物倉庫買來一堆二手雜誌。」

開辦這種類型的商店後，麥金泰爾夫婦的下一步是決定業務走向。雖然二手雜誌的銷售額或許能讓他們度過經濟蕭條期，但他們必須制定一個明確的目標，才能將這項業務的規模發展得更大，並且永續營運。他們考慮過各種方法和手段，最後決定要「與眾不同」。他們盡可能把過期期刊都找來，建立一套參考用的檔案資料，同時經營二手雜誌的批發業務。當然，他們不是一夜之間就達到這個目標。跟許多新手一樣，他們犯了許多錯，而且也還有很多事要學。

注意利潤

麥金泰爾夫人接著說：「最重要的事，就是你賣的每個東西都必須帶來利潤。只要能從每筆銷售中賺取一點利潤，就不會有任何損失。收購二手雜誌時，我們意外獲得一些書籍、樂譜跟未裱框的圖片和素描。我們不想要這些東西，但往往得被迫一起購買。得到一些舊書或圖片時，我們會把它們分類，並貼上價格標籤。來店裡買雜誌的人通常會買個一兩本書，或是詢問特定幾本書，舊的樂譜其實也有人願意掏錢購買。所以，我們決定在建立過期雜誌期刊作為參考資料時，一併建立一份舊版樂譜的檔案。這份工作需要耐心，因為要一直分類歸檔。但辛苦總是有收穫的，我們很快就建立起不錯的名聲。很多人開始請我們提供諸多雜誌的舊刊，也接到來自書店、圖書館跟收藏家的舊刊訂單，當然也有些是完整雜誌期數的訂單。每本雜誌的價格從 5 分錢到 2.5 美元不等。」

「我們主要從公寓大樓、酒店或寄宿住房的守衛那邊取得這些雜誌，也經常去傢俱儲物公司以低成本取得雜誌，通常是每本 1 美分。有些雜誌的價

格可能會高一些，但我們頂多不會花超過 25 美分購買雜誌。」

「我們的目標是盡可能擁有每本雜誌的完整期數。我們也盡量在存貨空間許可的情況下販售更多不同的雜誌。如果有人打電話來詢問某本雜誌或是某一期，我們會盡全力幫顧客找到他要的。針對這項服務，我們會額外收一些費用。但如果客戶真心想得到那本雜誌，通常會願意支付。」

「學習估價需要花一點時間。我曾經以 5 美分的價格賣過許多書，後來才發現那些書值好幾美元，也曾以 10 美分的價格賣過雜誌，但這些雜誌的現值為 2 美元。每次犯這種錯的時候我都會牢牢記住。所以，我會建議新手剛開始的時候，最好只買中價位的書籍跟雜誌，等到對更有價值的書籍雜誌有更深入的了解後，再從事這方面的買賣。」

開店不到六個月，他們的生意已經好到必須擴大店鋪規模，租了更多空間來經營增加的業務。後來這家店占據了整個街區，還開了一家分店來接應更多顧客。

高品質就是熱銷保證，以漢堡為例

這個成功事業的開端是一台吱吱作響的老爺車跟 11 美分。泰德・朗斯曼（Ted Lansmann）是一位年輕的加州人，他擁有一輛汽車跟 11 美分的資本。因為負擔不起駕駛這輛車，他決定把這輛破車開去送給朋友。在從洛杉磯前往帕沙第納（Pasadena）的路途上，他遇到一個漢堡攤。

漢堡攤老闆對生意已經毫無希望，正準備關門時，這輛老爺車跟車主停了下來。經過一番交談，漢堡攤老闆提議用攤位來換那台車，泰德點頭答應了。接手時，他發現自己有 11 美分現金、幾打漢堡麵包、三箱汽水跟那個小攤位。

泰德知道 11 美分沒辦法做大事，不過他很順利地找到朋友借來 50 美元。接著，他開始思考如何把這個新事業做大。在這個特定地區，多數漢堡攤位的漢堡都是 10 美分，有些甚至只收 5 美分。泰德決定要做就做到極致，將價格提高到 15 美分。他的漢堡確實對得起這個價格。他用自己在市場上找來的最頂級的碎牛肉跟麵包來製作漢堡。他發現，要賺到這 15 美分並不難，但是他花了六個月的時間才真的開始獲利。契機是有位顧客點了一份加上一小片起司的漢堡，從那天起，生意漸入佳境了。在泰德親自嚐過味道後，他決定專賣起司漢堡。業績逐漸向上成長，他很快就在洛杉磯開了第二家店，接著又開第三家，最後開了一家牛排館，提供市面上最頂級的牛排。

1937 年，業績翻為 5 倍。1938 年，也就是在他用老爺車換漢堡攤的十一年後，泰德以 15 萬美元的價格把手上的知名牛排館跟房地產賣給另一位餐廳經營者。

這個國家有成千上萬個漢堡攤跟熱狗攤，但在你外出旅行途中，真的能常常碰到一家有能力提供美味三明治跟好咖啡的攤位嗎？不管是路邊小攤還是大都市中心的百貨公司，顧客永遠會被高品質的東西吸引。泰德賣的漢堡品質無與倫比，利潤自然也就滾滾而來。

開設奶油雞蛋店並不難

哈維・凱勒（Harvey Keller）不想跟女朋友分手，所以搬到離她近一點的大城市，並在那邊做起生意，販賣父親農場提供的新鮮雞蛋與雞。不到四個月，他淨賺 600 多美元。

凱勒先將兩箱雞蛋帶到芝加哥。他挨家挨戶拜訪，以略低於商店價格的

售價販賣奶油與雞蛋，並保證這些商品都是農場直送。賣完這兩箱蛋，凱勒開車回到父親的農場，又載著七箱雞蛋回到芝加哥。他每箱的利潤是 4 美元。哈維發現除了雜貨店與市場之外，消費者沒辦法在其他地方買到蛋。考量到消費者都對他很友善和氣，他決定開一家名為「養雞場」的店。他以每月 15 美元的價格，在距離電車幾步之遙的小街租一間小店，在裡頭擺了一些雞蛋跟幾隻活跳跳的雞。

「起初我並沒有開店的想法。我只知道每賣掉一箱雞蛋能賺不少錢，但顯然也得浪費很多時間往返農場。我訂了一卡車的雞蛋，需要一個空間來存放這些蛋。我請爸爸把雞送過來，希望能開拓賣雞的市場。路過商地的人停下來，看我把一箱箱雞蛋堆在店裡，有些人就會好奇地走進來，問我是否正在經營雞蛋店。我說自己只是把雞蛋從農場運過來，會以一般商店的價格賣蛋。過一下子，就賣掉十五打雞蛋，我心想在這個地方開一家專門賣雞跟雞蛋的店肯定會賺錢。然後，我鎖上店門，在附近繞了一圈，主動跟街訪鄰居介紹我賣的東西，詢問他們想不想訂購。當天中午前，我賣出了一箱雞蛋跟三隻雞。回到店裡後，我敞開大門，下午安裝了一個櫃檯，但客人卻沒有如我預期那樣蜂擁而至。」

廣告帶來顧客

「有一天，我到街角的藥局買菸時，老闆說如果他是我，就會印一些傳單，讓街坊鄰里知道我開了店，店裡有賣雞跟精挑細選的新鮮雞蛋，而且雞蛋還是我爸的農場直送。他建議我不管到哪都要發放傳單。這個點子聽起來不錯。我去拿印好的傳單時，印刷店老闆提醒我：『不要把傳單放在信箱裡面，而是在女人開門時直接遞一張給她。』我拜訪的多數婦女都沒有跟我買東西，因為在我敲門的那個當下，十幾個人當中大概只有一人需要雞蛋。但我依然留給每個人一張傳單。過沒幾天，店裡生意熱鬧起來了。有些人是出

於好奇而來，但每個人都買了東西。我還付高中生小額佣金，從他們朋友那邊取得訂單，多方累積之下，業務量相當可觀。」

透過這家店，凱勒向周圍許多街區的民眾提供來自農村的新鮮雞蛋。他在店鋪與第一批貨物上的總投資不到 75 美元。現在他的銷售量平均每天有四箱雞蛋，每天從雞蛋和雞的銷售中獲得的收入約為 19 美元。為了接電話訂單，凱勒不得不聘請一位職員。而他繼續挨家挨戶接訂單，因為這是店內生意的主要來源。

伊利諾州格倫科（Glencoe）有個家庭也運用類似概念，他們在日內瓦湖（Lake Geneva）附近擁有一座大型農場。為了推銷農場的產品並與北岸城鎮的地方商店競爭，他們在城鎮邊緣靠近主要縣道的地方租了兩個穀倉並加以修繕。這些店鋪被宣傳為「穀倉」（The Barn），主要用來接待開車經過的消費者。「穀倉」跟凱勒的「養雞場」一樣仰賴既有業務，他們會用電話來跟客戶聯繫。這種業務最棒的地方就是成交量高，不會有任何商品滯留在貨架上。就算你沒有自己的農場，也沒有親戚能提供新鮮農產品，還是能找到一些願意提供奶油、雞蛋跟雞給你銷售的農民，讓你能以這種方式來經營業務。專攻這三樣商品（或許還能在某些季節多賣鴨子跟火雞），就能在短期內把生意做得有聲有色。消費者願意付高價來購買真正新鮮的農場雞蛋與奶油。

熱鬧市中心的襪子小舖

如果想用有限資本創業，襪子小舖就是一種很特別的方式。丹佛（Denver）襪子小舖的老闆漢娜・希爾布（Hannah Hilb）小姐看見了商機，她認為可以好好利用丹佛最熱鬧的市中心區域的店面來做生意。她以極低的

租金租下一個 8 英尺寬的店鋪。經過一番改造，店面變成一間「婦嬰用品店」，有兩扇小小的窗戶跟一扇寬 3.5 英尺的門。店鋪深度約 30 英尺，裡頭鋪上以邊角碎布製成的平價地毯。裝潢包含正規的邊櫃、兩張展示桌和一個特別訂做的「吧台」。邊櫃與桌子的寬度被削去大概 12 英寸，並塗上閃耀光澤的烏木漆，以鉻金屬裝飾修邊。

吧台是店內最迷人的裝置，是以極具現代風格的線條建構而成，是一塊鋪上烏木色亞麻油地氈的組合版，每個邊緣都以厚實的鉻金屬保護支撐。吧台的形狀是一個拉長的 J，尾端或彎曲的位置朝向店門口，呈現一個往下彎的弧度、作為尾端支撐。平面區塊則向後延伸，成為一個長 12 英尺的服務櫃檯。所有裝潢傢俱的寬度都刻意往內縮，製造出店內空間寬敞的錯覺。全部裝置都是二手傢俱，價格約為 90 美元，當中不包含吧台。吧台的價格 60 美元，內部整修費為 200 美元，額外費用是 50 美元。

原本的庫存大約是 500 美元。希爾布小姐是透過東部一家採購商來進貨，這樣就算下小訂單也能拿到完整折扣。店內目前的平均庫存大概是 1,500 美元。有了這些庫存，希爾布小姐能提供顧客全方位的選擇。每天的淨收入約為 50 美元。

襪子小舖的位置非常好，希爾布小姐認為這本身就具有廣告效力。但是在介紹店內業務時，她還會祭出一項非常有意思的誘因，那就是提供集點卡。只要累積購買十二雙襪子，就能換一雙免費的襪子。

大尺碼男裝店

在紐約的第三大道末段有一家男裝店，二十年來都在服務一群比較特殊的客戶，也就是體型比較大的男士。在店內，每位體型比較大的男性都能找

到合身的西裝、襯衫、襪子、鞋子和帽子，不會像在一般服飾店那樣總是找不到自己穿得下的服飾配件。就連店員本身體型也很魁武，顧客才不會因為自己跟別人不同而感到尷尬！

當然，這種特殊的商店只有在大城市才能找到需要這種特殊服務的客群。規模跟底特律、克里夫蘭、費城、芝加哥、紐約、舊金山和洛杉磯一樣大的城市，比較可能有足以撐起這種商店的市場。在這些城市中，大尺碼女裝店同樣有機會生存。

在規模較小的城市，大型百貨公司通常會設立專門的部門來提供大尺碼男女服飾。不過，體型較大的消費者普遍認為這些百貨公司部門還有很大的改進空間。機靈敏銳的零售商如果能善加利用發展這種大尺碼服飾部門，收入就會與日俱增。

不賣藥的藥妝店

在佛羅里達州的繁榮時期，年輕的奧立佛小姐（Miss Oliver）被公司派往西棕櫚灘（West Palm Beach）擔任一家分店的副理。她在這個地方過得很愉快，也交了不少朋友，還把母親接過去一起同住。然而，在佛羅里達的經濟跌入谷底時，總部立即關閉分公司，下令將員工召回。想到要再次北上，重新回到總部辦公室擔任文書職員（她可不想重回以前的崗位），還要放棄母女倆這五年在西棕櫚灘生活圈交到的知心好友，她就覺得很沮喪。接著，她意識到自己必須想辦法在佛羅里達州謀生！但該怎麼做？

收到關閉分店通知的隔天，奧立佛小姐在一家藥妝店買了一些冷霜，她馬上想到自己能開一家「不賣藥的藥妝店」。她認為民眾去藥妝店購買的許多東西，其實也能在別具吸引力的小店中買到，而且還能專門滿足每位客戶

的個人需求。這幾年來，她存了一些錢，幾經詢問，她認為自己能立刻用合理的租金租下一個店面。跟母親討論過這個想法後，兩人決定放手一搏。

她進了三個系列的化妝品（真的是三個不同價位等級的產品），其中包含蜜粉、腮紅、唇膏、面霜等。其他商品包含四個品牌的牙膏、兩個品牌的牙刷、知名品牌淡香水、肥皂、沐浴鹽、修甲組、防曬乳和防曬油、爽身粉跟養髮液。

而她的「藥品」區則提供日常必需品，像是硼酸、金縷梅、碘酒、紅藥水、全國知名的抗菌劑、雞眼藥、凡士林、曬傷藥、外用酒精、膠布、紗布繃帶、腸胃藥等。另外，還進了四種最受歡迎的品牌香菸、一些口香糖、刮鬍刀片、刮鬍刀、刮鬍膏、撲克牌、頂級的純白色文具跟流行的雜誌。店鋪後方有汽水販賣機跟三明治櫃檯，那裡環境涼爽，能讓人放鬆心情。店內還有品質極佳的冰淇淋、常見的瓶裝飲料，以及一款有牌子的咖啡。三明治都是現點現做，生菜、番茄跟其他配料都很新鮮脆口。她們不會在店內開火烹飪，所以店裡頭沒有難聞的油煙味。一般提供午間簡餐的藥妝店或其他商店都有這種令人不喜的氣味。

雖然她們自己也沒發現，但母女二人其實很適合經營小規模的零售業務。她們都長得不錯，看起來乾淨整齊，而且性格開朗樂觀、待人友善、熱愛跟人互動交談，也不怕長時間工作和辛苦勞動。

在專屬角落販賣化妝品

店面外牆是淡奶油色的灰泥，入口處並不是常見的紗門，門框與紗網都被塗成粉藍色，紗網的某些區塊則帶有藍色的花格，這就是店名「藍門」的由來。窗戶上方的藍色遮陽棚和藍色的防風蓋百葉窗，讓店面看起來更獨一無二。室內牆面漆成涼爽的海藍色，桌邊的椅子則套了花卉印花椅套。

為了方便服務，化妝品角落有一張矮桌、一張藤編靠背長椅，一張小桌

子和一張厚坐墊藤編椅，後方擺了一扇高大的白色屏風。這些傢俱都漆成白色，座墊上有花卉印花布料椅墊。這個角落是專門用來調製蜜粉、測試香水味道，或是挑選合適的口紅顏色。顧客跟老闆會坐下來討論不同產品的優點，這個概念令人耳目一新。初次來到店裡的婦女都覺得這家店格外迷人，特別喜歡這個舒適的小角落，因為這裡能讓人放鬆抽根菸、悠閒挑選購買。

第一年經營得相當辛苦，第二年奧立佛小姐幾乎就要放棄這家店回到北方了，因為店內有太多事要做，很多筆銷售也只是賣出小商品，沒什麼利潤。更糟糕的是在前兩年冬天，遊客的消費量跌到歷史新低。不過，跟母親商量後，她們決定再嘗試一年。母女倆的生活過得很辛苦，但是都還不願意放棄希望。第三年，冬季遊客數量回升，讓她們又熬過一年。這時，她們覺得如果有辦法繼續做下去，最好是做一些自己喜歡的事，而不是回到北方的辦公室做著單調的文書工作、過平庸的生活。

這家小店開張至今已有十年，過去三年來已發展成真正的事業。儘管經濟蕭條，但該店的業務量足以讓母女二人在每年夏天到北部旅遊，穿得漂漂亮亮，存點錢，還能買輛小轎車。除了原先經營的項目，店裡還多了租書區、賀卡區，還會賣一些平價的橋牌獎品跟小禮品。在業務繁忙的季節，她們會請一位年輕女孩到店裡打工幫忙。有時，母女倆想在晚上跟朋友聚會時，也會請女孩到店裡幫忙。雖然這家店不會讓她們發大財，但她們生活過得很好、省吃儉用，也沒有背負債務，而且也因為有工作、能獨立生活而感到快樂富足。這就是自己創業的最大優點，你會覺得自己是個能當家作主的人。所以，儘管你可能不是一位藥劑師，但只要有意願與資本來熬過創業初期的那幾個月，也能在自己鎮上開一家不賣藥的藥妝店。

「1 美元小狗」讓寵物店賺大錢

　　開寵物店不需要花大錢，不過如果要吸引顧客上門，確實是需要一個與眾不同的點子。這一點，基諾斯基（C. Kinowski）兩年前在南芝加哥開寵物店時就體會到了。店內空間很大，當他把寵物、籠子以及各種寵物配件搬進店裡後，還剩下很多空間。所以，從窗邊延伸到店內深處的牆面上，他造了一個籠子，這個 25 英尺長的籠子完全由木質框架建成，上頭鋪了細密的網紗，成本只有 36 美元。

　　基諾斯基表示：「我在籠子地板上鋪上亞麻油地氈，並在上頭鋪了一層厚厚的墊料，然後把一些金絲雀跟小鳥放進去。每隻小鳥都有自己的巢穴跟棲息區，當然，整個大鳥籠放在那裡很容易就吸引到大家的注意。街坊鄰居站在那裡，看這些小鳥在大籠子裡飛來飛去。有些人看到進來詢問後，當場就決定購買金絲雀跟鸚鵡（有人也將鸚鵡稱為愛情鳥）。發現這個大籠子備受矚目之後，我決定讓整個擺設更具吸引力，於是我在外頭擺放一些高大的棕櫚樹，營造林地的感覺，並且將鳥籠空間分區隔開。我跟顧客說這個籠子是一個鳥類繁殖籠，我不會賣這個籠子裡的鳥，而是讓牠們繁殖。一旦小鳥成熟，就會被移出大鳥籠、放進小籠子裡。大籠子中有數個鳥巢，還有小鳥四處飛舞，價值無可估量。」

擺出可愛小狗，增加利潤

　　「小鳥的業務運作得很順利，所以我決定再開創新業務，用粗獷但舒適的圍欄將窗邊的部分空間隔出來，在圍欄裡擺了幾隻小狗。把 3 週至 2 個月大的小狗擺在窗邊，民眾對小狗的興趣絕對會讓你大吃一驚。展示小狗的銷售效用強大到我很快就沒有足夠的小狗賣客戶了。小孩會把鼻子貼在玻璃上，站在那邊看小狗玩耍，一看就是好幾個小時，小男孩尤其如此。如果小

孩得到 75 美分或 1 美元，就會把錢拿來買一隻小狗。我這邊的狗大多都是一般的狗，我當然不可能用這麼低的價格賣純種狗。但 1 美元的小狗賣超好，我賺的不只夠付房租跟電費，而且還有剩。」

「沒有足夠的小狗能賣，這一直是個問題，後來我在當地報紙上刊了一個小廣告，表示願意出 25 美分來買小狗。幾天後，民眾紛紛從各地帶著小狗趕來。這些狗本來會被淹死或是用其他方式被處理掉，所以人們很高興能用小狗換到一點錢，還能替小狗找到好的歸宿。」

「開立這類寵物店時，做重要的就是清潔跟衛生。如果沒有天天徹底清潔店鋪環境，就會飄散一股難聞的氣味，顧客一進門就會忍不住皺眉頭。而且，環境髒亂還會增加鳥類與小狗染病的風險，一旦病菌傳染開來，動物就有可能會死光。在小狗的展示窗或籠子的報紙中鋪上雪松木屑就能大幅消除異味，或用雪松油也行。每逢夏季，在店後方放一座通風扇就能保持空氣清新。」

「不過，寵物店老闆的利潤不僅來自銷售鳥類、小狗跟其他寵物。鳥食、鳥籠、鳥籠墊料、狗糧、幼犬的各種藥品跟寵物配件也能帶來不錯利潤。」

許多寵物經銷商也會賣一些裝熱帶魚的水族箱，還有跟家用水族箱成套搭配的配件，像是水生植物、魚飼料跟水族箱裝飾品等商品。只要有價值 100 美元的存貨跟設備，找一個不錯的地點用合理的價格把店面租下來，你就能開始營業。這裡必須再次強調，一定要用能吸引顧客的方式來展示寵物與配件，因為美國大眾這麼愛動物，肯定會在櫥窗前駐足觀看。再也找不到比這更容易的賺錢方式了。

大受歡迎的熱愛魚水族館

幾年前，熱帶魚愛好者勞夫・沃特金斯（Ralph Watkins）在芝加哥南岸一帶開了一家水族館。當時他養了八種魚，有十缸小魚缸。三年後，他有一百三十缸魚缸，裡頭有一百二十幾種熱帶魚，並開始自己培育這些魚群，靠這個了不起的業務每年淨賺 1,000 多美元。

沃特金斯說：「剛開業的時候我只有 200 美元，資金不高。投資在魚身上的金額大概有 100 美元。水族箱、各種水生植物還有配件花掉第二個 100 美元。第一天將鑰匙插入店門正式營業時，我的口袋裡沒有半毛錢。那天早上，有幾個孩子在上學途中經過水族館，停下來詢問金魚的價格，然後就走了。我沒把他們放在心上。下午稍晚，他們和其他朋友一起過來。他們對缸裡的幾條熱帶魚跟金魚充滿憧憬，感到好奇、著迷。有位少女想買金魚，她研究了一會兒，然後認真問：『我該幫這隻魚取什麼名字？』我問：『妳叫什麼名字？』她說：『索尼婭。』我回答：『那這隻魚應該就叫索尼婭。』這句話很有用。那群孩子離開時每個人都買了一兩條魚，他們用自己或鄰里間其他孩童的名字來幫魚命名。我靠這筆銷售賺了 3 美元。」

「小孩很愛這種幫魚取名的想法，所以常常回來店裡逛。每次有魚生病或死掉，他們會來跟我說『愛麗絲肚子痛』或是『亨利掛了』。小孩的爸媽都覺得這沒什麼，只是笑一笑讓孩子繼續做他們想做的事。愛麗絲或亨利翹辮子的時候，因為不確定是哪一種魚，我會去小孩子家親眼確認，再幫忙把魚換掉。這麼一來，我就有機會向孩子的父母解釋怎麼樣照顧魚才是正確的，並介紹一些裝飾效果更強、價格更高的魚類。很快，我就接到訂購熱帶魚的電話。這些魚種都要價不菲，而且不易取得。坦白說，要取得穩定適合的熱帶魚並不容易。前幾個月，我得到一些熱帶魚的彩色照片，把這些照片帶在身上，並展示給孩童的父母親看。這些互動後來也確實替我帶進收益。

由於一般人對於魚類跟魚類的照顧方式所知甚少，我就會好好利用這個機會來解釋如何照顧魚類。起先，大家都沒什麼購買意願，他們說自己很容易把魚養死。所以從最低價的孔雀魚，到店裡最貴的神仙魚還有大神仙魚，我都提出擔保措施。每次進行銷售，我除了告訴大家如何飼養，也會強調如果照顧得當，多數品種的熱帶魚真的能活很多年。」

「我告訴街坊鄰居說熱帶魚也是一種很有特色的家飾品，讓他們對熱帶魚越來越感興趣。為了增加店內魚種，我購入一些紅色的劍尾魚、銀色的燈魚、藍色的黃底蝦鱗、紅色的紅劍魚、藍色的絲足鱸科、每隻零售價從 50 美分到 50 美元不等的二十種神仙魚或大神仙魚，還有五彩繽紛的麗魚等品種。如果顧客想在客廳擺放一座美麗的水族箱，我就會盡力向他展示各種厲害的品種，讓他從中挑選。只要讓買家相信熱帶魚真的能活得好好的，他們就不會想要購買普通的魚。一旦顧客購入水族箱之後，通常會毫不猶豫地購買稀有種，像買新椅子那樣果斷乾脆。在店裡展示罕見熱帶魚的廣告效益無可限量，這些魚的售價從一對 15 美元到 100 美元都有。就算我從來沒賣掉半隻，還是覺得把牠們養在店裡展示很值得。養這些魚類的成本不會比養孔雀魚高多少，卻能賣很高的價格。」

「不一樣的魚類需要用不一樣的水來養。水是由生長在水族箱中的植物來淨化調節。多數種類的熱帶魚都需要熱帶海洋的水生植物，我是這個城市中少數規模夠大、庫存夠充沛的水族館經銷商，賣的東西全是熱帶魚以及相關用品，在店內水族箱中種植熱帶水生植物賣給顧客，當然也是服務項目之一。」

種植熱帶水生植物

「如果我說幾乎所有熱帶魚生活環境所需的水生植物，都是佛羅里達州的本地水生植物，肯定會顛覆大家對熱帶水生植物的普遍觀念。就連所謂的

馬達加斯加睡蓮（Madagascar Lily）也是來自佛羅里達。這種植物很好養，而且相當耐寒。不過有些植物很容易養死，在找到正確的種植方式之前可能會一直把植物種死。比方說，幾乎每座水族館的經營者都覺得冠果草（Sagittaria Guayanersis）這種佛羅里達植物很難養。他們在許多公共水族館中試著養過，但都以失敗收場。這個觀念本來也誤導了我，後來我無意中發現，這種特殊的植物的根需要大量空間伸展。只要根部稍微受到壓迫，葉子就會出現斑點，邊緣變成褐色，這就代表植物活不下去了。了解生長環境的需求之後，我就輕鬆把冠果草種活了。格莉椒草（Cryptocoryne Griffithii）只在沙地生長，這也是我種植的植物中唯一來自南太平洋的品種。我這邊總共有四種格莉椒草，聽說市面上還有第五種，我正在積極尋找中。每個人都可以用很便宜的價格取得植物的種子或是插枝，並在一兩年內建立起能帶進大筆利潤的水生植物群集。種植這些植物幾乎不用花錢，只需要大量的光照。我會在每座魚缸上方放一盞燈，燈永遠開著。定價策略是根據需求跟種植這些植物的時間來標價，種植時間越長，收的價格越高。50美分的神仙魚是我的收入支柱，養起來不花成本，而且賣得很快。」

「銷售家用水族箱的熱帶魚時，有一點需要特別強調：把魚放進去之前，要先讓熱帶水生植物將水質調整個幾天。如果要換水，不能將水族箱的水全部倒掉直接換成淡水。不能在水裡放鹽。只有在必要時才能加水到水族箱，把蒸發掉的水分補起來。剛從水龍頭流出來的水對熱帶魚來說殺傷力太強，牠們會在一夜之間翻肚。」

如果想提升水族館在當地社區的知名度，每年到文法學校和高中的自然歷史課上舉辦幾次講座，聊聊魚的照顧養殖跟養魚的各種趣事，是個不錯的辦法。或者，在教會聚會或婦女俱樂部舉辦類似講座，並收取演講費用。同時，你也可以販賣家用水族箱、水生植物、魚飼料、裝飾用的貝殼跟水族箱裝飾品作為副業，大幅提升這項有趣業務的利潤。

重點回顧

- 如果你真心想要，一定能成功靠開店賺錢。
- 簡單的賺錢祕訣：「記得，貨沒了再買就有。」
- 最重要的是，想方設法滿足顧客，讓顧客不斷回來消費。
- 你賣的每個東西都必須帶來利潤。

08

廣告行銷的魔法

PROMOTING A SMALL BUSINESS

複利的本質

如果沒有一致的系統規畫，也沒有持之以恆的決心，
卻期望廣告能帶動更多銷售量，根本是天方夜譚。

如果你進的貨夠好，就不用為產品銷路擔心。如果有人製作的捕鼠器比鄰居做的還要好，顧客就會自動找上門。這些都是經商的原則。不過跟多數商業格言一樣，這些道理只對了一半。無論你賣的東西有多受歡迎，銷售產品的能力跟知道你在賣什麼的人數成正比，把資訊推廣出去的這個行動，就是大家口中的「業務促銷」。

直到過去幾年，商人才充分意識到「促銷」的無窮潛能。在大蕭條之前的十幾年內，商人大肆談論廣告的力量。廣告逐漸被當成現代阿拉丁神燈，能讓所有觸摸神燈的人經商成功。廣告依然是一股強大的商業力量，但民眾逐漸意識到光靠廣告是不夠的，這只是推廣業務的數種方法之一。所以，我們會發現在最新型態的事業當中，除了有一個負責廣告的專員，還會有一個跟他或她攜手合作、負責促銷推廣的人員。

用「促銷」這種方式在短時間內建立商家信譽、提升店鋪客流量，這項策略在百貨商場界發展得完整周密。百貨公司的管理階層總是在尋找新的方式、想盡各種辦法，目的只為了將顧客吸引到商店裡來，讓商店成為大家閒聊談論的話題。比方說，芝加哥的一家商店花費數千美元辦了一場「品質博覽會」。他們利用百貨公司的一個區域，來展示優質與劣質產品，將兩種產品並排擺放，透過標籤以及圖表，產品價值差異一目瞭然。另一家店邀請社交名流與民間組織領導人布置晚宴與茶會的餐桌，並將成品擺放在最顯眼的位置，成功吸引成千上萬名顧客到瓷器部門瀏覽、挑選商品。為了引起消費者注意、製造話題，大型店鋪絕對不會漏掉任何機會與技巧。這些促銷活動越來越重要，無論是鎮上小商店經營者還是製造商，小規模事業的商人都必須在推廣業務時善加利用表演技巧以及廣告。

商業中的表演技巧

　　就算想讓你的企業成為關注與矚目的焦點，也沒必要砸數千美元來舉辦盛大的展演或活動。在經濟大蕭條時期，印第安納州一個小鎮的小珠寶商與債權人關係緊張。他的週轉資金全被綁在鑽石上，而在當時，鑽石是市場上的毒藥。他要如何將鑽石變現、支付帳單呢？他在一場「鑽石競賽」中找到答案。這場比賽的基礎，來自民眾對鑽石固有的興趣，以及對鑽石普遍缺乏知識的現象。珠寶商在櫥窗內擺放一批鑽石，宣布自己準備了一系列關於這些鑽石的問題，並進一步說明自己將在某天，將一枚珍貴的鑽石戒指當成獎勵，送給能針對問題清單給出完整回答的參賽者。他準備一批傳單，挨家挨戶發放，努力宣傳這場比賽，同時也在報上刊登廣告。學校老師個個興趣高昂，當地人對這場促銷活動的興趣也相當濃厚，扶輪社跟商會紛紛邀他到午餐會上發表鑽石相關演講。不過如果要參加比賽，參賽者必須到他的商店兩次：一次是去取得問題清單，另一次是提交回答。這就是吸引顧客上門的策略。效果如何？一個多月以來，鎮上居民口中談論的都是這間珠寶店，而且還有數百人對鑽石這種珠寶與投資物件產生興趣。他很快就把鑽石庫存賣光而不得不進更多貨。當時是 1932 年，時局很不好，不只銀行關閉，企業也接連倒閉。

　　另一個替大小企業做促銷的穩當策略，就是借助知名大人物的名氣，例如正好造訪城鎮的名人。氣球大遊行這種老把戲也是保證有效的。最近，殼牌石油公司在聖路易開了一座新的加油站，開幕活動之精彩就連好萊塢的開幕式也未必比得過。小丑在現場服務一輛老式福特 T 型車，盛裝打扮的高階主管則服務其他車輛，當地殼牌辦公室的女性職員則打扮成合唱團少女提供娛樂表演。二十四小時內，有兩千多輛汽車到站接受服務。巨大的聚光燈照亮整個場地，樂隊盡情演奏，現場還有演講可聽。聖路易沒有人不曉得這

座新加油站開幕了。

最絕妙而且設想周全的促銷活動，是西屋電氣（Westinghouse）在大百貨公司舉辦的冰箱促銷活動。這家公司與百貨公司合辦了一場造型展演。群眾坐在觀眾席，眼前是一排西屋電氣的冰箱。突然間，冰箱後方出現一群穿睡衣的漂亮女孩。這個場景的用意是為了顯示上流社會婦女的一天有多忙碌。她們從冰箱拿出早餐的「材料」，等早餐結束後，女孩們又消失在冰箱後方了，並從觀眾看不到的地方將絲質睡衣扔到冰箱上。此時觀眾都雀躍期待，下一秒女孩是否會一絲不掛登場？

不過，女孩們重新登場時，穿的是另一套從事晨間活動的服裝，適合騎馬、打網球或其他運動。展示完運動服裝後，女孩又退到冰箱後，換上適合吃午餐的服裝。每次出場她們都會去開冰箱。這場表演展現一名忙碌女子的典型日常，直到午夜時分女孩跟丈夫一同現身，看起來像是剛從傍晚的劇院派對或橋牌聚會返家，去冰箱那邊找宵夜小食。

這場促銷真是一石二鳥。首先，西屋電氣傳達一項非常重要的概念：冰箱是忙碌婦女日常生活中最重要的工具，提供二十四小時服務，總是能在任何與食物相關的緊急狀況中派上用場，而且總是能替繁忙的婦女節省時間。再來，這場活動也替造型秀注入新的元素以及新的背景故事，讓百貨中的幾個服飾部門有機會展示不同產品，例如睡衣、運動裝、下午茶裝、晚餐服裝、晚宴服裝，還有泳裝跟各種配件飾品，這些在現代時尚穿搭中都很重要。

另一場別出心裁的促銷展演，是在 1933 年初，奇異公司（General Electric）讓一輛火車載著電影明星與電器設備橫越美洲大陸。火車外觀裝飾華麗，內部配有展示用的廚房設備，而且還載著利奧・卡里略（Leo Carrillo）、貝蒂・戴維斯（Bette Davis）、萊爾・托伯特（Lyle Talbot）跟湯姆・米克斯（Tom Mix）等電影明星。火車停靠許多城鎮，開放讓大眾參

觀。成千上萬人湧入火車，參觀經銷商陳列的廚房展示品，大明星則在車廂中接待大家。

這列火車清楚點出奇異公司的促銷活動方針，並且在火車向東行駛來到克里夫蘭時，讓經銷商不要過度擔憂當時正在發生的全國銀行倒閉潮。

雖然小商人沒辦法靠自己的力量舉辦這種規模的促銷活動，但還是有機會跟全國性的活動相互連結，進而替自己的事業在當地創造銷售價值。

大家都喜歡贈品

大家都愛不勞而獲。雖然在商業界沒有不勞而獲這種事，但這種用來吸引顧客的老方法效果依然歷久不衰。美國有許多大規模企業就是靠「獎品」建立起來的，例如箭牌口香糖公司（William Wrigley Jr. Co.）、珠兒食品公司（Jewel Tea Co.）還有科式肥皂品牌（Jas. S. Kirk Co.）。這些公司都是以相同方式起家立業的——消費者每買一些東西，就送他們一些獎品。

坊間有個故事：有位小型肥皂廠商生產了一款特別適合拿來洗碗的肥皂粉。當老闆試著把這款新產品賣給經銷商時，經銷商都迂迴地拒絕，這些人說：「我們的貨架上已經有十幾款肥皂粉了，沒辦法再花錢進新的肥皂。主動替你的肥皂粉創造需求吧，這樣我們才會進貨。」狀況相當棘手。沒有資本，他要怎麼創造需求？他的現有資金完全不夠拿去打廣告，挨家挨戶推銷也難以達到理想的銷量。那天晚上，他和妻子討論這個問題。妻子是一位非常務實的人，她說：「聽我說，我們身上還有錢能買十條手巾。你可以用低價從紐伯里波特（Newburysport）的工廠買到手巾。消費者每買兩包肥皂粉，就免費贈送一條手巾。我跟你打賭，鎮上每家店都會很樂意給你一個櫥窗空間來展示。這種促銷活動能吸引人群，這就是店家想要的。」

每買兩包肥皂粉就送一條手巾的點子，像野火一樣蔓延開來。跟肥皂廠商合作、提供第一個櫥窗空間的商人，賣出了數百包肥皂粉。那些一週前拒絕賣肥皂粉的老闆，都紛紛跑過來想跟他合作。這些店主不願眼睜睜看著女性消費者跑去競爭店家消費、搶著獲得買肥皂粉就能拿到的贈品。

替小生意促銷的另一個方法，是爭取學校兒童的幫忙。當然，要如何做到這一點，取決於你的業務性質。活潑有勁的美國青少年是最理想的產品代言人，如果你懂得方法，只需用微乎其微的成本就能換得他們的服務。只要在週六購買一定數量的產品，就能獲得一顆形狀特殊的橡膠氣球，這個贈品絕對能吸引幾十位溺愛孩子的母親，帶著迫切渴望的孩子走進商店。只要 2 美分就能買到的簡易拼圖，對年輕人來說也是極具吸引力的獎品。風箏、消防隊長帽、填字遊戲、集郵冊、魔術組合、拼貼或剪貼遊戲、紙娃娃和小丑帽，這些都是很能吸引孩童的獎品。大概在兩年前，面具在社會上捲起熱潮，用面具作為獎品的商人都成功把許多滯銷產品賣出去了，當中包含漫畫人物、電影明星還有小丑等類型的面具。

直郵廣告

促銷那些吸引力或許相當有限的產品或服務時，花錢去聯絡那些不是潛在客戶的人是最大的浪費。如果你有產品要賣給大眾，站在街角向所有經過的人叫賣產品或許是對的。但是，如果你的產品只有一定經濟能力的人買得起，或是只有車主、農民或特定族群會買，那在規畫促銷活動時（無論是展演還是廣告），認真分析要將資源與心血投注在哪些人身上，這是非常重要的關鍵。促銷活動愈精準就越有成效、能帶動更多銷售量。這就是直郵廣告的能耐。直郵廣告能讓你親自挑選要跟哪些客戶聯繫，將你的促銷推廣資源

運用在他們身上。

直郵促銷的第一步是建立郵寄名單。一份好的郵寄名單是業務的支柱，這點對大企業跟小企業來說同樣適用。直接把電話簿拿來當作郵寄名單是不夠的，那只是一份顧客姓名列表。郵寄名單的意義更深，這份名單中的人，都是你知道會成為你的產品或服務的潛在客戶的群眾。你可以透過認識的人、朋友，或是請人進行「調查」來獲得名單。原則上，花錢建立一份完美的郵寄名單是最好的投資。編制出名單後，事情還沒結束。多花幾美元買一台住址印寫機，將這份名單運用到極致。你可以用最低25美元的價格，買到一台小型手動住址印寫機。除了能用這台機器將名單中的姓名住址打印在廣告傳單上，還能印製明信片。使用後，你會發現這項設備的投資報酬率相當高。

請記住，郵寄名單的價值在於你使用它的次數。請定期寄送一些東西，越頻繁越好。持續加入新的潛在客戶，讓郵寄名單保持在最活躍的狀態。很多商人都已經忘記或忽略，其實理想潛在客戶名單的最佳來源，就是店鋪內的銷售人員。

擴大有效客戶名單的競賽

塔利・艾波公司（Tully-Abbott Company）辦了一場銷售人員競賽，比賽誰的潛在新客戶名單人數最多。這場比賽在兩週內讓商店的客戶名單數量翻倍，也讓員工更清楚知道顧客名單對公司來說有多重要。比賽結束後，正面效應持續未減，每位店員仍致力於繼續設法將更多顧客姓名加入店鋪的郵寄名單中。

這場競賽是由一位主管透過公告欄向員工宣布。比賽時間為兩週，員工

會拿到一份特殊的表格,然後提交一份他們認為當時還沒有被登記在店鋪帳簿或記錄中的顧客姓名。公司有明確指出,「有價值的顧客」是指那些基於某種身分、財富或社會地位,而有可能成為購買公司產品的理想潛在客戶。

比賽結束後,優勝者會拿到獎品。提交最多「通過核可」的顧客姓名的員工,可以得到一張 25 美元的產品兌換卷,第二名員工則是 10 美元的兌換卷,第三名的兌換卷面額為 5 美元。

為了防止員工提交沒有價值的潛在顧客姓名,表格中有一個問題:「你為何認為這個人是理想潛在客戶?」有些名字會被刪除,因為那些人目前失業,或是沒有令人滿意的商業背景或家庭人脈網。其他名字之所以被刪掉,是因為那些顧客已經在店鋪的帳簿中,或是已有其他員工提交他們的姓名了。公司會把不符資格的客戶退回去給提交姓名的員工,並清楚說明駁回的原因。

在這個年代,廣告浪費對企業來說是格外沉重的負擔,許多零售業的主管或許會認為塔利.艾波公司的策略值得參考。要是名單上有太多沒有價值的姓名,郵件廣告就無法發揮效用。不精確的郵寄名單,會讓公司浪費大筆郵資、時間以及紙材。這裡探討的競賽機制,是任何一位商人(不管販售什麼產品)都能加以轉化利用的策略。不管是增加、減少獎品額度,或是完全不提供獎品,都不會對競賽的效用造成多大影響。榮譽榜以及每日參賽者排名,基本上就跟現金獎勵一樣有效。

報紙廣告可以回本嗎?

對於那些生意主要來自當地客群的小企業來說,最受認可的促銷方式是報紙廣告。直郵廣告的優勢在於選定目標潛在客戶,報紙廣告的優點則在於

提升普羅大眾對產品服務的接受度。根據每塊錢能觸及的客戶數量，這是所有廣告類型中最便宜的選項。對那些所在社區有好報紙的零售業者來說，這種促銷管道特別有用。

不過，報紙廣告跟其他形式的促銷宣傳一樣，如果使用不當，那乾脆不要用。太多商人以為廣告是一種當內心有一股衝動時就能做的事，或是等待特殊場合才在報紙上刊登一次廣告。這種全然投機的想法，對你或報紙出版商來說沒什麼好處。唯一能讓報紙廣告值回票價的方法，是制定完善計畫：長達三年的計畫，而不是幾週或幾個月的短程計畫。

制定計畫時，先想清楚你希望報紙廣告達成什麼效果。當然，你絕對希望廣告能吸引新客戶。但除此之外，你更希望廣告能讓你的業務和服務能力在當地建立更明確的形象。要建立這種形象得花時間，這點你知道，而且也應該要知道。偶爾做一次廣告是行不通的。你必須定期、規律地打廣告，運用某種風格的文案，並且將廣告故事建立在一個主要概念上，讓社會大眾將這個概念與你的業務聯想在一起。反覆重複這個主導概念。你可能偶爾會感到厭倦，但別忘了，好的廣告是重複的。引述一句著名廣告公司的格言：「堅持不懈地做下去就會成功。」新的想法跟修改文案都沒關係，想多久更改一次也不要緊。但注意，你的廣告要掌握兩項要點：展現鮮明獨特的風格，點出主導概念。

為了實際說明這些原則、解釋構思完善的廣告能替小企業帶來多大效益，我們舉出以下實例來佐證。讀者能透過以下案例發現，只要持續不懈、明智運用完美理想的廣告，小企業就能發展為宏大的事業。

哈丁餐廳的廣告布局

約翰·哈丁（John P. Harding）開設第一家芝加哥餐館時，很少人注意到這家店的存在。在芝加哥，這只是數百家餐廳的其中之一。一般大眾跟餐廳人士都預期他能順利營運一段時間，然後餐廳會穩定下來，在收支平衡的狀況下有不錯的表現，成為一門不大不小的事業。有些人甚至說當時芝加哥餐廳太多，哈丁想再開一家餐廳有點蠢。但哈丁有不同的想法。如今，他在芝加哥的餐飲業功成名就，手上有七間餐廳，證明他確實很會吸引生意上門。

大家來到哈丁的餐廳有幾項原因。好的食物或許是最重要的。不過，成千上萬名首次光顧的顧客在點第一份餐之前，必須先被哈丁提供的服務吸引。哈丁意識到這個事實後，便想到要透過早報的一個小廣告欄位吸引顧客前來消費。哈丁廣告的獨特風格、文案的幽默轉折，以及文案搭配的漫畫插圖，對他的餐廳來說都有莫大助益。但他沒有止步於小文案。他事前安排好要刊登的廣告，並在文案見報時，將餐廳櫥窗裝飾布置到跟文案的故事相互呼應。他在廣告中介紹粗鹽醃牛肉以及甘藍菜，很快就得到「粗鹽醃牛肉之王」的名號。接著他又主打其他特色料理。很快地，開始有許多人造訪他的餐館，想挖掘他美味料理的祕密，而且還不斷回頭光顧。

櫥窗中經常掛著美味料理的大幅照片，廣告的安排也會配合大眾的季節性飲食習慣。比方說，在大齋期之前以及期間，廣告上都有關於大齋期料理的公告。在禁酒令修正案廢除後不久，哈丁刊登了一則跟火腿有關的廣告，插圖中有隻坐在香檳酒杯中微笑的小豬。文案如下：

快樂火腿！

多年前，在禁酒令頒布之前，克拉克街 131 號的老雷默酒吧（現為哈丁

餐館）以獨特的火腿料理法而聞名。他們不只將火腿切下來、夾在兩片麵包之間，沒那麼簡單！首先，他們將火腿浸泡在史上最美味的醬汁中，也就是香檳醬！想到就讓人口水直流！沒錯，哈丁餐館重新運用這個食譜。

現在，在所有哈丁餐館，切肉師在製作三明治前，會先將完美烘烤的糖醃火腿片浸泡在香檳醬中。如果你不愛醬汁，跟切肉師說一聲就行。但這絕對值得一試……價格依然為 15 美分。

打從廣告出現在芝加哥早報上，哈丁的餐館每天生意都絡繹不絕。每天的廣告費用約為 75 美元，但這項開支非常合理。在規模較小的社區，廣告成本沒那麼高，同樣的廣告只需要 3 或 4 美元，而且成效更顯著。哈丁的廣告策略適合拿來向消費者宣傳路邊攤或小餐館，而且他在廣告中使用的這種訴求，能吸引來自四面八方的消費者。

哈丁在設備與裝潢上投資不少錢。但是，如果是購買二手設備，你只需準備 300 美元就可以開設餐館。布置櫥窗時，可以將餐廳料理的放大照片掛起來，吸引路人的注意。當地攝影師能幫忙拍攝這類照片，並以 3 或 4 美元將照片放大到任何你想要的尺寸。策畫廣告的時候，不妨諮詢當地報社，他們可以事前通知你有哪些特殊場合適合刊登廣告。如果餐廳管理良好，業主又能好好利用廣告提供的商機來賺錢，這大概就是利潤最豐碩的業務形式了。

有目標的廣告行動，造就世界規模最大的洗衣店

麥克萊倫（B. C. McClellan）跟許多從事洗衣業的人一樣，從來就沒有認真看待過廣告。對他來說，廣告不過是做生意的眉眉角角其中一項。他偶

爾會買個廣告，對自己心裡有個交代，覺得這樣已經盡到打廣告的義務。當然，廣告沒什麼效果。某天中午與一群人共進午餐時，他又開口抱怨了，「廣告沒什麼用。」同桌的一位年輕廣告人回答：「你錯了，廣告是有效的。或許是你的廣告沒有發揮作用。就算不知道你的廣告具體長什麼樣子，我應該還是有辦法告訴你原因。你沒有規畫，也沒有行動目標，對吧？你只是因為自己應該要打廣告而買廣告。」

麥克萊倫不得不承認自己被說中了。這次談話後，他跟這位廣告人開了個小會議，開始籌備廣告計畫。然而，麥克萊倫看到廣告方案時，整個人嚇傻了。這項廣告計畫在一年的時間內得花 5,000 美元。洗衣店每週只處理四千包待洗衣物，卻要花 5,000 美元打廣告，他十分驚訝。但經過廣告人一番苦口婆心的說服，他最後終於同意合作。

廣告陸續刊出問世，帳單也一筆一筆進來，麥克萊倫心裡實在很想撤銷這項廣告方案。但他沒有這麼做。接著，廣告開始發揮效用了。沒過多久，洗衣店的業務量從每週四千包一路成長到一萬八千包。

廣告繼續帶來生意，乾洗業務也正式啟動。麥克萊倫先生的廣告成功樹立商家信譽，讓洗衣店邁向榮光與高峰。洗衣方法不斷革新，分店也相繼開業。十年內，他的洗衣店已發展為世上最大規模的洗衣企業。今天，麥克萊倫的洗衣店遍布全美十四座城市，名為洗衣與乾洗服務公司（Laundry and Dry Cleaning Service, Inc.）。這就是成功的廣告案例，以 5,000 美元的廣告造就 1,000 萬美元的企業。

從 30 美元廣告展開的香腸生意

大約五十年前，負責在威斯康辛州阿特金森堡（Fort Atkinson）等地區巡迴講道的傳教士，在米洛．瓊斯（Milo Jones）兄弟的農場吃晚餐。晚餐主食並不是一般常見的烤黃腿雞，而是瓊斯夫人製作的農場香腸。

傳教士對瓊斯夫人製作的美味香腸讚不絕口。他在巡迴布道時，時常熱情向其他信徒推薦瓊斯姐妹的香腸。瓊斯的農場香腸很快就有了需求。有一天，瓊斯先生想到，如果能讓鄰近城市的居民也認識妻子的香腸，銷量或許會更大。於是他決定刊登廣告。作為一位保守的新英格蘭人，他的第一支廣告非常不起眼，只在阿特金森堡的報紙上一個不怎麼大的欄位刊登廣告。但廣告帶來了業績。

米洛．瓊斯這才發現自家香腸已在威斯康辛州打響名號了。之後，他又去爭取芝加哥地區的分銷訂單，當然也花更多錢在廣告上。雖然他的香腸比別家香腸每磅貴 10 美分，但很快就在全美國廣為人知，全國各地的知名飯店都爭相想用他家出產的香腸。

跟那些大規模的分裝公司相比，瓊斯的生意不算大。瓊斯一家人刻意控制訂單量，因為他們比較在意自己的聲譽而不是財富。不過，這也算是美國成功企業的一則佳話，證明大家確實能夠靠廣告逐步擴大市場，建立一個全國性的企業。

專門服務兒童的餐廳

藉由推出兒童專屬菜單，中西部城鎮的一位餐館老闆從原有業務中開創出有利可圖的副線。他專為兒童設計的菜單中包含各種適合兒童的健康菜

餡。當然，每道菜看起來都令人食指大動，這樣才能滿足兒童挑食善變的胃。準備這些料理其實不需要另外費功夫，因為這跟菜單上原有的許多料理一樣，只是換了名字而已。兒童菜單的邊框以兒童的插圖點綴，插圖中的小孩子活蹦亂跳、玩跳繩，有些還在打彈珠。這些剪影其實是從當地一家新奇商店買來的貼紙，直接貼在餐廳的日常菜單上。兒童菜單上列出的料理份量，通常比常規菜單的份量還要小。

另一個讓他賺進不少利潤的點子，是替孩童舉辦特別的派對或聚會。如果你了解小孩，就知道小孩都喜歡在餐廳裡辦派對，而不是邀朋友到家裡玩。在餐館辦派對能讓小孩覺得自己很了不起、像個大人那樣！由於這家餐館位於住宅區，附近有幾座小型公寓建築，所以能服務的孩童數量並不少。他還跟社區內的教堂與學校聯繫，吸引更多孩童與青少年上門光顧。當然，他也提供價格優惠，鼓勵小孩子多多在他的餐廳舉辦派對或晚餐聚會。

租書店的開幕吸客策略

開辦一間流通圖書館不難，但要吸引顧客上門就沒那麼容易了。所以，當葛楚·墨菲夫人（Mrs. Gertrude Murphy）在家中開設流通圖書館時，她決定做一些與眾不同的事來吸引顧客。她以前曾經使用過一家芝加哥藥局經營的出租圖書館，她發現那間圖書館的讀者之所以慢慢流失，是因為藥師不願意替圖書館添購新書，讀者都要等三、四個月，圖書館才會有最新出版的小說。

於是，墨菲夫人決定，「我要成立一間專門提供暢銷書的圖書館。」為了迅速吸引顧客上門，她運用橋牌聚會上常見的「入場抽獎」方式。每次只要有會員來租書，就會拿到一張小紙卡，上面蓋有日期。會員在紙卡上寫下

姓名地址後，將紙卡扔進一個盒子裡。每週三和每週六，圖書館會從盒子裡抽出三位會員，獎品通常是平價的菸灰缸、手帕或盤子，送給幸運被抽到的會員。

　　墨菲夫人經營的圖書館跟藥店圖書館的方案很相似。租書的每日價格為3美分，會員費則為1美元。墨菲夫人就拿會員繳納的會費來添購新書。不到一個月的時間內，她的書架上已經有一百九十本書。同時，透過「入場抽獎」的方式，圖書館募集到八十名會員。婦女經常到圖書館來替丈夫和女兒借書。第一個月結束時，墨菲夫人發現每位會員平均每天借兩本書。她唯一的投資是在成立初期花了15美元買書，其他費用都由會員費與租金來支付。

　　你可以按照類似的策略，先用二十本書來開設一家外借圖書館。直接向出版商或批發書商買書，他們會給你額外折扣。採購書籍時要仔細挑選，暢銷書在失去熱度之前都能被外借個好幾次。針對暢銷書，我們建議每本最好能進個兩到三本，才能滿足會員的需求。你可以在家成立圖書館，也能與一些房地產公司合作，讓他們提供你一個辦公桌大小的空間，每月只要付他們幾美元的租金。如果你夠有生意頭腦，還能幫社區讀者代訂雜誌，靠佣金來支付租金。從紐約市的美國新聞公司（American News Company）或紐約富蘭克林廣場機構（Franklin Square Agency of New York）等大型訂閱機構取得代理權，這些公司出版的目錄中列出了所有雜誌名稱，也給出經銷商能享有的折扣，折扣通常為5%。

精心設計的包裝會帶動銷售

　　偉大的企業總是來自簡單的營銷概念，尤尼達餅乾（Uneeda Biscuits）就是一例。在國家餅乾公司（National Biscuit Company）想到要將蘇打餅裝在 5 美分的密封紙盒之前，民眾很少購買這種餅乾，因為餅乾買回家一下就軟掉了。蘇打餅乾的品質其實沒有改變，但更換包裝卻讓銷量翻倍成長。今天，各式各樣的商品都用密封包裝出售。

　　現在，餅乾、奶油、蜂蜜與家庭廚房出產的各種特色食物，也都能用這種巧妙的包裝來出售。如果你知道如何烘焙美味的餅乾，還能將餅乾整齊包裝在密封罐中賣給一批固定的客戶，並且在下次送貨時將空罐回收，這樣就有了一個能大幅簡化產品營銷的銷售點子。事實上，伊利諾州內帕維（Naperville）的一位婦人就用這種方式做起獲利豐碩的餅乾生意。

　　威斯康辛州日內瓦（Geneva）的一位農民，想到要用 3 磅與 5 磅的密封瓦罐來運送奶油，而不是常見的奶油塊。經過特殊設計的瓦罐能放進小型電冰箱中，並用一個夾子將蓋子夾緊，這樣奶油就不會吸收異味。顧客在購買第一罐奶油時支付 25 美分的押金，農民會在每次送貨時回收空罐，就像牛奶商回收空牛奶瓶。這些可退還的容器讓商人有效增加產品的銷售單位。

　　另一個例子是紐約提康德羅加（Ticonderoga）的一位專賣草莓果醬的婦人，她想到將果醬放在名為「皮爾森」（Pilsener）的新式啤酒杯中，取代常見的保鮮玻璃杯，銷售額整整翻了一倍。這種容器的成本很低，而且由於禁酒令已廢，每位婦女都需要用最新的杯子來招待賓客。事實證明，杯子的實用價值就是必要消費誘因。

韋伯麵包店的廣告大冒險

在洛杉磯，人人都知道韋伯的麵包。但在 1926 年，情況可非如此。戴爾・韋伯（Dale Weber）當時只是該社區眾多麵包店老闆的其中一人。

有一天，韋伯的麵包店遭受到具組織性的勞工團體攻擊，他決定透過廣告將自己的案子公諸於世。他不僅打贏官司，還發現更有價值的東西，也就是廣告的力量。這份新得來的信念後來成為韋伯烘焙公司（Weber Baking Company）發展的轉捩點。

韋伯剛開始打廣告時，麵包店總共有 18 輛卡車。在他推出自己的廣告宣傳一年後，業務量已經成長到 42 輛卡車，這項廣告方案的成本為每月 2,000 美元。他決定從自己賺的每塊錢中拿出 3.5 美分來打廣告。到第二年年底，他的車隊已經有 65 輛卡車。

但他沒有就此收手，繼續增加廣告預算與規模，生意也逐漸成長。又過了一年，麵包店已經需要 84 輛卡車來出貨。等到第四年的廣告結束後，穩定擴大的業務量已經需要 110 輛卡車才能滿足運輸量。他的業務規模粗估在四年內翻為 5 倍。

當然，光靠廣告是無法達成如此驚人的成就，但廣告確實功不可沒。要是韋伯沒有背水一戰，用最初那筆預算來打廣告，他的生意今天會是什麼樣子？這點沒有人說得準。但他確實做到了。

年復一年的 150 美元廣告效應⋯⋯

早在 1905 年，吉布斯先生（M. G. Gibbs）在華盛頓特區開了一家藥店，他的朋友都說他很蠢。華盛頓已經有太多藥店，開藥店不可能會賺錢。

但吉布斯認為無論一個領域有多擁擠，頂端總還是有空間的。他相信如果有獨一無二的策略，並每天讓消費者知道店家獨特的核心概念，生意就一定會成功。

所以他拿出 9,000 美元的資本，將其中 2,000 美元拿來支付全年度的廣告企劃。這樣他每個月就有 150 美元的廣告經費，並用剩下來的錢購買傢俱裝潢跟存貨。吉布斯之所以對廣告如此有信心，或許是因為他爸爸是小鎮的出版商。儘管大家都不看好，他還是堅持這項策略，這年結束時，他的銷售總額來到 2 萬 2,000 美元。在 1905 年，開店第一年的生意有這樣的成績已經算不錯了。

今天，人民藥局（Peoples Drug Store）在華盛頓就跟白宮一樣為人所知。他們每年的銷售額超過 1,000 萬美元，信用等級在鄧白氏（Dun & Bradstreet）中名列前茅。全國各地的藥商紛紛到華盛頓學習吉布斯的方法。但根據吉布斯接受《印刷商油墨》（Printers' Ink）的採訪，他成功的真正祕訣是年復一年將銷售額的 2% 拿去打廣告。他說：「在我看來，零售商想在沒有年復一年的一致廣告企劃下順利經營，根本是天方夜譚。」

露天市場帶進更多利潤

幾年前，一位在芝加哥郊區經營雜貨店的商人，把街角一塊緊鄰的地買下來，因為他找到一個能便宜把地買下來的好機會，也覺得自己有一天可能會想擴大店面。有一次到郊外旅行，他發現路邊的水果跟蔬菜攤生意超好，但這些蔬果的品質沒有比他賣的好，價格還跟他的標價不相上下。他想起自己店鋪旁的那塊空地，決定做個實驗。隔週，他請木匠在空地上搭建一些攤子與立柱，五顏六色的條紋遮陽棚從商店的一側牆面延伸到立柱上，架上裝

滿蔬果，對街還有足夠的停車位。

幾乎打從一開始，他的店鋪就吸引到不少新顧客。從初春一直營業到秋末，他發現幾乎所有被露天市場吸引來的新顧客，都在冬季市場休息時持續來他這裡採買。搭建攤位需要大約 850 美元，但透過這筆支出，他淨賺大約 7,500 美元，同時也大大增加原有的雜貨店生意。

把美好時光與美好食物相互結合

四個月前，霍華·史蒂文斯（Howard Stevens）在距離密西根州底特律（Detroit）15 英里的一塊 10 英畝土地上租了間空屋，成立一座「路邊酒館」（Wayside Inn），這座酒館正好位於一條車流量大的縣道旁。他進了幾箱啤酒跟一些三明治肉，但第一個月的生意相當慘澹。他決定稍微將酒館裝修一下。過了兩個月，在酒館環境有所改善後，越來越多顧客到店裡消費，利潤也隨之攀升。

「我發現如果要吸引顧客，除了擺幾張舊桌椅跟提供幾瓶啤酒，還需要其他東西。」史蒂文斯接著解釋，「所以我付了 275 美元的現金，購買二手酒吧設備跟餐廳設備，並按月支付剩下的 640 美元。然後找來幾位當地的木匠，請他們在屋內的大房間重新鋪上木地板讓客人跳舞，沿著房間的兩側擺上黑色跟銀色的玻璃面桌，價格低廉，風格現代。我很幸運能找到一個半圓形的吧臺，將一些長板形狀的鏡子掛在吧臺後方牆面。總共加起來，我一開始投入的資金有 407 美元，其中包含冰箱與烹飪用的爐灶。我有幾個電動自動油炸鍋，還有一個烤架跟烤爐，一次能烘烤九隻雞或四塊豬排。」

「為了讓民眾知道店裡提供什麼餐點，我畫了十七份告示牌，放置在縣道上顯眼的位置。每個告示牌都畫了不同類型的烤肉三明治。我替告示牌上

的三明治上色，並且標上每份 15 美分的價格。然後用斗大的字體寫上攤位名稱，以及這份告示牌跟酒館的距離。開店第一晚的狀況就嚇到我了。在 6 點到 9 點之間有 119 輛車停下來，平均每輛車上有 3 個人。我和妻子試著接待每一組客人，但店內的食物存量在 9 點半就用完了。不過，那天的客流量顯示我們未來絕對能成功。隔天，我們花了一整天的時間烤雞、烤豬排跟牛肉，那天晚上生意也好得不得了。許多客人留下來跳舞，小舞池裡擠滿人。店內那台品質不錯的收音機播著音樂，音樂是來自底特律的一個酒店舞蹈電台節目。」

「在鄉間開車通勤的人喜歡在某個地方停下來休息、吃點東西。如果有地方跳舞，他們就會多待一會兒。不過，他們不喜歡性價比太低的食物，他們願意掏出來買三明治的錢大概就是 15 美分。這個價格的利潤還不錯。每位顧客的帳單平均是 40 美分。只要有 50% 的銷售毛利，我們就能經營得不錯。」

自從有了新的設備與裝潢，史蒂文斯每週平均服務 603 位顧客。他請來兩位女服務生幫忙打理生意，每週付給她們每人 15 美元。支付所有費用後，他一週的淨利潤平均為 89.67 美元。大城市周邊有很多地點適合開設這樣的路邊酒館。只要在收銀台附近擺放一些遊戲機台並提供冷飲，就能增加利潤。

用 A 產品帶動 B 產品銷售

一位很有抱負的五金商人手上有一批鳥籠，但銷售速度非常緩慢。他把很多錢砸在這批貨物上，卻苦於不曉得該怎麼銷售這批庫存。最後他想到一個點子。他買來 400 隻金絲雀，並以 3.87 美元的價格出售，這幾乎是他的

進貨成本。然後，他為這次銷售在報紙上刊登廣告，結果順利賣出 400 隻鳥，以及價格從 2.98 到 35 美元不等的 150 個鳥籠，也順便賣了其他五金商品。

重點回顧

- 廣告是有效的。
- 廣告要掌握兩項要點：展現鮮明獨特的風格，點出主導概念。
- 唯一能讓廣告值回票價的方法，是制定完善計畫——長達數年的計畫，而不是一次、幾週或幾個月的短程計畫。
- 好的廣告是重複的。堅持不懈地做下去就會成功。
- 無論一個領域有多擁擠，頂端總還是有空間的。

09

郵購銷售的致富心法

SELLING THINGS BY MAIL

複利的本質

你銷售的東西或方式必須有些與眾不同之處。

雖然這種賺錢方式最艱辛，但許多龐大的財富都是靠郵購銷售賺來的。除了要具備買手所需的技能，成功的郵購商品商人還需要對驚人的價值有敏銳的覺察，在銷售促銷方面也得具備妥善的判斷力。有鑒於這些人格特質，只要你精力充沛、有少量資金，就有可能以適度的規模展開郵購業務，並將這份業務成功發展成一門有利可圖、價值非凡的生意。

　　從概念與範圍領域來看，郵購業務基本上是美國特有的現象。這是西部發展的產物，當時道路不通，交通距離遙遠，生活在農場或小鎮的人很難找到令人滿意的商品選擇。這個產業的歷史還不到五十年，但在這麼短的時間內，每年的銷售額已經遠超過 10 億美元。這個數字很有意思，因為它反映出社會大眾對郵購產品的信心。這實在很驚人，因為郵購時民眾必須在看不見商品的狀況下消費。他們對產品的印象完全來自印刷文宣，買方必須秉著信心把錢給出去，一切都仰賴賣方的保證──假如消費者對產品不滿意，就能全數退款。

　　第一家進行全國性大規模業務的郵購公司，是由蒙哥馬利・沃德（A. Montgomery Ward）與喬治・索恩（George R. Thorne），在芝加哥北克拉克街 825 號的一間小房間成立。起初的資本額略高於 2,400 美元。沃德是在密西根州聖約瑟（St. Joseph）擔任職員時，萌生出「透過郵寄來進行現金買賣」的點子。由於缺乏資金，他當時無法將這個點子付諸實踐。為了賺取所需資金，他在聖路易一家公司找到一份旅行業務員的工作。當年是 1871 年，他總共存了 1,600 美元，這在當時可是一筆可觀的數目。他說服在密西根州卡拉馬祖（Kalamazoo）的朋友喬治・索恩來芝加哥跟他合夥。該公司的第一份目錄於 1874 年發行，是一本 3×5 英寸的小冊子，裡頭列出各種常見的乾貨商品。這就是現今可見的大型郵購目錄的前身。

　　雖然郵購銷售的點子是來自蒙哥馬利・沃德，但郵購產業的大幅進展以及大眾對郵購規則的普遍接受，則得歸功於理查・西爾斯（Richard W.

Sears）的創舉，他的促銷能力比沃德還要好。西爾斯有一種打點「銷售包裝」的天賦，這是作為優秀郵購商人的基本條件之一。基於這個原因，任何考慮從事郵購業務的人，都應該特別留意他發跡致富的經歷。這門全新業務有許多難題和挑戰，只要研究他是如何應對這些困難，了解他的業務政策是如何發展，就能獲得很多寶貴的知識。西爾斯是如何建立偉大的西爾斯百貨，這部分的故事我們會在本章其他段落講述。

郵購業務的要點

與民眾普遍想法相反，透過郵購來銷售各式各樣的商品並非不切實際的作法。別忘了，自從蒙哥馬利・沃德開始做生意以來，情況已有極大改變。隨著道路變得越來越平整寬敞，汽車與連鎖店的普及也擠壓到一般郵購的業務。對於資本不大的人來說，郵購業務已經變得太過投機。不過，雖然經營一般郵購業務的機會可能變少了，經營專門郵購業務的大門卻依然向大家敞開。全國性廣告、廣播還有電影，替美國商人做了一件有時會被人詬病的事。這些媒介創造了許多新的需求，提高消費者的品味，使民眾對商店裡買得到的各種產品感到不滿意，讓他們更能接受專業化服務的吸引。所以我們能將其視為開辦郵購業務的第一條原則：你銷售的東西或方式必須有些與眾不同之處。

民眾最容易花錢購買他們在當地商店買不到的東西，或者最容易在他們覺得產品物超所值的時候消費。值得注意的是，在這方面，讓理查・西爾斯步上成功坦途的關鍵，並不是他銷售的手表種類，而是他銷售手表的方式。他成為明尼蘇達州北雷德伍德（North Redwood）的鐵路站長時，已經有一些銷售無人認領的商品的經驗。他發現民眾願意花高價購買失物，因為他們

認為自己是從別人的不幸中獲利。所以他想出一個點子，就是以批發的方式買入手表，並將手表寄給其他票務人員負責的失物招領名冊上的虛構乘客。當票務人員回信告訴他手表沒有人來領取時，西爾斯就請票務人員以一定的價格將手表賣掉，並從中扣除銷售佣金。雖然這種方法在今天很難成功，但西爾斯採用的法則，也就是「策畫銷售」，在現今依然相當有效。直接向顧客呈上產品是不夠的，你必須提出一些顧客應該花錢購買的理由。

在郵購產業中，購買者需要百分之百信任賣方，所以公司或企業的名稱很重要。可能的話，請使用盎格魯撒克遜人的名字。有家大型的紐約郵購公司叫查爾斯威廉商店（Charles William Stores），他們在與另一家公司合併之前，以郵購的方式成功賣了好幾年女裝。公司名稱單純只是個名字而已，創辦人並不叫查爾斯或威廉。假如莫利斯・羅森巴姆（Morris Rosenbaum）在創辦國家斗篷與西裝公司（National Cloak & Suit Company）時用自己的本名，或許就不會這麼成功了。一般來說，比起使用企業名稱，用好記的姓氏更理想。民眾容易被名字吸引，他們喜歡跟像自己一樣的人做生意。他們希望能有一種感覺，就是假如自己對購買的東西不滿意，可以寫信給業主提出不滿的原因，但責罵怒斥的對象如果是一家公司，消費者心裡會比較沒那麼舒爽。同樣，民眾普遍認為，擁有盎格魯撒克遜人姓名的人，比姓名有異國風味的人更值得信賴。當然，這只是一種感覺，但是在你單憑「保證滿意」的情況下就要求對方把錢寄給你時，就不能無視普羅大眾腦中的各種奇思異想。

重複訂單的重要性

郵購業務若想成功，重點在於培養一群死忠的常客。雖然你有辦法花錢買到會用郵購消費的顧客名單，也能從許多電話住址簿選出顧客，但假如你以為靠這些名字就能建立起有利可圖的業務，那就大錯特錯。沒錯，你確實能透過這種方式獲得一些生意和業績，但為了拿到業績的成本通常會跟利潤打平。只要擁有一份好的郵購顧客名單，你就有辦法控制銷售成本。這份名單中的多數顧客，都對你銷售的東西曾經表達過興趣，他們可能回覆過你的廣告或曾經下過訂單。

下表是郵寄給消費者的銷售成本，來自沃茲沃斯（Wadsworth）的《郵購手冊》（*Mail-Order Handbook*），由達特內爾公司（Dartnell Corporation）出版，一份 3.75 美元。

汽車輪胎：3.5%

汽車用品：6%

自行車：8%

書籍：20%

時裝：10%

傢俱：8%

燃氣發動機：9%

食品雜貨：5%

五金：8%

珠寶首飾：12%

照明設備：10%

男裝：8%

鋼琴：8%

預制木結構房屋：3%

鞋子：5%

內衣：6%

讀者能發現，上述列出的多數商品是有市場需求的產品。如果是需要由你去創造需求的產品，那銷售成本會高出許多。比方說，靠郵寄銷售一套家事培訓課程的成本幾乎高達33%。許多出版商計算後，發現銷售2美元的訂閱服務成本是百分之百。如果要獲取利潤，他們完全得靠續訂才行。如果要銷售沒有市場需求的商品，最好按照生產成本的3倍來定價。比方說，根據這個公式，如果你的產品要賣3美元，那生產成本只能是1美元，銷售成本是1美元，剩下的1美元為經常開支與利潤。郵寄商品給新顧客的報酬率通常在2%到6%之間，這取決於商品的接受度以及展示商品的方式。另一方面，郵寄商品給已知顧客的報酬率介於10%與20%之間。這些數字有助於說明如果要成功靠郵寄來銷售，產品的「重複購買特質」非常重要。另外，商家也一定要將業務建立在「已知」顧客名單上。

對郵寄銷售來說，優秀「文案」的重要性不言自明。一封架構完善的郵寄廣告信或目錄，跟一封寫得毫無感情的廣告信，這兩者之間的差別有可能就是獲利與損失的關鍵。針對寫出具有銷售效果的文案，我們沒辦法提出任何明確的法則，因為成功往往在於打破既有規定，大膽嘗試那些沒人做過的事。不過，以身為一位成功郵購文案作家而聞名的勞夫・沃茲沃斯（Ralph Wadsworth）提出的以下建議，或許能給你一些幫助。

撰寫郵購銷售的「文案」

如果有人以為寫郵購文案很容易，不妨讓他試試。你絕對會驚訝地發現自己漏掉許多基本賣點。這些賣點對你的銷售來說會造成什麼影響，我們就用以下例子來說明。在伊利諾州，某位農民下定決心購買一台乳油分離機。由於他無法在蒙哥馬利・沃德與西爾斯的目錄中做決定，他決定跳上馬車到社區裡面繞一繞。

那些使用西爾斯分離器的民眾對產品很滿意，跟沃德買的人也覺得自己買到的產品是最棒的。所以他回家時依然拿不定主意，後來他老婆指出，西爾斯的文案裡面寫著「保證 255 磅」，而沃德的只寫著「190 磅」。西爾斯拿到這筆訂單。事實上，重量較輕的乳油分離器比較好，但沃德的文案寫手沒有在廣告中舉出這項事實。

由於郵購廣告賣的產品是消費者看不到的，所以你必須非常謹慎，一定要在文案中列入所有產品賣點，特別是針對五種感官的訴求。比方說，如果你要替一件售價 25 美元的新天鵝絨洋裝寫文案，按照一般的文案風格你可能會說：

哪個女人不會迫不及待想穿上這件 25 美元的美麗天鵝絨洋裝呢？

從郵購的角度來看，你這樣就忽略許多完成銷售時需要提及的重要產品特色。你完全沒有提到洋裝的樣式、用途、相對價值、天鵝絨的類別、穿起來的質感、裝飾、是適合小姐還是太太穿、顏色、尺寸、大致長度以及能穿的場合。完整的廣告文案應該長這樣：

這件看起來雍容華貴的絲質雪紡天鵝絨洋裝是最新推出的款式，袖子是

以頂級絲緞製成的四分之三袖，設計巧妙，每個女人一穿上都會感到欣喜雀躍。這款洋裝適合下午茶派對或非正式派對等場合穿搭，這種面料穿起來相當修身，我們的報價也很物超所值。長度：40 至 44 英寸，根據尺寸而定。女裝尺寸：34 至 44。顏色：海軍藍、紅色和棕色。優惠價 25 美元。

　　撰寫時裝、傢俱或乳油分離器的郵購文案似乎不難，但在經過充分練習之後，你會發現其實過去寫出來的文案漏掉了很多產品基本特色。對於撰寫一般廣告文案來說，這種訓練相當有幫助，因為這能讓你仔細確認沒有漏掉任何有銷售價值的賣點。

　　你提供給零售商的文案自然必須強調不同賣點，但有一些基本要素同樣不能忽略。你必須強調產品能帶來多少利潤，強調產品的廣大市場需求與受歡迎的程度，強調你報的價格有多超值，並舉出材質、尺寸、重量或是其他經銷商下訂單時需要的資訊。

　　如果要把上面那段文案改成給經銷商的文案，範例如下：

　　這款新的巴黎款式頂級絲質雪紡天鵝絨洋裝在紐約迅速熱銷，應該也會很受您的顧客歡迎。這款洋裝的緞面袖設計別緻、頗受好評。以我們提供的超低價格，您肯定能賺取大把利潤。

　　女裝尺寸：34 至 44。

　　顏色：海軍藍、紅色和深棕色。

　　價格：每件 16 美元；數量 6 件以上有價格優惠，每件 15 美元。

　　你會發現，提供零售商的文案不用像給消費者的那麼長。經銷商對產品的概念會比消費者更完整，所以不需要提供過多細節。你的條款、保證以及整體聲譽，這些都是經銷商決定是否下訂單的影響因素。他最關心的絕對是

利潤，所以這也是你必須強調的項目。

獲利至上，選對商品很重要

正如本章開頭所述，你能否透過郵購針對潛在買家建立對產品的需求，這取決於包裝塑造產品的方式。產品必須有某些獨特的特質，或是透過獨一無二的計畫來銷售產品。因此，最好是販賣那些具有戲劇張力的商品來建立郵購業務。顧客要有明確的理由才會透過郵購消費。為了清楚解釋這點，以下提供一些產品推薦，這些產品都是成功靠郵購賣出去的最佳例證。

專業書籍

有許多人對專業、專門的書籍感興趣。有些是從事專業技術工作的人，他們希望能找到有價值的絕版技術書籍。有些人特別熱衷於收集初版書。現在，你有機會在數百個專業領域中編纂新書與二手書的目錄。你應該將這份目錄寄送給確定對這個領域有興趣的人或團體。假如你住在倫敦、紐約、波士頓或費城等城市，就能在經營這項業務的同時，順便以下訂單的方式從經銷商那裡購買稀有書籍，並根據花在書攤上找書的時間來收費。

壓印圖案的特色商品

多數人都對字母或圖案情有獨鍾。如果想經營有利可圖的郵購業務，就能迎合這種需求與喜好，提供帶有圖案壓印的香菸、火柴、撲克牌、橋牌計分表、座位牌、計分籌碼、玻璃製品，以及文具等。你也能賣印有圖樣的襯衫或服裝給同一群顧客。由於你基本上得靠在班級出版物上刊登小廣告，或是郵寄廣告文案給俱樂部成員來拉攏訂單，所以需要一點時間跟資金來建立

買家清單。一旦掌握買家清單，你就有生意了。只要借助個性化圖案的魅力，什麼東西都能賣。你可以跟製造商合作，製作顧客訂購的商品。設計壓印圖案的權限掌握在你手上，所以你能隨心所欲掌控業務。

自家紡織的領飾和床罩

在那些公認以某些手工藝而聞名的地區，腦筋動得快的人就能夠透過郵購銷售當地工藝品來賺錢。目前，自家紡織的領帶已成為時尚潮流。同類商品還有家紡床罩、鉤花地毯等。確實，除了領飾以外，這些產品並不是顧客會重複購買的東西，但是替老公買領帶的婦女通常會跟你買床罩或地毯。經營這類業務時，一開始最重要的是替商品定一個能支付高額銷售成本的價格。民眾購買手工藝品並不是因為受到價格吸引，而是因為某些獨一無二的產品特色。所以價格沒那麼重要，重要的是在你的銷售文案中誇大、渲染產品的特色。

獨特的糖果

新墨西哥州的一對年輕夫婦靠郵購販賣「仙人掌糖」賺了不少錢。在舊金山，有一位頭腦動得快的廣告人對該市的華人區瞭若指掌，也靠著中國人製作的米糖建立起利潤豐碩的生意。佛羅里達州一位退休的印刷銷售員，每年靠銷售玻璃紙包裝的柑橘皮蜜餞，在北方賺進幾百美元。在這些例子中，生意成功的主要原因，是提供「獨一無二」果的點子吸引了特定消費者族群。針對這項產品，成功關鍵同樣在於顧客清單。每一百個人當中只有幾個是郵購糖果的潛在顧客。只要建立買家清單，絕對能有穩定的收入。

印度風味食品

進口外國食品並透過郵購來銷售也是賺錢的管道。針對這種業務，成功

祕訣是找到在一般食品店買不到的東西。一位曾經住在印度、很有事業心的英國人，與印度孟買的一家廠商合作，請廠商寄咖哩、調味品以及類似的美食給他，從中賺了很多錢，建立起獲利豐碩的業務。他做了一份很吸引人的目錄，目錄中還配有插圖，讓整本目錄散發東印度的氛圍，不只介紹這些新產品，還詳細解釋印度當地人食用這些食品的方式。這種特別的操作自然能勾起民眾與生俱來的好奇心。民眾喜歡嘗試自己沒試過的東西，這樣他們就能說自己嚐過了。他在有錢人閱讀的雜誌上刊登廣告，不久後民眾紛紛來信詢問，他也因此建立起一份成效不錯的顧客清單。透過不斷更新上架產品，持續增加其他國家的特色食品，讓顧客持續回購，生意越來越興隆。

讓廣告信件更具吸引力

　　建立郵購業務時，最重要的莫過於寫出能拉攏生意、建立商家信譽的廣告信。幸好，這種技能可以靠後天學習培養。其實，這比較像是一種訣竅，是一種能夠以自然、親切、有效的方式，透過文字自我表達的能力。一位郵購人員就說：「你寫出來的信，就像你親自爬到信封裡將蓋口封起來那樣，要能如實傳達你的訊息與精神。」

　　想讓銷售信發揮效用有兩大要點。第一是對人性的理解，第二是在信中自我表達的能力，這樣你才能迅速點出對潛在或現有顧客來說最重要的問題。有時這就是所謂「踩到痛點」的能力。

　　另一項必要條件是在文字敘述中展現個人特色。很多廣告信都冰冷呆板，彷彿是機器鑄造出來的標準化商品那樣，每封信都一模一樣。而有些廣告信則反映出寫作者的性格，好像作者就在信紙的背後伸手跟讀者打招呼。

　　為了說明什麼是對人性的了解，以一位特派專員被指派替一份廣告唱片

撰寫後續追蹤信件的例子作為範例。這張廣告唱片是由一家製造商寄給幾家公司，目的是讓他們提交試用訂單。這是一張微型唱片，隨附在唱片上面的卡片附有說明引導潛在顧客將唱片帶回家，用留聲機播來聽。

雖然這看起來是個不錯的廣告噱頭，也引發各界議論，但廠商收到的訂單回覆並沒有預期中來得多，所以他們決定再寄一封後續跟進的信來吸引訂單。

第一封信的內容純粹是提醒潛在顧客他們還沒回覆，詢問潛在顧客是否有依照指示用留聲機試播唱片來聽。信中也接著問顧客如果有試聽，是否會願意回覆訂單。這封跟進信件沒什麼效果，所以他們又擬了第二封。這封修改後的信是由銷售經理親自撰寫，信中要求潛在顧客針對以廣告唱片作為銷售策略發表自己的意見。經理在信中解釋公司打算持續在銷售計畫中使用廣告唱片，但在真的這樣做之前，銷售經理很想知道顧客對這種廣告方法的見解。信的最後一段直接要求顧客授權寄送留聲機唱片中要求的訂單。

第二封跟進信引來的回覆率是第一封信的 3 倍多。條件實際上是一樣的，但是在第二封信中，銷售經理充分運用自己對人性的理解。

他知道第一位作者所不了解的，也就是每個人心中都有自己認為最棒的一套廣告方式。詢問他們的意見，你不僅能奉承他們，他們也會抓住機會表達自己的見解。這就是此案例的實際狀況。

撰寫銷售信時，有很多方法能夠運用這種關於人性的洞察。十之八九的銷售信之所以失敗，是因為作者不了解這點。信中的措辭、句法以及文法結構誠然重要，但內容規畫才是關鍵。內容架構完善、語法欠佳的信，比文法正確但內容鬆散的信還要好得多。

很多信談了一堆，但什麼都沒說。讀這些信就像欣賞八環馬戲表演一樣，讀完之後腦中沒有明確的印象，只是一堆雜亂無章的文字。請讓銷售信勾勒出一幅圖畫。字典裡的詞彙都不能把產品賣出去，只有當思想在讀者心

中留下不可磨滅的印象才有辦法激起行動。另一個銷售信起不了作用的原因是，作者忘記他訴諸的讀者對他描述的產品沒什麼興趣。事實證明，收信人當中十之八九只會看開頭第一段，商務人士尤其是如此。看到中間的時候會迅速掃過，然後再看最後一段，看這封信到底在講什麼產品以及售價多少。

最成功的銷售信，是那種在最後一段提供完整銷售訊息的信件。花費大量時間來寫銷售信，然後附上一張回函，將完整產品重點資訊簡明扼要地告訴讀者，不在上頭添加多餘的銷售話術，這種操作相當常見。許多測試結果顯示，當你在宣傳信或傳單中附上回函卡時，多數商人會先閱讀回函卡，因為他們根據長年經驗了解到，跟傳單或銷售信相比，他們可以從回函卡當中簡明扼要地了解產品重點，而不需要花費太多精力來閱讀。所以在草擬銷售信時，在回函中廢話太多是一大致命傷。有些非常有效的銷售信就仰賴完全留白的回函卡，收件人能在卡片上以自己的方式寫下回覆內容。

一封優秀銷售信的要素

假如銷售信是由一人口述，另一人用打字機打出來，重點就在於信件內容必須吸引讀者讀下去，而不是讓讀者只想趕快把信放下。很多知名商業機構在撰寫商業信函時，對內容結構與內文規畫都非常鬆散。每家公司都應該準備一本風格手冊，讓新上任的速記員能夠參考遵循。有了這樣一本手冊，你就能寫出符合公司標準的信件，這個方法最實用。這不僅能節省速記員的時間，而且在速記員年紀漸長、變得粗心大意時，也是很棒的參考依據。

首先，這種風格手冊應該先探討「清晰度」。手冊應該讓口述者與速記員體認到內容清晰的重要性，換言之就是盡可能使用簡短的句子，並在適合的地方分段。還要使用正確的標點符號，讀者才能輕鬆理解信件內容。手冊

也要特別提到在使用又長又艱深的詞彙時該注意哪些事。受過高等教育的人能理解的語言，只受過一般教育的人未必能夠理解。

有人說柯蒂斯出版社（Curtis Publishing Company）的賽勒斯・柯蒂斯（Cyrus Curtis）之所以如此成功，很大一部分原因在於他編輯信件的能力。他擅長審稿編輯，而他經常運用的一項技巧是將信的最後一段挪到前面。

沒經驗的寫手常犯一種錯，那就是用冗長的開場白來扼殺讀者的興致。如果你不會想到潛在客戶的辦公室用滑稽的故事作為銷售開場白，就不會不假思索地用古怪的奇聞軼事作為銷售信的第一段。有些所謂的書信專家甚至堅持要用一些牽強附會的開場白作為每封信的開頭，而這些開場白跟產品一點關係也沒有。

這些專家的理由是這種作法能引起讀者注意。但是，假如寫手對讀者的問題了解不夠透徹，以至於無法用正確的方式來與讀者接觸，那他就沒有資格撰寫信件。美國商人不想要冗長的介紹，他們希望你迅速進入正題。閱讀晨間郵件是他們希望能盡快完成的工作，讀完就能繼續處理當天的事務。他們沒有時間讀一些荒誕離題的冒險故事。

太多「你」比太多「我們」更糟糕

幾乎所有關於寫信的文章都強調「你」的概念。這些文章告訴讀者如果信件要成功，就必須與潛在顧客談論他的問題、他的困擾與面臨的考驗，但絕對不能提及寫信者的欲望或願望，甚至連提到產品或業務都不行。事實上，你八成覺得在信中使用「我們」這個代名詞是滔天大罪。確實，作者如果越接近讀者，效果就越好。人最有興趣的對象永遠是自己，這點確實也成立。銷售員或銷售信如果能跟顧客談論顧客本身的問題與狀況，肯定能引起顧客的興趣。但另一方面，這種「你」的操作目前有可能已經太過氾濫。雖然這個想法背後的原則完全正確，但在執行上經常被銷售信的撰稿人濫用。

銷售信評鑑表一：信件的銷售能量

1. 開頭是否有效？

　　避免挑戰讀者，或讓讀者陷入對立心態。可能的話，換個方式來寫，或是在開頭表明寫信的原因。不要沒頭沒尾地開始。

2. 是否符合讀者的興趣與利益？

　　能讓人採取行動的動機如下：①愛②利益③自尊④責任⑤恐懼⑥自我放縱。除非你的信以不可抗拒的方式訴諸這些動機，不然讀者是不會行動的。

3. 是否打動了讀者想擁有你賣的東西？

　　你不能向一個人推銷他不想要的東西。如果你的產品是椅子，讓他想一想，飯後躺在一張大的休閒椅上抽雪茄，畫面有多愜意自在。

4. 這封信有建立信任嗎？

　　對他來說，你是一位素未謀面的陌生人，你有做到讓讀者相信你說的都是真話嗎？不妨在信中引用其他人的推薦證詞，讓別人來介紹你產品的優點。如果消費者對你的產品不滿意，你有哪些補救措施？

5. 是否有要求讀者下訂單？

　　別忘了，消費者並不會讀心術。你可能很清楚知道自己為什麼要寫信給他們、希望他們做什麼，但他們知道嗎？

銷售信評鑑表二：信件的構成

1. 是否引人入勝？

　　段落夠精練簡短嗎？頁邊留白是否有足夠寬度？是否都沒有塗抹修改的痕跡？簽名是否清晰可辨？

2. 容易理解嗎？

　　將混亂冗長的句子切成短句，每個觀點用一句話來表達。注意代名詞，確保在各個情況下句子都有明確的指涉對象。避免使用括號跟解釋子句。

3. 行動是否連貫？

　　刪掉所有無意義的詞以及短語。把你想表達的訊息清楚記在腦中，讓信中每個段落與句子最後都能引導到你的最終目的。

4. 有反映出你的人格特質嗎？

　　減少那些會讓人覺得你誇大不實的虛華論述。在信中營造出真誠以及渴望服務顧客的氛圍。小心使用最高級以及「非常」等詞。

5. 語法是否正確？

　　是否混淆了單複數、用錯關係代名詞或介系詞，或者是用錯助動詞等等文法失誤。

　　將「你」的觀點寫進信中，跟許多作家似乎常常將「我們」改成「你」的這種操作，其實有很大差別。如果整封信是以「你」的觀點出發，並且以此觀點為基礎來撰寫整封信，那你用多少次「我們」或是談了多少關於你自

己的事其實都沒差，因為你描述的這些關於你自己的事，對讀者來說是有趣的。在他還不夠了解你之前，是不可能和你做生意的。假設你今天靠郵購來賣肥皂。你的肥皂成分近乎精純，品質遠勝於同價位的肥皂，你為此感到自豪。你很努力才獲得優質肥皂製造商的聲譽。為了讓顧客了解你是正直可敬的商家，你做出許多犧牲。在本能引導下，你可能會傾向於在信中強調這些事實。但你的讀者對這些事其實不怎麼感興趣，他比較在乎你的肥皂能帶給他哪些好處。

不要老王賣瓜、自賣自誇

一封信的成敗在於語氣。有經驗的銷售員都了解這點，所以會在寫信時盡可能謙遜保守而非大放厥詞。「我們誠心誠意地想讓您知道」、「您順從的僕人」和「經您同意」等過度卑微的說法受到許多人的嘲弄。這些或許有點沒必要，但它們至少能讓信讀起來比較謙遜，讓讀者讀起來比較愉悅。

以一封信的語氣來說，最大的致命傷就是高聲讚美自己，但許多寫信的人似乎認為這是必要之舉。為了達成這點，他們濫用誇張的形容詞，也說了許多其實有可能完全屬實、但讀起來會讓本就半信半疑的讀者更起疑心的陳述。如果真的要以比較保守的方式來陳述事實與優點，最強大的撰稿人還是會將語氣調整到讓讀者讀起來相對能接受的謙遜程度。就算真的有誇讚自己，屬害的撰稿人也會避免把話說太滿，並特別注意不要過度使用「非常」這個詞。

雖然不屬於推銷信，但林肯與富蘭克林的信非常值得效法。他們的行文語氣相當真誠，而且也會尊重他人的意見。富蘭克林在自傳中談到，跟人打交道時，謙遜是一項關鍵因素。他說：「我無法自誇有把這項美德發揮到淋

漓盡致，但我確實學到很多關於這項美德的表面行為。我有一項原則是避免直接反駁他人觀點，以及不要果斷堅持自己的主張。我甚至禁止自己使用語言中每一個傳達既定觀點的詞或表達方式，例如『肯定』、『無疑』等等，這也符合我發起的辯論俱樂部的舊有規範。我用『設想』、『推測』跟『想像』或『目前看起來』等說法來取代果斷的描述。對方說出我認為是錯誤的事情時，我不會立刻反駁。回應時，我會先說在某些情況下他的觀點是對的，但我抱持不同看法。以這種謙虛的方式提出個人意見，對方會更願意接受。」

富蘭克林的論述很有道理。寫信給客戶或潛在顧客時，如果能避免提出會讓可信度動搖的言論，或是盡量不要讓讀者覺得我們試圖誇大產品的優點，才是明智的做法。

如果想要闡述產品優點，能在信中附上附件。我們經常會收到客戶的回饋與來信，可以善用這點，寫信時將信件重點標記出來，讓讀者迅速找到信件的核心內容，藉此引導出我們想表達的觀點。

別忘記講重點！要求讀者下訂單

你或許有過這樣的經驗，一位親切討喜的年輕銷售員每天都會來拜訪你，跟你聊聊天氣跟各種時事，但他從來不跟你說他想要什麼或希望你做什麼。這些銷售員很會交朋友，但通常不擅於爭取訂單。寫銷售信時也是如此。有很多人能寫出非常人性化、幽默風趣的銷售信，收件者也會讀得很開心，但這種信無法爭取業務。這種銷售信能博取好評，但可以吸引到的訂單相當少。

這兩種狀況的問題是一樣的。銷售員沒有提出要求，所以得不到訂單。寫信的人沒有在信中清楚向潛在顧客表達自己的願望與要求，所以沒有得到

自己想要的東西。

一定要在信的最後告訴收信人，你希望他採取什麼行動，讓他盡可能輕鬆容易地採取這項行動，做到這點才能將銷售信寄出去。

話雖如此，但不代表光說一些「現在就做」或「今天就把卡片寄回來」的老派話術就夠了。這也不代表你要在信的結尾提出專橫霸道的要求，或是在沒有提供任何理由之下要求潛在客戶做某些事。話說回來，一封架構完善的銷售信確實會帶領潛在顧客經過以下這些階段：引起注意，產生興趣，提高欲望，被說服，以及最後的採取行動。

如果到達行動階段之前你就停止推銷產品了，那前面做的所有工作都會前功盡棄。所以，務必要清楚在最後一段或至少最後幾段中，表明你寫信給對方的明確目的，以及為什麼你希望他做的事對他來說是有利的。然後告訴他，你希望他做什麼，以便他開始採取行動。如果你想要收信人下訂單，就要求他下訂單。如果你希望他把回函寄回來，就請他把回函寄回來。

以客至上，西爾斯帝國的崛起

西爾斯・羅巴克公司（Sears, Roebuck & Co.）的創辦人理查・西爾斯，在 1884 年以 R. W. 西爾斯鐘表公司（R. W. Sears Watch Company）的名義從事業餘郵購業務，賺到自己的第一桶金。他主要是趁閒暇時間用鋼筆和墨水寫銷售信。之後，當他需要花更多時間處理信件時，就請一位在附近路段工作的鐵路工人幫忙。世上規模最大的郵購公司的起點就是這麼不起眼。很快，西爾斯先生的業餘工作搖身變成能賺進大筆利潤的生意，所以他辭去電報員的職務，搬到明尼亞波里斯，用他設法存下的 8,000 美元展開真正的郵購事業。

八〇年代末期，他搬到芝加哥，事業依然興旺。後來，一間芝加哥公司出了很高的價格有意收購他的事業，他也接受了。轉讓後的其中一項條件，是西爾斯先生在五年內不得在芝加哥從事郵購業務。完成轉讓後，西爾斯先生回到明尼亞波里斯。在這個階段，西爾斯先生以非常驚人的方式展現出冷靜沉穩的性格。當時他還不到 24 歲，但銀行裡已有 10 萬多美元的存款，這完全是靠他在郵購業務中努力賺來的。這麼年輕的人通常沒辦法好好把這麼大一筆錢留在身邊或妥善運用。但西爾斯先生絲毫不受財富誘惑。他首先幫母親買了一棟房子，然後將大部分資本投資在明尼蘇達州的 8％農場抵押借款中。他從來沒有放棄過這項投資。

　　他重新在明尼亞波里斯啟動郵購業務。此時，羅巴克先生就是他的維修員。後來，兩人建立合夥關係，新業務進展神速。芝加哥作為分銷中心的優勢深深吸引西爾斯先生，所以在約好的五年結束後，他再次從明尼亞波里斯搬到芝加哥。當時是 1895 年，羅巴克先生跟西爾斯先生又合作了四年。

　　西爾斯先生是位了不起的勞動者。他可以每天工作十八小時，一連工作好幾個禮拜。早期，只靠他一個人想出所有業務中使用的點子跟計畫，也親自寫廣告文案。一旦開始採取行動，他就會完全忘記時間的流逝，從不停下腳步休息，直到順利把想法轉換成實際成果，或是至少能轉交給助理來負責為止。

　　西爾斯太太常笑著抱怨老公是工作狂。西爾斯先生早上離家後，她就不曉得老公什麼時候會回來。有時她會在清晨接到老公從辦公室打來的電話，有時她到了隔天才知道老公正在離芝加哥幾百英里遠的工廠，或是正搭著駛往紐約的火車。總之，在完成手頭上的事情之前他從不鬆懈，就算要到美國各個遙遠的地區也在所不惜。

　　製作廣告或目錄時，西爾斯先生從來不會去考慮成本問題。他只想著要把東西做好。他從來沒有真的對自己的工作滿意過，他會拿著剛印好的廣告

或目錄內頁仔細查看，並給出修改建議，力求廣告文案能真正吸引讀者、發揮銷售魅力。他甚至會要求把已經完成排版的頁面重新排過一遍。

第一批廣告是他著名的「不用寄錢」系列。這批廣告問世時，廣告界為之譁然。這批廣告違反優秀廣告的每一項原則。這些廣告的尺寸很小，字體緊密排列，充滿詳細的描述、難以閱讀，而且沒有標題。文案開頭就說：「不用寄錢。把這份廣告剪下來寄給我們，我們會寄給你⋯⋯」沒有人相信讀者會閱讀這麼小的字體。但西爾斯先生認為，假如廣告的主題夠有趣，讀者就不會漏掉任何一個字。他是對的。

在一大批出版品中，每期都會出現五到二十份這種類型的廣告，出版品的總發行量為兩千萬到三千萬份。廣告費每個月從 5 萬到 6 萬美元不等。這次活動發出價值數百萬美元的商品。同時，他還在建立專屬於自己的龐大目錄郵寄清單。

在 1907 年的恐慌中，西爾斯先生展現了真正的實力。由於時局使然，預算緊繃，銷售量下滑。然而，他認為民眾就算沒有足夠的現金來購買，或是害怕花自己手上有的錢，他們還是想要一些東西。為了克服這種態度，西爾斯先生在一張紙上寫：「如果你手邊沒有現金能跟訂單一起寄給我們，請寄給我們任何看起來像錢的東西。個人支票或票據交換所存款證明都行，我們會把這些東西當成現金收下。」這則廣告在全國放送流傳，他們每週將這張傳單翻印數百萬次，並將傳單發放出去。寄給客戶的每封信或包裹中都附有這樣一張傳單。

這份計畫確實驚人。別家企業都在裁員時，西爾斯先生卻大肆宣傳，結果訂單如潮，公司的資源也被消耗到了極限。做出不尋常的舉動之後，西爾斯先生也獲得不尋常的成果。

西爾斯先生認為廣告文案應該盡可能詳細描述商品，所以他試圖將產品描述推到極致。他想讓潛在買家盡可能透過廣告描述清楚知道自己花錢買到

什麼東西。比方說，在西裝廣告中，他甚至會描述大衣的內襯以及鈕扣，連扣眼也不放過。

他的其中一個策略是必須提供商品保證。他認為顧客永遠是對的，無論要付出多少成本，都必須讓顧客百分之百滿足。顧客抱怨自己收到的商品不對時，他就可以退貨，就算顧客已經用過產品了，公司還是會把錢退給他。關於這項承諾，西爾斯先生從不退縮——什麼都不問，馬上退錢。

他堅持自己的商品必須跟廣告文案中呈現出來的樣貌相符合，並透過貨到付款機制來支持這項政策。西爾斯先生大概是第一位願意先寄貨讓顧客確認，並保證會負擔寄件與退貨運費的商人。他總是願意承擔一切風險——因為顧客必須享有完整的保障措施。

另一項西爾斯先生開創的政策，是他會在所有廣告中強調個人因素。每封信件都是以貼近個人的語氣寫成，而且署名都是他自己的名字而非公司名字。他希望每位顧客都能感到自己是和一位活生生的人做生意，而不是和一座機構打交道。他用貼近顧客的語言，以及容易理解的簡單、親切方式來跟顧客對話。每封信都展現誠實與真摯的態度，以及服務顧客的真切渴望。

他知道住鄉下的民眾不習慣寫作，很難輕易自我表達。他也知道一般來說，民眾的懶散與惰性會讓他們不太想回信索取貨品。他必須讓這些很少寫字的人向他發送訂單。為了克服這些障礙，他發明了「這樣做」的廣告形式。廣告中寫道：「如果你想要這份目錄，只要寫給我們一封信或明信片，並寫上『把你的大目錄寄給我』，我們就會透過回郵將目錄寄給你，而且郵資已付。」他還知道一般鄉村家庭通常缺少書寫材料，所以在廣告中也講明：「用你的方式、任何語言寫信給我們，我們都能理解，而且會正確填寫你的訂單。如果你手邊沒有空白訂單，任何普通紙張都行。用鉛筆或鋼筆寫都沒差。不要害怕犯錯，我們會承擔所有風險。如果貨物不盡人意，我們會立即退還你寄來的錢，以及所有你支付的運費或快遞費用。」

西爾斯先生認為，當一位商人在商場上累積一筆財富後，就能夠安心退休了。秉持這種想法，他在從商初期就打算建立一個就算沒有他的指導與管理，也能繼續穩定發展下去的組織。1908 年起，他就不再積極管理公司業務，並於 1914 年去世。

服務百萬顧客的一人事業

19 世紀，一名年輕人駕著馬車駛在人跡罕至的鄉間小路上。對愛荷華州西南部的農民來說，這逐漸成為熟悉的景象。年輕人名叫亨利・菲爾德（Henry Field），他旁邊的馬車座位上擺著一籃包裝好的種子，在鄉下的農場間，以及小城鎮與村莊的一般家庭之間販賣這些種子。他在自家花園種植、養育以及處理這些種子，甚至印製自己的種子包裝袋，分裝好之後自己拿出去賣。這完全是個一人事業。

那時，愛荷華州西南部沒有任何大城鎮，也沒有任何方便駕駛的道路，有時連路也沒有。他必須橫越田野才能拜訪那些跟他購買種子的農民。不過，無論陰涼處是超過 40 度的高溫還是 0 度以下的嚴寒，無論道路是塵土飛揚還是泥濘不堪，亨利・菲爾德都在工作。拜訪難以到達的農場時，他提供的不僅是種子，還會給予關於種植的有益建議，聊聊其他農民正在忙些什麼，以及分享要有好種子才能有好收成的訊息。最重要的是，他讓農民感到親切友善的態度以及正向的鼓勵。農民跟農民的家人都跟他越來越熟，開始喜歡上他。他們都熱切期待亨利・菲爾德前來拜訪，還會跟鄰居聊起他。

沒過多久，這些顧客又想購買更多亨利・菲爾德的種子，但銷量已經超過他能採收與運送的量了。這時，他覺得自己跟顧客的交情已經很穩固了，可以在不影響銷量的狀況下以郵寄取代當面下訂單。這樣他就能將全部的時

間拿來種植、寄送種子。接下來，他開始在愛荷華州的仙納度（Shenandoah）買來一些二手印刷設備，印製尺寸適中的目錄，著手經營郵購業務。

吸引農民的訣竅

有了多年與農民互動的經驗，不管是透過口語還是書面文字，他都知道如何成功吸引農民的注意。首先，他必須將自己的故事寫得精簡到位。正如他所說：「當你在一個寒冷的日子裡沿著公路行駛，碰到一位載著滿車玉米到市場的農民，你不能在跟他交談時讓他停下來全身發抖。你必須盡可能用最簡短的描述來讓他了解你是在做什麼生意、得到他的訂單，然後讓他繼續往市場前進。寫信給他或寄目錄給他也是一樣，必須開門見山講重點。」

不過，這不代表亨利的信跟目錄冰冷沒感情、不像他在當銷售員時那樣充滿親切感與親和力。他並沒有錯誤地以文謅謅或賣弄文采的方式來寫信，他用自己實際與人對談的方式來寫作。信中使用的語言，就是客戶每天會使用的日常口語表達。對待顧客時，他就像對待自己的鄰居一樣，甚至還聊了一點八卦，但是也有注意不要太囉唆。

打從一開始，民眾就喜歡他做生意的方式。他們養成用郵件寄訂單給他的習慣。沒過多久，來自內布拉斯加州、密蘇里州和堪薩斯州的居民也開始寄訂單給他，而他從來沒有當面見過這些人。年復一年，他的目錄越來越厚，但他持續以第一人稱來寫目錄，從來沒有改變那種友好、貼近個人、輕鬆的寫作風格。這正是他早年成功的原因。

今天，位於愛荷華州仙納度的亨利·菲爾德公司，帳面上有超過一百萬名顧客。其業務量已從每年幾百美元成長到 300 萬美元。除了銷售種子和植物，亨利·菲爾德還跨足其他一般商品領域。他銷售工作裝、鞋子、帽子、梅乾、橘子、輪胎，以及各式各樣的商品。為了透過郵購成功銷售這些產品，他對既有的郵購操作進行許多革新。比方說，他發現只賣一件工作裝沒

什麼利潤，就以三件為單位出售。由於農民按照蒲式耳[1]為單位來購買馬鈴薯、蘋果和玉米，他認為他們也會以這個方式來購買橘子，所以就這樣賣。他將咖啡包裝在 3 磅、5 磅、10 磅跟 25 磅的容器中。罐頭產品只以 12 個為單位出售。雖然商店賣的梅乾有 1 磅、3 磅和 5 磅的選擇，但亨利·菲爾德只以 20 磅和 25 磅為單位出售。

透過廣播電台來提升消費者接受度

十年前，他在仙納度買下一座破舊的廣播電台，經過一番整修後開始透過廣播來銷售商品，銷量比單靠郵購來賣還要好。他現在被稱為「廣播訂購」商人，同時也是郵購商人。大部分的廣播都是由他自己製作。最一開始，他親自拜訪幾百位顧客，後來進化到寫信跟寄送目錄給幾千位客戶，現在整個中西部地區的數百萬居民都聽得到他的聲音。從 1899 年到 1924 年的這二十五年間，他的郵購銷量成長到每年 60 萬美元。透過廣播，他現在能徹底拉近與顧客的距離，所以銷售額已經增長到 300 萬美元。

雖然他現在坐擁好幾座種子種植場，儘管他現在用數英畝的田地種植種子、植物與球莖，儘管他設有自己的廣播站，以及整個大樓一樓的巨大百貨商場，公司帳面上的百萬名顧客依然覺得自己是直接跟亨利·菲爾德做生意。他們可能從來沒看過他本人（不過每年有近五十萬名農民跟小鎮居民會去參觀他的工廠），但藉由他的信件、廣播和目錄，大家都覺得他是一位值得信賴的老朋友。這就是為什麼每天都持續有一千名顧客郵寄訂單給他。

1　蒲式耳（bushel），主要用於量度乾貨，尤其是農產品的重量。通常 1 蒲式耳等於 8 加侖，在英國相當於 36.368 升，在美國相當於 35.238 升。

只服務有效顧客的雪茄商

J. W. 羅伯父子公司（J. W. Roberts and Son）將自己生產的所有頂級哈瓦那雪茄，透過郵購直接賣給有抽菸的消費者，並以這種方式銷售了三十多年。當然，該公司靠精心編製的郵寄清單來鎖定公司的目標客群。在這份清單中，每年都有成千上萬個經過評級的人名。公司會持續購入新的郵寄清單，但光靠這份經過評級的名單也就夠了，因為公司只想寄貨給那些已知信用良好的顧客，這樣他們就可以放心先把貨提供給顧客，費用之後再一起結算。許多長期訂單的客戶已經在帳面上待了二十年，他們的名字在清單上看起來就像名人錄那樣。

經驗顯示，在向整份名單發送郵件之前，需要先對郵寄清單進行三次測試。沒有辦法用其他方式評估郵寄清單的可能報酬率，也沒有其他方法能精準控制郵寄成本、讓郵寄清單替公司帶進利潤。測試名單這份工作必須盡快執行，假如測試與實際寄送之間有顯著的時間差，就會得到完全不同的結果。名單中經過評級的人會收到 J. W. 羅伯父子公司寄送的個人信件，信中會表明願意提供一盒哈瓦那雪茄給客戶（不收現金，不用貨到付款）。抽菸者將被邀請免費抽十支雪茄，有時候還會超過十支。如果他對品質與價格滿意，並表示想保留這盒雪茄，公司就會以一般的方式向他收費。

如果能找到一樣很多人使用的高品質產品，運輸成本不會太高，而且還能以簡單真摯的方式撰寫銷售信，並擁有一份「優秀」的郵寄清單，郵購業務就一應俱全了。這家已有三十年而且持續茁壯的企業就很好地證明了這點。

重點回顧

- 直接向顧客呈上產品是不夠的，你必須提出一些顧客應該花錢購買的理由。
- 成功往往在於打破既有規定，大膽嘗試那些沒人做過的事。
- 紙上的詞彙沒辦法把產品賣出去，只有當思想在讀者心中留下不可磨滅的印象才有辦法激起行動。
- 沒經驗的寫手常犯一種錯，那就是用冗長的開場白來扼殺讀者的興致。
- 假如廣告的主題夠有趣，讀者就不會漏掉任何一個字。

10

銷售你的服務

SELLING YOUR SERVICES

複利的本質

想要獲得眾人的掌聲，就必須知道大家需要些什麼，
然後提供比別人更好的服務，這就是成功的定律。

你要做的第一件事是先清楚了解自己。你喜歡做什麼？有什麼事是你做得特別好的？有哪些事是你做起來非常熟練，別人做卻表現普通呢？有什麼需求是你可以滿足的？嘗試銷售自己的服務之前，你該問問自己這些問題。如果能找出答案，就能輕鬆建立個人的服務業務。

販賣自己的服務跟找到一份工作是不一樣的，這點我們必須先釐清。在第一種狀況下，你是所謂的創業家，但在第二種狀況中你只是雇員。那究竟什麼是創業家？創業家是一位承擔所有商業風險的人，並根據風險比例來賺錢或虧錢。以這個情況來看，他的收入來自消費者或顧客而不是雇主。創業家或許也是一位雇主，情況通常如此。但他依然承擔風險以及隨之而來的盈利可能性。大多數的成功商業人士、商人和製造商都是來自創業家這個階層。他們通常是從銷售自己的服務開始，然後逐漸掌握技能與知識，就開始拓展業務、販賣其他人的服務，並且從這些服務中獲利。

想要獲得眾人的掌聲，就必須知道大家需要些什麼，然後提供比別人更好的服務，這就是成功的定律。這項法則尤其適用在藝術家身上，那些以娛樂或教育民眾等形式來提供服務的人。但是在比較沒那麼活潑有趣的工作上，這個道理依然成立。要在任何人類活動中取得成功，就必須超越他人。只要做到這點，名聲就會越來越響亮，也絕對能夠成功。

你選擇從事的活動不需要是非常廣泛的活動，其實也不應該如此。你的興趣越集中，就越容易成功。在芝加哥，有一位廣告人在二十年前發現很少有人知道要怎麼寫信鼓勵銷售員。他還進一步發現大家需要有趣、實際、資訊量豐富的信件，來幫助銷售人員順利克服每天會遇到的銷售難題。所以他把工作辭掉，將自己的服務提供給那些聘用銷售員的公司銷售經理。在某些情況，這些銷售經理能寫出跟這位廣告人一樣優秀的激勵信，甚至還能寫得更好。但他們沒有時間自己動筆寫。他們太專注於自己手頭上的工作。所以他們很樂意每個月付這位年輕廣告人 10 美元，請他每週寫一封信給公司的

銷售員。由於銷售員的問題有許多共通點，這位年輕人發現只要將同一封信的內容稍做修改，就能適用於各式各樣的業務與企業。在一年內，他已經做到每個月會從兩百多家公司手上收到 10 美元的服務費。27 歲時，他的年收入就超過 2 萬美元了！但是，假如他受雇於這些公司中的其中一家、領固定月薪，他最多只能賺到 7,000 多美元。他成功的祕訣是什麼？很簡單。他成為做某件事的專家，而且做得比世界上其他人都還要好。如果他的目標是成為世界最頂尖的廣告人，他依然會繼續往上爬。但是他從銷售領域中找出一件小事，一項存有需求的服務，然後將所有精力與思想拿來將這件事做到最好。換言之，他是這個領域的專家。

這種專業化的原則，在複雜的現代生活中相當重要。這不僅適用於經商，也能套用在我們從事的各種活動上。能夠把很多事情做好，這是很光榮、很珍貴的能力。這個世界或許也需要更多十八般武藝樣樣都行的人，但如果想透過販賣服務來賺到第一桶金，就必須專精。我們生活在專業化的時代。醫生之所以專業化，是因為他們曉得在醫學界，只有徹底掌握某種疾病、專長治療某個身體部位的人才有機會成功。治療一般疾病的醫生在社區中相當重要，要是這種醫師過世，那絕對是社區鄰里的損失。但是要在醫療界賺大錢，就必須專業化。在法律與教育領域也是如此，工程方面亦然。人們會付高價購買在特定領域中懂最多的人的建議或見解。比起鎮上、國內或世上的其他人，這些人對他們專精的事項都更投入、更有興趣。

從培訓開始

比起賺第一桶金，更讓霍華・查平（Howard Chapin）擔心的，反而是如何讓自己具備賺錢的能力。高中畢業後，他考慮過幾間學校開設的技術課

程，最後決定鑽研機械工程。他沒有足夠的錢讀大學，所以決定退而求其次，也就是去找份工作，並報名函授課程。這大概是五年前的事。目前，查平將他的工程服務業務經營得有聲有色。雖然規模不大，但他去年的利潤已經來到幾千美元了。

「決定學習工程時，我到芝加哥的一家工程公司辦公室，表明自己非常想要一個能接受教育的機會。我願意領微薄的工資替他們工作。我說如果薪水能負擔函授課程的費用我就滿意了。經理認為我的想法很對，還說：『當年我也是這樣開始的。』接著，他安排我到他的辦公室上班。課堂教學跟函授課程相輔相成，而這些都不影響我在工程公司的上班時間。我在辦公室獲得一些實用的建議，再加上課堂練習以及理論，我的學習速度進展飛快。」

「我花了兩年時間完成函授課程。同時，我爬到更高的職位，公司也替我加薪了。在進修期間，我已經過慣省吃儉用的生活，還把那幾年拿到的加薪全都存起來了。在我工作的第三年，雇主在執行一項大工程時出了錯，被迫停業。失業後，我開始思考自己的未來。我已經存了 190 美元，也有資格做專業工作。我列出一份需要這種服務的場所清單，並親自登門造訪。我發現有很多小工廠都沒有仔細保養維修發動機，因為他們沒有請全職電工的預算。這對我來說是很棒的機會。我開始承包這些業務，負責將設備保持在良好的狀態，並且按照年度合約每個月到工廠檢修保養。我拜訪工廠、洗衣店和這類設有電機驅動軸與機器的營業場所，並根據工作量每月收取 5 到 50 美元的服務費。我提供維修與安裝設備的服務，並以此為基礎協助客戶維修保養設備。四天內，我就爭取到七家公司的合約，每月總額為 104 美元。我自己攬下所有工作，每天工作十七小時，幾乎持續了一整個月。那些發動機的狀態真的很糟！過了那一個月，工作就輕鬆多了。後來，由於每個月只有幾天的工作要做，我又找了其他公司，簽到五份合約，總額為 120 美元。這次也一樣，這批設備早就被公司冷落了好幾個月，我不得不拼命工作、讓設

備恢復原本的狀態。雖然疲憊，但那個時候我就確定自己在接下來一年每個月能賺進 224 美元。由於我還有一些空閒時間，又去找了一批客戶。」

「四個月後，我總共簽下二十一家公司的合約，每月總額為 885 美元。這對我一人作業來說工作量太大，所以我請了兩位優秀的電工，付給他們全額的工會工資，監督他們的工作，並得到更多合約。利潤迅速攀升。不到一年，我每個月靠合約收取 490 美元的利潤，旗下有五位優秀的電工，每個月都付他們符合工會規定的全額工資。」

查平提供的服務是每個製造業社區都迫切需要的。只要你經過培訓，具備熟練的電工技能，就能以他為目標學習他的操作，向小型製造商提供類似服務，並定期收取合理的月費。

那些目前正在為成本擔憂，不得不讓機器維持最低必要維修的情況下運作的小型製造商，絕對會很歡迎機械電工提供這類服務。

每日鮮花服務

來自紐約的葛妮・克萊斯勒（Gurney Chrysler），是一位腦筋動得很快的廣告業女子。她認為花商如果主動去爭取生意，而不是等著生意上門，能爭取到更多業務。因此，她在一棟舊大樓裡租了一間工作室，並對外宣傳她的每日一鮮花或每週一束花服務。一天一朵花的價格是 10 美分，一天兩朵則為 15 美分。她會跟想訂閱這項服務的客戶簽約，每週或每月收一次費用。在極短時間內，她就累積到一千名顧客。

克萊斯勒女士的工作從每天早上 4 點半開始。她會去市場買花，然後請助理製作胸花。到了 8 點，送信的男孩開始遞送包裹。她的客戶可以自己選擇要訂購的花種：週一玫瑰花、週二康乃馨、週三梔子花，以此類推持續一

週。顧客還能簽合約，請她每天幫忙送花給生病的友人。

克萊斯勒夫人開創的另一個點子是紀念日服務。顧客只要把家裡的週年紀念日清單交給她，鮮花就會自動在當天送達。根據合約，顧客每個月會收到一次帳單。除了這些例行服務，她還替聚餐宴會提供特殊的餐桌擺飾，並且替婚禮、茶會、單身派對、介紹人脈的社交舞會，或其他社交活動進行花藝布置。她也推出許多獨一無二的花藝設計，其中有許多作品都被送往巴黎的沙龍和倫敦的派對聚會。花商目前使用玻璃紙盒來包裝花朵的做法，就是源自於克萊斯勒女士。

克里夫蘭的瑪格麗特・哈珀（Margaret Harper）也有類似點子，但她的花是自家花園栽種的。多年來，她對種植花草一直很有熱忱。從春天到初秋，她老家院子裡永遠盛開著各式各樣品種的鮮花。這是她最有興趣、最熱衷的嗜好。她在家中擺放的美麗花卉，跟花園裡繽紛的新鮮花朵，都讓她獲得無數讚美。她有時間、有花，也有獨到的審美能力來從事花藝布置，她需要的只是一份顧客清單。她對廣告宣傳一竅不通，但一位開信封信紙店的朋友自告奮勇為她準備一批精美的信封，她用兒子的便攜式打字機在信封上騰打地址。這批客戶是她認識的一些有在做生意的朋友或熟人，幾位跟她有交情的專業人士，例如銀行員、律師、牙醫、兒子學校的校長，以及幾位學校的老師。此外，名單中還有幾位在她住家附近經營公寓式酒店的老闆、附近幾家小型商家的負責人、幾個街區外的兩家茶室跟一家餐廳的經理。寄出通知後，她親自打了好多通電話，也幾乎成功向所有潛在客戶推銷這個點子。她的兩個小兒子每天早上會幫忙送花，哈珀夫人每個月收一次錢。這種直接與顧客接觸的方式，讓她有機會能實際處理客訴，也有機會向客戶推銷鮮花的其他用途。在她的巧妙暗示與推薦之下，她成功取得許多餐桌裝飾、聚會布置、婚宴、單身派對、新生兒花籃跟節日慶祝活動的訂單。在冬季，她就從花卉市場購買鮮花，以較高的成本繼續為客戶提供服務。

兩位年輕的紐約人同樣發現了提供鮮花服務能協助他們擺脫貧困。之前，他們疲於奔命地在各家公司之間找工作，有一天才意識到獲得工作的唯一途徑是靠自己創造。他們匯集手上資源，總額為 1.5 美元，並開始做生意。他們運用自己的「資本」買了一千張名片，然後徒步在辦公室、旅館與餐館之間發放名片。發放名片時他們會順便跟潛在客戶交談推銷。現在，他們的生意做得有聲有色。沒有資本購買鮮花的他們，生意原本可能會做不太下去，幸好有一家批發花店同意讓他們在買花下個月的 10 號再付款。這個安排讓他們有時間在帳單到期前跟客戶收款。由於他們能在任何時刻跟批發商進貨，所以沒必要花錢來存貨。鮮花按月收費出售，花束每三天會更換一次，費用多寡則取決於提供的花束數量。

靠洗地毯來快速盈利

　　愛德華‧安德森（Edward Anderson）靠幫人洗地毯賺到第一桶金。能這麼輕鬆賺進大筆鈔票，他也感到很驚訝。他當時在俄亥俄州中部一家百貨公司擔任經理，百貨公司中有一台專門用來洗地毯的機器。丟掉那份工作之後，他就開始以這種獨特的方式謀生。

　　「我寫信給這種機器的製造商，發現能用分期付款的方式買一台。」安德森繼續說，「所以我在住家附近繞了一圈，得到幾份清洗地毯的訂單。我洗地毯的時候不用把地毯從地板上拆下來，每張地毯的清洗費用是 1.5 美元。然後我把頭期款寄給製造商。機器上有完整的操作說明。實際開始替顧客清洗地板後，我驚訝地發現實際作業需要的時間是我預估的三分之一。光是一個早上我就洗了七張地毯，賺了 10 美元又 50 分。」

　　「那天下午，我在社區裡爭取更多地毯清潔訂單，也輕鬆拿到第一批訂

單。但之後在跟其他人推銷的時候就碰到一些困難。多數家庭主婦覺得我有可能會把昂貴的地毯毀掉，或覺得我的價格太便宜、沒辦法把地毯清乾淨。一位婦女說：『如果服務這麼好，收費怎麼可能這麼便宜？』我詳細解釋這台機器的運作方式，但她還是不相信。有人還說他們不想要地毯清潔，並且考我各種跟地毯清潔相關的問題。」

「我邀請這些家庭主婦打電話給我服務過的社區客戶，但她們不願意。回家後，我列出鎮上辦公大樓、辦公室、旅館跟公寓大樓的數量。接下來幾天，我逐一拜訪這些單位的經理，但在那週剩下的時間內只得到價值 30 美元的工作。這還不算差，第二個禮拜的狀況才更令人失望。我很苦惱，不曉得要怎麼招攬足夠的生意來支付機器的費用。我開始絕望地掙扎。我跟客戶爭論、懇求他們接受我的服務，但每次我打電話的時候客戶似乎都剛清洗過地毯而已。」

「有一天我想到，如果民眾在我打電話時不需要清洗地毯，未來有可能會需要。所以我要了一些卡片，解釋我的服務內容。這些卡片並沒有替我帶來任何立即訂單，機器的第一筆付款時間也越來越近。這時我又打電話給第一批客戶，詢問是否能把我介紹給他們的朋友。一位婦女說她將在隔天跟幾位朋友見面，她會讓我知道朋友們是否對這個服務感興趣。兩天後，她打電話說住在小鎮另一邊的朋友想要清洗地毯，並承諾如果我的服務就像我保證的那樣好，就會替我招攬更多生意。機不可失，我立刻趕過去清洗地毯，並獲得額外三筆訂單。然後我寫信給廠商，詢問是否有什麼比我現在更有效的推銷辦法能獲得業務。廠商寄給我許多關於銷售技巧的可靠指南，我很快就全心投入，仔細研究、消化指南的內容。我發現自己爭取業務的方法過於『高壓』，民眾不同意我的觀點時，我就會抱持敵對的態度。想通這點後，我改變策略，接待客戶方面也出現驚人變化。兩個月的調整後，我因為舉止親切和善、個性親切隨和而聞名。以彬彬有禮的方式對待潛在客戶，讓他們

更願意把我說的話聽進去。」

「禮貌的態度也讓我在與辦公大樓和酒店經理接洽時更順利。我初次拜訪某位酒店經理時，曾與他發生爭執，當時他給了我一份清潔酒店走廊地毯的工作。那次工作替我帶來 93 美元，花了十三個小時才完成。但我在第二次或第五次拜訪時並沒有得到訂單。不過後來每次去找他，我都盡可能禮貌跟客氣。我已經記取教訓。多次拜訪某棟公寓大樓的經理之後，我從租戶那邊得到總額 107 美元的訂單，還從房東那裡得到價值 12 美元的工作。」

安德森從經驗中學到，禮貌跟客氣是銷售工作中最重要的要素。他清洗一張 9×12 英尺的地毯收費 1.5 美元，能在十二分鐘內完成工作。每天的利潤平均為 16 美元。這台機器是接燈插座，刷頭是以旋轉原理來清潔，製造廠商再三保證這台機器洗出來的效果能令人滿意。這台機器用肥皂跟水來清洗地毯，透過獨有的專利程序將肥皂跟水注入刷子，不過絕對不可能會把水或肥皂灑在地板上，也不會以任何方式傷害到地毯。包含機器的成本，安德森的總投資是 317 美元，這就是他的成功故事。

可靠的送貨服務

兩年前，詹姆斯・奧佛豪斯（James Overhause）拿著僅存的 100 美元，用其中的 35 美元買了一輛二手卡車，並花幾美元把車修好。他請人畫了一面招牌，向全世界宣告自己正在經營快遞跟搬家的生意。但完全沒有顧客上門。他在自家公寓前廳做了幾天，不過似乎沒有任何人有快遞貨物或是在芝加哥市內搬運物品的需求。所以他走到商店去找了些零工，負責將沉重的箱子搬到倉庫，再將貨物搬進店鋪中。他靠這種方式勉強維持生計，但他依然認為自己正在前進中。有一天，一位連鎖店的經理在街上攔住他，問他生意

如何，還詢問他是否想接手替商店運送雜貨。他答應了，他每天能從替商店運送雜貨的工作中賺到幾美元。這就是他的起點。現在，他有七輛新的送貨車在芝加哥南邊營運，而且還預計添購更多貨運車。

「那位 A&P 商店的經理要求我替他的顧客送雜貨時，解釋說那家店是一家付現自運商店，不提供貨物寄送服務。」詹姆斯透露，「然後經理還說當時專門幫顧客送貨的傢伙態度很差，他告訴我，『如果你提供我們客戶送貨服務，每天能賺個幾美元。』我當然趕快向他道謝，應下這份工作。每箱貨物的運費是 10 美分，客戶要在付錢買雜貨時一併支付。我的工作就是在商店前停下來，將要送的貨品放上卡車，然後送出去。但每天要送的其實沒幾箱。那家店幾乎沒有付我汽油費。我後來還排了另一家連鎖店、兩家獨立的雜貨店跟三家肉店，每天到店家巡視幾輪，將貨物放上卡車送貨。每天結束時，店家經理或老闆會把他們收到的運費交給我，讓我得以繼續做下去。」

「這種服務最重要的一點是要提高送貨的頻率。民眾需要盡快拿到自己購買的食物。我一天會去店裡四次，一次在早上 10 點半，一次在 11 點半，一次在 2 點，最後是 4 點。我會把準備好運送的肉類、雜貨箱子與盒子放上卡車，沿路停靠運送。運送所有貨物大概要一小時，這樣一來，在這條路線上任何一家商店買東西的民眾就能儘早拿到自己的雜貨，準時坐下來吃晚餐。」

「一旦商店的顧客了解到可以充分信賴我的運送服務，就會有更多人請我幫忙送貨。婦女不喜歡搬運沉重的貨物。馬鈴薯 1 配克[1] 就有 15 磅重，沒有任何一個女人會想要自己搬運 1 配克的馬鈴薯。如果有人能幫她搬就再好不過了，她也願意為此支付 10 美分。一個月內，我在這個社區的包裹運送

1　配克（peck），穀物等農產品的英美乾量單位，1 配克相當於 2 乾量加侖或 8 乾量夸脫。

量從每天四十個增加到一百二十九個。兩個月後,我平均每天運送一百五十個包裹,這已經是極限。於是,我與其他社區的商店合作,找來一位幫手跟一輛二手卡車,生意突飛猛進。」

任何規模的城鎮居民都很歡迎這種店鋪貨運服務。多數商家要不是已經停止送貨服務,不然就是願意讓奧佛豪斯這種可靠的在地貨運公司承辦送貨服務。提供這種類型的服務是快速開展業務的方式之一。

專為「高挑」、「豐腴」女性服務的裁縫師

某天,芝加哥的一位女裁縫無意間聽到一位體型壯碩的婦女跟老闆的對話,那名女子說自己很難在服飾店找到合身的服裝,困難到她幾乎已經打算放棄打扮了。出於善意,女裁縫先是表態自己無意偷聽,並加入了對話,主動邀請這位體型壯碩的女子預約時間試衣。豐腴的女子也有一位身材跟她差不多的姐姐,不久後,兩人都成了女裁縫的顧客。兩人也認識不少因為一些因為體型而難以買到合身服飾的朋友,這位裁縫師很快就累積了不錯的客源。

很有生意頭腦的她,以接單訂做的方式向顧客銷售內衣以及洋裝。她還鼓勵顧客提前規畫每一季的服飾需求,進而向她們介紹如何以最節省時間與開銷的方式,在每一季穿出最時髦有型的風格。這項策略不僅有助於安排工作進度,還能替她招攬額外生意,也就是替顧客修補、修改上一季的服飾。

她發現,除非自己能提供顧客穿搭建議,否則無法替顧客規畫每一季的服飾穿著,而她知道這才是這個產業的成功祕訣。所以,她仔細瀏覽布料圖樣書,研究比較好的百貨公司推出的新面料,還參考這些商店的「時尚大尺碼部門」所銷售的裙裝。然後把從商店帶回家的面料樣品製作成樣品卡,下

方列出每款面料的價格。她也把那些她認為能修飾身形的面料圖樣或圖案做成樣品卡，如此一來，顧客越來越依賴她的審美與品味，這無疑也讓她的工作更輕鬆流暢。

這位女裁縫師的多數客戶都是口耳相傳推薦而來，其中有些客戶主要是一位胸衣師介紹來的，因為她的客戶中也有許多身材魁梧的女性。兩位女老闆達成協議，會各自向客戶推薦對方的服務，這對雙方來說都相當有利。

最近她又發現了另一個市場，也就是替身高特別高的婦女製作衣服。這些婦女跟體型粗壯的女性一樣，很難在市面上找到合身的成衣，更困難的是商店中沒有專門設來滿足她們需求的部門。高個婦女的服裝袖子必須更長，裙長也是，而且腰間的長度也比一般服飾更長。所以她們買的所有成衣都需要修改才能穿。要建立這項業務不容易，但客源正逐漸增加，其中大多都是透過滿意顧客的口耳相傳介紹而來。

飛機廢棄物收購站

加州的年輕飛行員艾瑞戈・巴爾伯尼（Arigo Balboni）發現自己經營的業務根本沒有多少競爭對手，而他的工作就是回收廢棄失事的飛機。會跟他購買失事飛機部件的客戶，包含會使用破損飛機來拍攝墜機場面的電影導演、需要某些零件來維修老舊引擎的民眾、航空學校、業餘飛機與滑翔機製造者，還有發明家跟收藏珍古舊物的民眾。

他的廢棄飛機回收站位於洛杉磯郊外，這個靈感是來自一場飛機失事事件。某天，從舊金山飛往聖塔莫尼卡（Santa Monica）的途中，他在洛杉磯北部墜毀。他只受了輕傷，飛機卻徹底毀損。他投資在這架飛機上的積蓄就這樣沒了。後來他搶修飛機，將零件賣給其他飛行員。透過這種方式將殘破

的飛機部件賣掉，他賺到 930 美元。就在那時，他意外發現廢棄飛機零件回收站可能是一門能賺錢的生意。事實證明他是對的。過不了多久，他供應飛機零件的消息就傳遍各地，訂單從海內外湧入。國外的航空學校用船打撈上岸的舊引擎來教學生飛行的機械原理。發明家將廢棄的飛機買回去之後，將零件拆解開來，希望能找到更好的方式來製作引擎。儀器跟機械裝置也被用於此目的。為了能夠不間斷地供貨，巴爾伯尼會留意哪裡發生飛機失事，然後立刻採取行動來搶救、回收零件，並直接從飛行員或其他有關當事人那裡收購廢棄部件。

成立有益身心的射箭俱樂部

J. M. 狄茲（J. M. Deeds）是西北地區的商人，1929 年時他旗下總共有七十位員工。1931 年，他淪落為加州奧克蘭的普通工人。對健康欠佳的年長男性來說，挖溝渠是一份相當艱苦的勞動工作。但為了養一家妻小……

隔年，沒有工作也沒錢的狄茲先生對牧師說：「要是沒有休閒嗜好，我很快就會瘋掉了。」牧師回答道：「說得好，的確是該培養嗜好。」

狄茲先生選擇練習射箭，因為他的兒女是童子軍。而且在半個世紀前，在加州北部的荒野中，還是小男孩的他曾向印地安人學習用本地的樹木製作弓箭以及射箭的方式。

到了 1932 年秋天，他已經成為童子軍的委員會成員，並說服六成的成員將射箭確立為一項活動。隔年春天，他對射箭的熱情強烈到決定將這項消遣轉換為畢生志業，目標是讓東灣區成為美國的射箭重鎮。

那年夏天，在某次童子軍考察過程中，他發現一種非常堅韌的草，覺得這種草很有潛力製作成靶子。他將草的樣品寄給華盛頓的農業部後，得知這

是美國最堅韌的草。經過協商,那塊地的地主同意讓狄茲先生把草割回去,想割多少都沒問題。他說這叫野生濱麥,不能拿來做成乾草。狄茲先生很快就試做出一個靶,並發現這比以前用過的靶都還要實用。他割了1噸重的草,把草帶回家,在閒暇時間製作標靶。他拿這些靶跟裝備製造商換取原物料,用換來的原物料製作裝備(弓與箭)。

同時,他也成立一個名叫「伯克利射手」的俱樂部,並被大家公認為領導俱樂部的英才。俱樂部有六十名成員,其中包含東灣的教師和商人,以及由三十名男孩與女孩組成的少年分部。除此之外,還有十五位自稱「漫遊者」的男子,狄茲先生正在訓練他們射擊大型獵物。

聯邦緊急教育計畫(Federal Emergency Educational Program)準備推出休閒娛樂活動時,狄茲先生曾拜訪董事,但提案被拒絕。他們認為射箭不安全。但他不放棄,繼續拜訪這群人,最後他們終於同意進行試驗,並要求狄茲提供射箭裝備。這對他來說完全不是問題。為了因應這種突發狀況,他早就做好幾十張弓跟幾百隻箭了。

接下來六個月,有五百人報名參加,在兩千多小時的射箭練習中,完全沒有人受傷。學生中有七十人加入射箭俱樂部,許多人都從狄茲那邊購買裝備。

透過嘗試以及從錯誤中學習,還有跟製弓專家交朋友,狄茲先生學會製作弓箭裝備的技術。其中一位專家是在加州過冬的印第安酋長,另一位是西部的知名手工藝師傅。現在,狄茲先生製作的弓集美觀與堅固於一身。他設計的 15 磅練習弓,證明了比傳統的 25 磅或 30 磅弓更適合新手。

狄茲先生認為自己之所以能成為聲名遠播的弓箭教師,原因在於他努力推動使射箭這項活動不再神祕兮兮,讓大家知道射箭背後的技巧與基本原理。看到原本彎腰駝背、臉色蒼白的男女老少在經過射箭練習後,能夠重新找回健康,每個人看起來眼神都炯炯有光、身姿挺拔,這是狄茲先生最高興

的事。

　　他的嗜好獲得家人支持，製作的裝備總價值高達 1,000 美元。但最重要的是，他自己也恢復健康了。

以代筆寫作維生

　　1933 年 2 月，紐約市的弗雷德・貝爾（Fred E. Baer）發現自己的媒體宣傳業務已經奄奄一息時，他就果斷終結這項事業，與亨利・伍茲（Henry F. Woods）成立一家代筆作家工作室（Ghost Writers' Bureau）。代筆作家辦公室是做什麼的？如果你需要替個人的協會發表演說或寫一篇文章，只要跟這家工作室聯絡，他們就能幫你完成！演講稿或文件都能替你準備好。專業人士和商務人士都會利用這項服務，例如，許多保險公司的一般代理人時常要為銷售員準備激勵士氣的素材，他們就常常請工作室代筆撰稿。

　　辦公室剛成立時，服務費率從每字 4 美分到 11 美分不等。這個價碼太高了，但兩位負責人過了一段時間才發現這點。目前的收費是 1.5 美分至 6 美分。收費的一部分歸寫手所有，剩下的是工作室利潤。

　　辦公室團隊現在有兩百位專業寫手，負責科學、建築、金融、工程、商品銷售跟其他領域的文章。每年大概會有一千兩百位客戶請辦公室替他們撰寫演講稿、書稿、文章跟報告等書面文件。

　　由於民眾不太願意公開承認自己是雇用專業寫手代筆寫文章，所以很難靠口耳相傳來宣傳。所以，工作室起先是在紐約報紙上刊登一個小欄位的廣告，幾乎每週都刊登。

　　對自己所屬的特定社群的需求有明確想法的年輕生意人，其實都能成立這樣一間工作室。活躍於貿易協會、專業領域俱樂部、社交俱樂部、婦女俱

樂部、文學俱樂部，以及科學組織中的民眾，在準備出版稿件或演講稿時，都需要經過專業訓練的寫手協助。這種組織的核心工作團隊，必須是由來自特定領域的專業寫手組成。任何有才華與能力的作家，想必都不介意在閒暇時間多賺點外快。

靠拍快照來支付旅費

幾年前，羅伯·休斯（Robert E. Hughes）是芝加哥郊區一所高中的老師，他一開始玩攝影是從價格低廉的柯達布朗尼相機入門的。後來，他對相機與攝影越來越感興趣，就投資了一台更好的相機。在漫長的暑假期間，他總是隨身攜帶相機。有一天，他將在男孩營隊周遭拍的照片洗出來，並拿給營地主任看，結果得到一筆拍攝兩百張照片的訂單。那時起，他就用販售快照來支付假期旅費。夏季酒店、營地、鐵路、旅遊機構、旅館、觀光農場、俱樂部，這些全是生意來源。他直接用照片來吸引客戶。他認為如果主動詢問顧客是否需要拍照一定會被拒絕，這個想法沒錯。

慢慢地，休斯先生找到了一些對快照有需求的特別銷售管道。有一次在西部與西南部度假時，他替一位講師拍攝照片，然後將照片沖洗成彩色幻燈片。還有一次，他受一家旅行社委託，在威斯康辛州拍攝一些照片，單是這次委託就讓他賺進 2,500 美元。他偶爾也會替廣告小冊子拍攝插圖照片。不久前，一家暖氣公司的委託，竟是請他從特殊的角度拍攝地板與天花板上暖氣設備的照片。

這種嗜好其實樂趣無窮。其中，他在拍攝過程中相當享受的一張照片，是他替抓到中型魚的漁夫所拍。他拍了一張漁夫拿著魚的照片。然後，漁夫要求休斯先生把魚「放大」，也就是說要讓魚大到看起來像是拖在地上一

樣，但漁夫的大小維持原樣。不用說，漁夫跟一起釣魚的夥伴都在拍這張照片的時候玩得不亦樂乎。多數避暑勝地都希望得到客人釣到魚或捉到獵物的明信片，還會訂購大量明信片擺在櫃檯販售或用來打廣告。

休斯先生自己沖洗、加工所有照片，所以能確保成品的效果是他想要的，而且還能用底片做各種實驗。比起讓別人來沖洗照片，自己沖洗照片能讓他學到更多關於攝影的知識與細節。他已經掌握複製舊照片的祕訣，比方說運用銀版攝影法，藉此讓許多珍貴的老照片重獲新生。一旦掌握拍攝動態人像的訣竅，就有各種機會能靠拍攝快照賺錢，這種賺錢的方式比你想像的還簡單。

風格挖掘攝影師

紡織品領域的製造商一直在尋找能用來推出新設計的創意與「圖案」。他們不惜重金收購照片，有時出價甚至高達 1,000 美元，只為了取得獨特少見的風格主題。紐約的瑪麗恩・史蒂芬森（Marion Stephenson）就想到這點。不過，她將第一張照片賣給紐約一家絲綢公司之前，其實從來沒想過挖掘新風格是一門能做的生意。僅僅三個月內，她就賺了不少錢，帶著相機到世界各地去拍攝不同凡響的「照片」，希望這些靈感能讓設計師創作出有趣或獨一無二的風格造型。

「我造訪法國、英國、德國和義大利。」史蒂芬森小姐指出，「我四處尋找時髦有型的民眾聚集的場所，拍攝他們的動態照片與靜態肖像，作為造型風格靈感，協助服飾製造商打造新的系列產品。這份工作很有趣，領域也越來越寬廣。雖然拍攝成本由我負擔，但這份專業工作的利潤足夠支付各項開銷。挖掘時尚風格不難，我不曉得該如何明確告訴別人該怎麼做，因為這

實在沒有規則可循。不過，我相信任何一位熱愛服裝、善於觀察的女性，都能成為優秀的風格挖掘者。在我的工作中，我使用照片，因為我不是藝術家，沒辦法畫插畫草圖。如果你對線條與色彩很敏銳，還能畫一點插畫，應該能在設計中獲得比我更多的靈感，也能很快賺進不錯的收入。」

任何仰賴造型風格的業務，就是這種照片的潛在銷路，設計師或業主都必須不斷尋找造型靈感。這種工作不需要經過特殊培訓，每位善於觀察、急著想從事一門有趣且能賺錢的工作的女孩，都能考慮擔任風格挖掘攝影師。

遛狗人

在紐約，有一群富有事業心的年輕人開發出一項有利可圖的業務，他們都自稱「遛狗人」。唯一必要的資本，只有適合當季穿著外出的服飾、健步如飛的雙腿跟一顆愛狗的心。第五大道和公園大道上段還有中央公園中，四處可見遛狗人的蹤影。有了他們，純種狗有了外出透氣的機會。

喜歡養狗作伴但沒有精力長時間陪狗散步的老人，都很讚揚這項服務。行動不便者，還有無法定期抽出時間帶狗散步的商務人士，也對這項服務讚不絕口。在芝加哥，還有另一個團體替繁忙的狗主人想出一種遛狗、幫狗洗澡，以及修剪狗毛的服務。

另一項專為狗提供的服務也是源自紐約，那就是所謂的「小狗俱樂部」。由柏寧酒店（The Park Lane Hotel）替小狗俱樂部舉辦開幕儀式，該俱樂部位於酒店頂樓。狗主人在酒店餐廳享用午餐時，狗狗可以在俱樂部吃午餐、睡一覺、玩耍，或者是接受梳毛服務。如果主人願意，也能將小狗放在俱樂部曬一整個下午的太陽。專業獸醫會針對每隻狗開立菜單以及治療方式。小狗俱樂部的位置非常好，而且也只適合用來提供這樣的服務，設備跟

裝潢都很便宜。這個點子不僅成功讓原本閒置的空間財源滾滾，還可以避免酒店賓客與訪客的犬類寵物在酒店內四處亂竄。

妥善運用舊卡車的男子

幾年前，詹姆斯・布萊德利（James Bradley）的公司倒閉，他也因此失業。當時，威斯康辛州阿特金森堡這個小鎮上沒有多少工作機會，他每天找工作都找得很辛苦。確實，他偶爾會在不同地方打零工，但始終找不到長期穩定的職缺。

某天，他在小鎮上走來走去，一邊想著到底能做些什麼。這時他偶然瞥見車庫裡的一個舊卡車底盤。如果他能把這台舊車修好，或許能用卡車來做點工作。幾個街區外有一座垃圾場有製作車身的材料，只要將這些材料組裝在底盤上並塗上油漆後，布萊德利就能開始工作。

起先，生意很難做。他跟老婆四處探聽、不放過任何可能跟卡車相關的工作。第一份工作是替一位要搬到密爾瓦基的居民搬運家用品。接著，附近的一座小鎮也出現另一份類似的工作機會。漸漸地，他發現自己可以在鄰近地區接一些大型卡車公司不屑承接的小案子。在極短時間內，詹姆斯・布萊德利就擁有一支卡車車隊，取得通往密爾瓦基的所有卡車運輸特許營運權，並簽了幾份特殊合約來處理數家公司的運輸業務，其中一家公司是共和鋼鐵公司（Republic Steel of Milwaukee）。不僅如此，隨著業務越來越上手，他還與全國各地的卡車公司合作，在他負責區域中的幾個轉運點把貨轉交給其他卡車公司。

觸及全國的貨物交易所

貨物交易所（The Trader's Exchange）是一所全國性的易貨貿易機構，成立不到幾年就成為全國最大的其中一家易貨組織。經營該機構的薩維諾‧莫瑞佐（Savino Morizzo）指出，他每年要處理 50 萬美元的貨物，每個月接收的貨物多達四千五百件，每個月大概要經手三萬六千封信件。他的工作是負責交換各式各樣我們能想像到的貨品：商品、農產品、牲畜以及寵物等。

事情通常是這樣的──阿拉巴馬州一位擁有薩克斯風的學生想要一座顯微鏡。亞利桑那州的某位寡婦有顯微鏡，但她想要一些豬。奧克拉荷馬州的一位農民有六隻小豬，而他想要薩克斯風。交易所就會媒合農夫、寡婦與學生互相聯絡，讓每個人都滿意交換的結果。其中，也有某些最詭異的交易，例如用六隻松鼠換一台吸塵器；四十九把剃鬍刷和一塊大理石換一輛雙座四輪轎式馬車；一組響板、一把西班牙梳子和一套華麗的服裝，換六次美容療程。

雖然這座交易所是全國性的，而且還能透過龐大的業務量來賺取豐厚利潤，但你也能在小鎮找到建立類似交易所的絕佳機會，肯定或多或少可以在當地範圍內運作。租金便宜的商店、自家或是商店中的一個小空間，這些地方都能拿來作為交易所。發放傳單跟在當地報紙刊登廣告，民眾就會告訴你他們想要找什麼樣的物品，有東西想交換的人也會主動跟你聯絡。只要你的商店在鄉間廣為人知，生意就會透過顧客口耳相傳發展起來。在現在這樣一個金錢匱乏的時期，易貨貿易真的非常受歡迎。

男孩俱樂部確實有利可圖

約翰·班克羅夫特（John Bancroft）大學時是一名相當出色的運動員，不過畢業後，他發現很難找到真心想做的工作，所以他為自己創造出一份工作，不僅報酬豐厚，還能滿足社區民眾的需要。他成立了一個專為喜歡運動的男孩打造的俱樂部，將其稱為「斯普林菲爾德男孩俱樂部」（Springfield Boys' Club），並將男孩分成兩組。第一組是由 9 歲以下的男孩組成，週間有兩天會在放學後聚會，週六上午也有一次集會。第二組由 9 至 14 歲的男孩組成，每週會有三次辦在下午的聚會。每個男孩的費用從每月 3.5 美元至 5 美元不等，每組有二十到二十五個男孩。靠這項工作，約翰·班克羅夫特的年收入遠超過 1,000 美元。他妥善分配這筆錢的用途，支付游泳池使用費、助理工資、休旅車的運作開銷，跟其他雜費等支出。

俱樂部全年營運，分為兩個學期：春夏與秋冬學期。體育活動因季節而異，包含棒球、橄欖球、游泳、拳擊、健行、划船及體操。在湖水溫度太低的期間，俱樂部會跟當地飯店合作，使用飯店的游泳池。當然，在游泳季節，俱樂部會帶男孩到海灘上游泳課。在雨天，會有老師指導孩子製作風箏以及模型飛機等玩具，然後教他們如何讓玩具飛起來。約翰·班克羅夫特和助理偶爾會帶孩子通宵健行或是在週末遠足，也讓他們學習一些關於木材工藝的知識，或是開著多人座的休旅車載著男孩到各地玩樂。

學期結束時，俱樂部會在飯店游泳池舉辦一場體育活動，所有男孩的父母和親友都會受邀參加。就連小朋友也會參加拳擊比賽，而他們的技能總是優秀到讓觀眾出乎意料。當然，這場活動也帶有一點廣告性質，能吸引更多人加入俱樂部。

如果受過體育訓練、知道如何照顧一群男孩，任何住在熱鬧社區的年輕人都能開辦這樣一所俱樂部。年輕女性也能替少女成立這樣的俱樂部。以女

孩來說，體育訓練可能會是游泳、跳水、網球、籃球、健行跟溜冰等運動。

狗食生意正熱門

在紐約，有位很有生意頭腦的女子創立了一門相當奇特的生意，專門替那些沒時間或不想費心準備寵物食物的主人準備狗食。她以「狗狗餐飲公司」的名義，替狗主人提供這項日常服務。生意發展神速，短短時間內，她已在附近幾座城鎮建立分部據點，並在費城和華盛頓設立辦公室。這種性質的業務在芝加哥與洛杉磯也發展順利。

這種生意只能在有大量純種狗的社區進行。這些狗的主人不僅有足夠的錢來購買純種狗，還有充沛資源能妥善照顧狗的日常起居。當然，你必須對狗的飲食瞭若指掌，知道不同品種狗每天所需的食物量，以及準備食物的成本。基本上，你可以在任何一本關於照顧狗的好書中取得這些資訊。

唯一必要的投資是一輛小型送貨車。二手送貨車用幾百美元準時分期繳款就能買到。針對中型犬，例如萬能㹴跟鬆獅犬，一餐的費用為 22 美分，第二餐則為 20 美分。每週五，狗都能吃到魚，收費為 14 美分。波士頓㹴跟凱恩㹴等小型犬的狗食費用為 14 美分。獅子狗的餐費為 10 美分。蘇格蘭㹴犬、西里漢㹴與剛毛獵狐㹴每餐的價格為 18 美分。提供萬能㹴的標準狗食，其中包含煮熟或生的瘦牛肉（切塊或磨碎）、四季豆、其他青菜和德式烤乾麵包。

幫老闆找回顧客的廣告明信片業務

亞當‧安德森（Adam K. Anderson）是鹽湖城的會計，有天他碰巧來到某家設備先進的肉店。當時店內的老闆正在招呼顧客。

「您好嗎，史密斯夫人？我已經六個多月沒看到您了。您搬到別的地方去了嗎？」老闆親切問候。

「沒有，我還住在一樣的地方，但是往這條街的另一個方向走，有家肉店離我更近，距離少了幾個街區，我開始習慣在那邊買肉了。」客人說。

「我希望您之後還會回來這裡跟我們買肉，真的很感謝您光臨。」肉舖老闆誠摯回答。

「我會的，這裡真的很棒，您也很仔細提供我們需要的肉品。明晚我們有客人來訪，我會打電話跟您訂肉。今晚我需要一份小的牛腩。」她接著說。

就這樣，老闆重新贏回老顧客的心。這讓安德森想到在一個月前，他收到一張來自當地服裝店的廣告明信片。收到這張明信片後，他去這家已經多年沒有光顧的店買了一套復活節套裝。那張明信片很簡單，上面印了一小段樂曲，應該是《友誼地久天長》（Should Auld Acquaintance Be Forgot）這首詩歌的幾個小節。卡片上的文字相當簡短，上面寫著店舖老闆很懷念他的光臨，很感謝他之前曾經來消費，希望他能再來選購一套復活節套裝。他心想，如果贏回老顧客的心這麼容易，為什麼這麼少商家願意採取措施來挽回老顧客呢？

想到這點後，安德森先生與肉舖老闆討論這個問題，並解釋廣告明信片的想法。他發現老闆最近清點帳本中的舊帳，這些老客戶在過去幾個月內完全沒有來店裡消費，而且總數接近六百人，他相當吃驚。離開肉店後，安德森決心要搞清楚如何製作廣告明信片。

隔天，他得知有幾種複製以及謄打地址的機器，可以用來製作廣告明信片。這些小型機器的價格最低 35 美元就能買到了。期間，有位銷售這種機器的推銷員聽到這方法後，也很感興趣，給了安德森幾張用機器製作的廣告明信片樣品。

能在被迫放一個月無薪假的淡季期間找到賺錢的方式，安德森很滿意。他很快就將樣品明信片拿給肉舖老闆參考。老闆訂購三組一系列的明信片，每隔一個月就寄給老顧客。然後安德森又跑去找藥商，藥商手上的客戶名單更長。當然，藥商也跟他下訂單了，買了明信片要寄給那些不再來店裡消費的顧客，還有另一批給現有顧客的明信片，在上面宣傳一些新推出的特殊商品。接下來，一家乾洗店也覺得明信片能帶來更多商機。很快，安德森就接到更多訂單，包括生活家飾店、音樂商店、油漆店、木材工廠，以及城市周圍的各類商人與小型製造商，售出總額超過 2,500 美元的廣告明信片服務。他在頭兩個星期就付清機器的費用。花在墨水與消耗品上的費用相對較少，成本比較高的是在郵局購買每張 1 美分的明信片。在這個時期，他花在明信片上的錢總共還不到 9.5 美元。拉業務時，他總以最快的速度向商人提出方案，因此價格也能開得略高一些，其中包含替每位客戶撰寫明信片的服務。第一個月就獲得不錯的利潤。第二個月，高中剛畢業的兒子也加入幫忙的行列，他們一起將剩下的訂單處理完。來到第三個月，總利潤已經多到足以添購更大規模的設備，兒子也做起小生意。

穩賺不賠的娛樂服務

當考克斯（J. E. Cox）所屬的流動遊藝團解散時，他發現自己身在喬治亞州的一座小鎮。他被迫在那裡待了幾天，好好研究這座小鎮。小鎮人口不

到一百人，沒有任何娛樂設施，鎮上死氣沉沉、枯燥乏味。仔細觀察思考後，考克斯想到一個點子，而這個點子替他帶來的利潤，絕對能讓大城市的劇場表演者趨之若鶩。考克斯的想法是參考舊時河邊演藝船船主的經營模式，過去這種模式讓船主賺進大把鈔票。而他選擇將表演帶到距離鐵路幾英里遠的內陸地區，提供當地民眾娛樂活動。不過他並沒有引進一整團的馬戲團演員，而是有聲電影。

他來到亞特蘭大，買了一台便攜式影音投射設備，從老派風格的錢包拿出 300 美元來付錢，將設備放上他的二手卡車。除了這台設備，他還取得一座便攜式屏幕跟一盤 1,000 英尺長的電影膠卷，電影名為《戰鬥》（Battle）。隔天，考克斯立刻到距離亞特蘭大 100 英里的小鎮舉行第一次播映活動，把這些設備和電影全用上了。他租了一間教室，邀請全鎮的人來看電影。民眾踴躍參與，其中有許多人是第一次欣賞有聲電影。第二天，他來到下一座城鎮，一樣租了一間教室。這兩場演出的觀眾人數都高達一百七十五人。考克斯在這兩場放映活動中跟每位民眾收了 15 美分的入場費，並且決定不管到哪裡都收這個費用。第一週結束，他的利潤為 104.5 美元，有了信心後，他決定在下週六的放映活動中找一部更好的電影來播。隔週六，他造訪的小鎮人口有一千六百人，他訂了一部音樂喜劇片來放映。他抵達小鎮時，電影膠卷也已送達鎮上。這個鎮的觀眾比其他鎮還要多，居民甚至特地下山來觀賞電影，生意之好讓他在鎮上停留了四天。這門生意替他帶進豐碩利潤，所以他決定不要只在一個地區停留一夜，而是改為每週造訪兩個地點。在離開一座小鎮之前，他會在一大早到預計造訪的下一座小鎮去，沿途在樹上、柵欄上和穀倉外張貼公告，告訴民眾他即將在哪個地方舉行電影放映活動，確保場場放映都能人數爆滿。他每週的平均支出約為 62 美元，每週利潤通常略高於 150 美元，這筆小收入確實還不賴。

考克斯的想法能在許多地區實踐，而且絕對穩賺不賠。這些地區的城鎮

和村莊距離鐵路和城市都有一定距離，就連一些有兩千人口的社區也沒有電影院。為了提高獲利，考克斯不租借首輪或二輪電影，而是購買舊片，並以低成本的方式在每場播映會反覆播出相同電影。

從佛羅里達州運來水果

一位住在密西根州梅諾米尼（Menominee）附近的果菜農發現，在經濟蕭條期間日子真的很難過。為了找到增加家庭收入的方法與手段，他想到用卡車運送水果的點子。他之前專門用來載運花園用品的卡車，現在幾乎處於閒置狀態。他的長子也無所事事，高中畢業後就找不到工作。所以，他乾脆叫兒子開卡車到佛羅里達州購買柑橘類水果。卡車載著滿滿的水果回來之後，用不到幾天，他就把水果賣光了。

一直到近期，熱帶水果在梅諾米尼的價格始終很昂貴。現在，有了他以比較便宜的價格販售這些水果，每次卡車從佛羅里達州回來時民眾都會把水果搶購一空。過沒多久，為了滿足對新鮮水果的需求，他建立起由四輛卡車組成的車隊，在佛羅里達跟梅諾米尼之間往返。此外，他還開設四家商店，專門銷售卡車運回來的農產品。其中兩家在梅諾米尼，另外兩家在威斯康辛州的馬里內特（Marinette），地點就在河的對岸。他的市場涵蓋這兩座城鎮以及鄰近地區，總共大約有三萬五千名居民。

靠公墓賺錢

某次從堪薩斯城的家開車到附近城鎮時，亞瑟・魯格（Arthur T. Ruggles）注意到幾座破舊的公墓。腦筋動得快的他心想：「這個地方是個賺錢的好機會。」所以他找上負責其中一塊公墓的委員會主委約時間見面。

主委坦率表示公墓有許多工程都有待完成，例如清理車道邊緣、把路面上的車轍弄平修整、把未售出地段上的灌木清掉、平整粗糙凹凸的土地，以及種植草皮等管理員做不到的工作。他說在這種情況下，很難讓墓主滿意，而且也很難把額外的土地賣出去。

接著主委還提到真正的問題所在。總是有一些障礙需要克服。主委表示，他們沒有錢請人來完成這些額外的工作。魯格先生並沒有因此卻步，畢竟大家碰到問題時總是把沒錢掛在嘴上。他仔細想想之後，有了一個主意。他告訴主委，他可以負責這些工作，不過要以公墓的地皮作為報酬。主委一口答應。

就這樣成交了。雙方達成協議，魯格斯能收到價值 2,000 美元的公墓地皮，任務是完成委員會指定的工作。他雇用幾位園丁幫忙施工，同時也付佣金請了一位銷售員來幫他賣這些土地。

魯格先生清楚了解應該要在施工改善墓地狀況時，同步進行土地銷售。施工結束前，這些未出清的地皮就全數賣掉了。施工的人力與材料成本加起來其實不到 500 美元，銷售員的佣金總額為 500 美元，所以魯格斯在這筆交易中的實質利潤為 1,000 美元。

買賣雙方對這筆交易都相當滿意。隨後，魯格先生又展開一項更有企圖心的計畫，接著找其他地區的墓園管理公司做類似的交易。現在，他已經成為這個蓬勃發展的產業龍頭，每年淨賺數千美元。

點石成金，將灰燼變成黃金

德州聖安東尼奧（San Antonio）馬里蘭冶煉和精煉公司（Maryland Smelting & Refining Company）的老闆兼試驗員約翰·唐斯（John Towns），在城市的核心地帶淘到金子！事情是這樣的，有一天，唐斯先生偶然看到一棟當地住宅大樓的管理員，準備將焚燒爐中的灰燼運走，而那棟樓裡住著許多牙醫。唐斯突然萌生一個點子，他說：「給我一些灰燼的樣本吧。」把灰燼帶回辦公室進行化驗後，發現樣品中含有足量黃金，每噸的黃金價值平均有 140 美元！

他的預感是對的。牙醫本來就會使用黃金這項素材，拿黃金來銼削、削刮，以及鑄造成形，過程中當然會有微小的黃金顆粒落在地板上，掃地時被掃起來，最後成為焚燒爐中的灰燼。於是，他很快就完成簽約購買這棟大樓掃地掃出來的塵土。

就這樣，美國最古怪的業務誕生了。但考慮到這項業務所需的投資，這其實也是美國最賺錢的生意。從聖安東尼奧開始，唐斯先生迅速擴大購買範圍，從達拉斯（Dallas）、沃思堡（Fort Worth）和休士頓的醫療辦公大樓購買清掃出來的塵土。其中，達拉斯一棟大樓的清掃物經過測定後，確定每噸含有價值 700 美元的黃金。

現在，唐斯先生分別從三十個州的醫療辦公大樓購買清掃後的塵土，每個月收到大約 10 噸重的灰燼跟清掃物，化驗結果從每噸略高於 100 美元到 2,000 美元都有。作為參考，阿拉斯加州著名的朱諾（Juneau）金礦目前經營得相當成功，但他們的化驗結果每噸只有價值 50 美分的黃金而已。

這當然是一項相當專門的業務，需要特殊技能與知識才能經營。確實，不是每個人都能做這件事。不過這也顯示，只要抱持開放的心胸，保持好奇心並運用觀察力，就能找到隱藏在身邊的商機！

菜園俱樂部

紐約州有位果菜農一直以來都很努力種植蔬果，並挨家挨戶銷售農產品。但有很長一段時間，他對自己辛苦勞動的所得很不滿意，卻也找不到擺脫困境的辦法。某天晚上，他站在農場外思考如何以更具經濟效益的方式向顧客銷售作物時，他想到可以組織一個俱樂部，並且替俱樂部成員照顧他們的果菜園。他的家人起初認為這個方法不可行，但他還是去募集俱樂部成員了，而且很快就找到一百名會員。

每位成員能選擇自己想要的蔬菜，例如豌豆、甜玉米、紅蘿蔔、小蘿蔔、生菜跟其他蔬菜，然後這位果菜農會根據會員的要求在他的土地上種植這些作物。種植、栽培跟施肥的費用以每排作物 1 美元計價。如果會員想要挑選採集自己的蔬果作物，他們隨時開車到農場採收。而他們開著裝滿蔬菜的車子離開時，通常還會順便買一些蜂蜜、奶油跟雞蛋。這位農場主很聰明，他不僅讓會員來農場取蔬果，還會趁他們在現場時銷售一些產品，從中獲得豐厚的現金收入。

替餐廳設計「家常晚餐」菜單

住在芝加哥的海倫・尤因（Helen Ewing）跟許多婦女一樣有一身廣受好評的廚藝。不久前，她認識一位餐廳老闆的妻子。有一天，餐廳老闆的妻子談到家庭料理跟餐廳烹飪的區別，「如果有人能讓我老公餐廳的菜單更豐富多樣，大概就能留住老顧客了。很多人之所以不來光顧，就是覺得菜單太單調。」後來，尤因聽說加州有位老闆將餐廳經營得有聲有色，原因是他提供顧客多樣化的料理，這引起了她的興趣，她也決定來研究菜單。

尤因小姐表示：「走訪許多餐廳、研究過他們的菜單後，我發現餐廳老闆都不喜歡自己設計菜單，然而，他們其實滿需要豐富多樣化的菜單，也就是每天推出新鮮、不同的料理，讓客人常常想回去餐廳光顧。同時，我也發現維持料理風味與吸引力的祕訣在於小量烹飪，這是廚師能做出『家常風味』料理的唯一方法。所以我設計出一系列家常晚餐料理，將這份菜單交給幾家餐廳的老闆。他們考慮之後，很快便同意採用這份菜單。我就是這樣開始現在這門生意的。」

尤因小姐在芝加哥洛普區（Loop）找了一間辦公大樓成立辦公室，並開始向芝加哥的餐廳老闆販售小規模午餐菜單。她將這項罕見的業務稱為「規畫服務」，每個月固定收取 5 美元的服務費。不到一年，就有近兩百家餐廳向她訂購這項服務，利潤也開始越來越可觀。她所做的事情，其他成千上萬名婦女也有能力跟資格做：規畫簡單、平價的餐食。在其他城市也能開展類似服務，因為許多小餐館的老闆都缺乏創意，無法自行規畫出均衡、多樣化的菜單。設計售價 25 到 30 美分的小規模午餐菜單時，請記得，如果餐廳要賺錢，他們收到的錢最少得是零售成本的 2 倍。所以一份 25 美分的料理成本不能超過 12.5 美分。執行這項服務時，要每天提供顯示每樣食物適當份量的食譜，並將同樣的食譜發送給合作的廚師。你沒有必要投入大量資金在這種服務上。只要準備好第一份菜單，將菜單印出來，然後寄給每一位訂閱的餐廳老闆即可。設計菜單時，別忘了想想看有哪些當季食材。

使命必達的行動維修站

愛荷華州狄蒙（Des Moines）的喬治・伯利（George Burley）現年 77 歲，這五十年來他以修理別人不會修理的東西維生。他的口號是：「如果伯

利也修不好，就把東西丟掉。」在他住家後方的小店中，他修理傢俱、畫框、更換鏡子或相框中破碎的鏡子、重新替鏡子鍍銀、以絕佳技術替舊傢俱上漆、修補瓷器、修補破損的玩偶、替破損的座椅或椅背編製新的藤條、修補舊傢俱的表面塗漆、替銀器與銅器拋光、將玻璃切割成顧客需要的尺寸、修補琺瑯牌標、修理陶器、清洗皮革馬鞍與其他皮件、清洗金屬物品或儀器上的鏽跡、清洗和修補象牙製品、磨刀與磨割草機刀片，還有修理其他一般民眾無法自行修補的東西。

民眾總對他充滿信心，將自己最寶貝的物品託付給他的巧手修補。當然，要建立這種信心以及穩定的客源，這是需要時間的。為了獲得這項工作所需的必要技能，他之前是參考這方面的必讀書籍，例如《亨雷的二十世紀萬用寶典》（Henley's Twentieth Century Book of Recipes, Formulas & Processes）。他還自製了一款優秀的傢俱拋光劑，並將拋光劑賣給客戶來賺取額外收入。製作這款拋光劑時，他完全沒有想要跟市面上的平價拋光劑競爭，而是做出一款高單價產品，成功賺進大把鈔票。

他的多數工作都是在自家商店完成，店裡備有適當的設備和工具來處理各式各樣的維修工作。但在某些情況下，有時修補作業必須到客戶家進行。

而在費城，有位先生把「修理事業」經營到另一種高度，他將修理業務經營到需要一支福特車隊在全市「巡邏」的地步了。如果家庭主婦的水龍頭漏水，或是電熨斗「秀逗」了，她不會去找水電工人來修理，因為他們可能會收取 2 到 3 美元的費用，她會打電話給「修理先生」。一小時內，修理先生的卡車就會開到門口，只要幾分鐘，問題就解決了。這項業務的成功之處在於，每輛卡車都配備齊全的維修工具和零件，房子出現的任何問題他們幾乎都能修理。而且他們還運用街區系統來加快服務速度，卡車駕駛需要與總部的調度員保持電話聯繫。每次有客人打電話到「修理先生」，資料立即被記錄在檔案中。司機接到總部電話時，就會得到一份所在街區的完整來電資

料。這樣一來，他們得以提供顧客迅速的服務，價格還相當低廉。所需的維修零件和工具都在卡車上，而不是放在一英里外或更遠的水電行，所以不需要像其他水電工那樣尋找工具和維修零件必須收取額外費用。

在每個城市都有辦法經營「修理服務」卡車車隊。要發展這種業務，只需要一些關於家用電器與設備的知識，還有大約 50 美元的各式維修零件庫存和一些特殊工具，例如用於安裝水龍頭閥門的鉸刀，以及一輛能改裝成「行動維修站」的小卡車。

有志竟成，以小額資本開辦藝術學院

在這個休閒活動當道的年代，你是否曾想過，最可靠的賺錢方式是協助民眾利用他們的休閒時間，進而增進他們的心智？美國社會變得越來越有藝術意識。商人正在組織藝術俱樂部，婦女因為電器的出現得以擺脫家務勞動，逐漸投身藝術、戲劇與其他藝術。剛從學校畢業的年輕人發現工作機會不多，也開始學習繪畫和設計。這些改變都替那些對藝術有所了解的人帶來商機。最重要的是，你能在沒什麼資金的情況下開立一所藝術學校。

埃莉諾・韋蘭德（Eleanor Verande）決定創辦紐約藝術學院時根本沒錢。他找上一棟辦公大樓的業主，提供那位業主的女兒藝術指導課程，來換取使用辦公室空間的權利。然後，她發現自己還需要一位速記員以及行政人員，所以她也用藝術和音樂指導作為交換來支付速記員的工資。

接著，她得到一架鋼琴、兩面大鏡子、畫架跟一座模特兒人台，這些東西全是一位婦人提供的，用來交換女兒的繪畫課。新的藝術學院就這樣成立了。開業那天，精力充沛的韋蘭德小姐收了幾位學生，很快就有足夠資金來經營學院。

韋蘭德小姐說：「我教一位木匠跳舞，來換取安裝隔板的工程。一位廚師想讓女兒成為舞蹈家，所以我安排舞蹈課，用課程來換取職員的餐食。頭幾個月，我身上沒什麼錢，但我做的課程交換安排讓我能順利經營下去。這期間，大約有一百名學生來報名，當中多數人都是以提供各種服務來交換課程，但也有少數人拿現金出來付學費。之所以開辦這所學校，是因為我厭倦舞台了。雖然沒有錢，但我下定決心要做這件事。」

這位意志堅定的小姐，15 歲就在巴黎的夜總會裡模仿斯皮內利（Spinelli）、蜜絲婷瑰（Mistingette）和伊馮娜‧普蘭當（Yvonne Printemps）的表演。16 歲時，她成為里昂歌劇院的首席女舞者。她在齊格飛（Ziegfeld）的《三劍客》（*The Three Musketeers*）表演舞蹈，並在電影中擔任維爾瑪‧班基（Vilma Banky）的替身，並跟隨塔拉索夫（Tarasoff）、柯貝萊夫（Kobeleff）與福金（Fokine）學舞。有這樣優秀的背景，埃莉諾在藝術方面是再適任不過的教師，當時她覺得自己需要的只是一個開始的機會。

決心幹大事、年輕有為的人，不妨像韋蘭德小姐那樣用以物易物的方式起步。如果你沒錢，就從你有資格做的生意著手，用交換的方式來換取資金。

專攻兒童餐的媽媽廚房

住在芝加哥郊區的法蘭克‧哈特曼夫人（Frank Hartman）面臨家庭收入越來越少，難以維持原本舒適生活的難關，這時她想到了可以提供學童午餐和晚餐的餐飲服務。決定實踐這個想法後過沒多久，消息就傳遍整個社區。她 9 歲大的女兒負責告訴同學這個消息，哈特曼夫人則向鄰居、朋友，還有教會與俱樂部的朋友分享這個消息。她發現替一群小孩提供午餐是件很有趣

的工作。孩子說午餐會就像聚會那樣，他們很希望自己的媽媽能多去參加橋牌午餐會，或是去芝加哥跟其他地區玩，這樣他們就能在哈特曼夫人那邊和其他孩子共進午餐。

在哈特曼夫人家吃午餐的一大優點就是餐食都很營養。哈特曼夫人提供的餐點，跟學校福利社裡 15 美分的糖果、火腿三明治或一碗湯不一樣，而是一頓 25 美分營養均衡的餐點。午餐包含牛奶或可可、某種形式的麵包、奶油、水果甜點、自製的餅乾或蛋糕，還有一道主菜。在冬天，主菜是一道熱菜，像是烤雞蛋、帶有碎肉塊的烤米飯，或是塞了米飯或肉的烤蕃茄。夏天，她會提供蔬菜沙拉與全麥麵包，或是將番茄的果肉挖出來塞進乳酪，有時是其他涼菜。孩子會坐在一張長長的食堂餐桌上吃飯，每道菜都準備得相當周到。情況許可下，她會用比較花俏吸睛的方式來提供餐點，例如獨立的模型果凍、冰蛋糕，切成不同花樣形狀的餅乾等。這些小巧思雖然不會增加額外開銷，但確實比較費工。然而，正是這種別具巧思的小細節，讓所有曾經到她家吃過飯的孩子總是渴望再次光顧。她會盡可能滿足每位孩子對食物的特定喜好，輪流提供每位孩童喜歡吃的料理。她的女兒也會跟大家一起吃，看起來就像個大家庭。

每頓飯的成本為：甜點 15 美分，牛奶 12 至 15 美分，麵包 8 美分，主菜 20 美分，奶油 5 或 6 美分，再加上約 10 美分的瓦斯，總共大約落在 70 或 80 美分之間。一組十人，每人 25 美分，所以利潤約為 1.5 至 1.75 美元。準備工作最多只需要兩小時。晚餐的每人收費則為 50 美分，所以只要接待兩到三位小客人，他們家的晚餐費就有著落了，而且還能額外賺取一些利潤。哈特曼先生是位和藹可親的人，很喜歡有小孩子在身邊。他會在晚餐後陪孩子一起走回家，確保小孩都安全抵達。如果孩子的母親想要讓孩子在他們家過夜、之後再來接走，哈特曼夫人就會額外收取 50 美分的費用。

有一回，她列出孩子的父母姓名，請妹妹給每位母親打一封信，在信中

詳細描述了她都提供孩子哪些餐點，並強調在料理過程中使用最頂級的食材，而且只給孩子適合正在發育的青少年攝取的食物。其中有幾封信也一併寄給一些她認為可能是潛在客戶的對象，結果，這封信的效果很好，出現了很多新客人預約要吃她做的午餐。

高人氣的投幣式撞球

在美國，投幣式機器已經掀起熱潮。比方說，馬文・歐文斯（Marvin Owens）買了三張投幣式撞球桌，把撞球桌擺在人來人往的酒館裡，順利賺到第一桶金。你完全不需要花時間去顧這些桌子。這些都是標準、正式的撞球桌，能用來進行符合規範的撞球遊戲。只要將 5 美分投進投幣孔，就能打一場完整的撞球比賽。計數器、撞球桿、粉筆和其他必要設備都隨桌提供。

歐文斯先生對本書編輯透露：「第一次看到這張桌子的插圖時，我以為這是那種非正式的撞球遊戲。但仔細研究過後，我就不這麼想了。這張桌子是一張符合撞球規範的桌子，玩家能在上面打一場正規的比賽。這張桌子的美妙之處在於，一個人或多個人都可以用同樣的價格來玩。很多人都覺得自己是撞球高手，所以看到撞球桌時自然會想證明自己的技術。所以囉，有撞球桌的地方就有刺激的比賽可看，在酒館尤其常見。」

「我剛開始只有三張桌子，現在已經有十張了，每兩週收一次錢。每張桌子花我 70 美元，每週大概能帶進 14 美元的利潤。我給酒館老闆的佣金是 25%。新穎的投幣式撞球桌能吸引所有玩過撞球的人。即使是多年不打撞球的人也會成為愛好者。所以，大家玩投幣式撞球桌的頻率比普通撞球桌還要高。經營這種投幣式撞球桌的一個缺點在於，當酒館老闆看到撞球桌這麼受歡迎，常常會想直接把桌子買下來。這種情況屢見不鮮，雖然我還沒賣掉半

張球桌，但我打算把這些球桌讓給酒館老闆。每張桌子 125 美元的轉售價格確實相當吸引人。」

歐文斯認為這種賺錢的好方法根本沒有理由不去嘗試。他表示自己未來的策略是盡可能長期從經營撞球桌中獲利，然後將撞球桌賣給酒館，確保能用自己的資金從兩個管道賺取利潤。如果你想靠經營投幣式機器來獲利，這個點子很值得考慮。全國各地有許多擺放投幣式機器的好地點，這種撞球桌應該能賺錢，因為這絕對是十拿九穩的投資。

將天賦轉化為利潤

大家經常忽略成功經商的一大原則，那就是努力將某件事做得比別人更好。有句俗諺清楚點出這個原則：只要能做出最優秀的捕鼠器，大家就會趨之若鶩上門購買。以槍枝為例，槍枝看似平凡無奇，但舊金山的傑克‧羅斯克（Jack Roske）卻發現他可以靠槍枝賺進大把鈔票。

1927 年，傑克還在讀高中，那時他經常去拜訪一位槍械師，因為他對槍械實在太好奇了。他提的一些問題對槍械師來說太深奧（他只是一位工匠而非聖人），這讓槍械師對他印象深刻。這男孩太有天分了！他讓傑克在下課後到工作室幫忙，教他許多知識，並在他畢業後收他為徒，直到槍械師經營不善關店倒閉。

傑克後來跑去放牧，但他對槍械的興趣未曾衰減。他繼續埋首研究過去與現在的槍枝。針對槍枝這個主題，真正專業的書籍少之又少，而且這些書都是限量印刷，數量多在一千本以下，價格相當昂貴。有的書要價 5 美元，有的甚至要 25 美元，但學槍的人為了擁有這些書，絕對甘願犧牲其他興趣。之後，他加入美國全國步槍協會，大量閱讀雜誌跟目錄，任何他能找到

跟槍枝有關的出版品都讀。終於，他精通到只要看一眼就能把眼前那把槍的資訊鉅細靡遺講出來。驚人的是，就算撇除有細微差異的改版款式，光是主要的槍枝種類就有大約九萬種。

　　傑克回到舊金山時，他的槍械師朋友又東山再起了，但這次只能提供他兼職工作。不過，對於具有高度專業能力的他來說，修理普通槍枝根本算不上什麼工作。他的才能已經蛻變成一門藝術。但話說回來，他要怎麼樣才能讓自己的服務更有價值呢？

　　這時，事實證明各領域的藝術家最終都絕對能找到最適合自己的位置。兩年前，有人在舊金山開了一家獨一無二的商店，名為西部模型玩具店（Far West Hobby Shop），這裡是收藏家的聖地。店裡有瓷器、拾荒者的遺物、服裝書，以及數百種罕見、新奇有趣的東西。不過，店內最引人注目的藏品是槍枝。該店擁有太平洋沿岸規模最大的槍枝庫存，總共超過六百隻，而且主要都是收藏品等級的槍械。那裡有小迪林格手槍（比如用來刺殺林肯的那把）、1836年的大帕特森手槍（Patterson），還有第一把柯爾特型手槍（Colt）。店內還有精緻的手工雕刻法國決鬥手槍，以及樸素堅實的美式步槍，例如丹尼爾・布恩（Daniel Boone）用來擊退美國原住民的那把。

　　店內需要一位對槍枝歷史與操作非常熟悉的槍枝專家，能將商店買入的老槍枝調整到最佳狀態，並向參觀者介紹店內各式各樣的槍枝。簡單來說，這家店需要一位專人可以從槍枝進入商店到離開商店的這段過程中，負責妥善管理槍枝。這個職位難度很高，但傑克・羅斯克能完美勝任。年輕英俊，體型跟扎內・格列（Zane Grey）一樣結實健康，這是傑克的另一項優勢。

　　他原有的天賦，加上多年學習與經驗累積而來的知識，讓他具備一種強大的第六感，能將一把老舊、不完整的槍械拆解成許多小部件，並且生出缺少的零件，在沒有指導或前例的情況下重新組裝出完整的槍枝。

　　他說這就跟學習速記一樣：「你必須不斷練習，直到這項技能成為直覺

反應為止。」顯然，他那四年的機械製圖與兩年的木工工藝經驗幫助很大。

電話祕書服務

瀏覽當地電話簿的分類區域，可能會看到至少有一項「電話祕書服務」。這是近幾年來新興的服務，因為醫生和其他專業人士需要這種電話服務，在他們不在辦公室時協助接聽顧客來電。

比方說，假如你打電話給布朗醫生，但他正在替另一位患者急診，沒辦法連絡上他（除非他的家人能幫他接電話）。假如他有跟電話祕書服務配合，電話就會自動轉到祕書的辦公室，在醫生詢問未接來電時把患者資料轉交給他。醫生可以安排在一天當中的特定時段由電話祕書接聽來電，也可以設定整天都是來電轉接。

醫生普遍都有使用這項服務，漸漸地，其他專業人員或小商店的業者也開始發現這項服務的價值。承包商、室內裝潢師或商業攝影師的業務，基本上不太需要聘請全職祕書。只要妥善運用電話祕書服務，他就能離開辦公室或商店去做生意，也不用擔心漏接任何重要電話。

許多人以小規模的形式展開這種服務，並慢慢經營起來，成功賺取優渥的報酬。比方說，紐約市的電話接聽服務（Telephone Answering Service）除了總部之外，現在大約有十一個分部。這項服務在其他大城市也相當活躍，而且都是在電話簿中登記相同的名字，以便民眾找到他們。

一些年輕婦女會在自家經營電話祕書服務。一般來說，如果是比較小規模的服務，所有客戶都位於同一棟大樓裡。比方說，你可以在附近的一棟大樓找三十到五十位醫生，讓他們成為你的客戶。

你提供的服務則依照客戶的需求而異。有些人可能只需要你中午幫忙接

電話，有的人一整天都需要，其他人甚至需要二十四小時待命。其他類型的時間需求當然也有。根據客戶的需求，你可能也要在節慶假日或週末幫忙接電話。除了接聽來電，你也可以將來電轉接給客戶。收費主要根據你提供的服務類型而定。

即使是有生理缺陷的人也能靠這份工作做到一定程度的經濟獨立。住在印第安納州馬里昂（Marion）的一位年輕婦女，多年來行動不便，但她卻能透過在家裡擔任醫生的電話祕書來謀生。

雖然她只能靠輪椅活動，而且經常只待在床上，但這位勇敢的年輕女子十分認真經營自己的業務，任何年輕人都會因為擁有這樣的事業而自豪。她已經與社區的醫生談好，讓她隨時掌握醫生的行蹤，而他們的病人隨時都可以打電話給她。

你可以跟當地電話公司聯絡，租用必要的設備。由於公司在這項業務中投入大量資金，他們必須確保承租人品德端正，在金錢方面也很正直有信用。建立這樣的服務只需要責任感、積極主動的態度，以及工作意願就行了。如果你的城市沒有這樣的服務，請與當地電話公司經理聊一聊。或許你的城鎮正好需要這種服務，或許也能解決你不知該怎麼賺錢的難題。

小狗素描專家

聽到黛安娜・索恩（Diana Thorne）這個名字，大家都知道她是最成功的藝術家。但是，索恩小姐在找到方法將技能資本化之前，也經歷過一段相當艱辛貧困、幾乎就要撐不下去的日子。跟許多有天賦以及有絕妙商業點子的男男女女一樣，她缺乏的是正確的經營方向。她沒有做到專業化，沒有努力從人群中脫穎而出。

索恩小姐在學歷上有留學德國與英國的優勢。但是在倫敦,她19歲時(戰爭剛爆發)就做過非常多種工作了,像是出售和修理打字機、記者、打字員,以及情境劇作家,各種能謀生的工作她都接。可是沒有人要買她的素描,她對自己的前途感到絕望。回到紐約,她轉而從事打字工作,來養活自己跟弟弟妹妹。她坦承,要不是那隻狗,自己今天可能還在苦苦掙扎。她是在一家寵物店發現那隻狗的,雖然那條狗的來歷與品種有點模糊曖昧,但實在很適合當成畫畫的模特兒。她被小狗的滑稽動作、笨重的身軀,還有牠對周遭陌生環境表現出的困惑神情逗得很樂。她對著小狗畫了又畫。1926年,索恩賣出第一幅小狗圖畫,畫中少女腳踩滑板,高速跟在一隻㹴犬後方。她將這幅畫命名為《滑行回家》(Rollin' Home)。這幅畫很順利出售了。原來出售與滯銷的差別,只在於畫中有沒有那隻迷人的小狗。

她發現多數人都愛狗,小狗尤其討喜。一張小狗的照片就能吸引大家目光。所以,她用鉛筆與畫筆描繪小狗的各種神態與姿勢,而且畫得越多就畫得越好。民眾時常駐足看她的素描,因為小狗實在很吸引人。然後他們又多看了一眼,因為小狗實在太生動寫實。黛安娜·索恩開始在廣大愛狗人士之間大受歡迎。不久後,漸漸有狗主人會請她為自家的狗畫素描。到後來,世界各地的純種狗都被帶到她那裡來繪製肖像。她已經成為美國與歐洲最有名的小狗插畫家。看到她畫的蘇格蘭㹴犬,你可能會以為這是她最優秀的作品。但看到西班牙長耳獵犬的插圖,又會覺得這幅畫的細節最生動靈巧。而波士頓㹴犬的畫或許更吸引你。黛安娜·索恩出頭天了!

如果你覺得自己沒辦法運用優秀的天分來出人頭地,如果你的生意因為某種原因沒有成功,那請想辦法讓自己的作品勝過於競爭對手。如果你賣的是自己做的東西,就要想辦法讓商品更吸引買家。如果你是賣現成的東西,可以改變銷售方式,讓賣不掉的東西變成熱銷商品。不管你經營什麼樣的業務,一定能找到新的策略替自己開闢市場。

令人上癮的全新「抽抽樂」

「我賺到第一桶金的祕訣，就是吸引想要『淘寶』的人。」徹斯特‧萊恩（Chester Ryan）這麼說：「這種新奇的機器看起來像一台小型旅行起重機或挖土機，操作一次只要 1 便士或 5 美分。箱子裡裝了價值 5 到 6 美元的新奇商品，再加上一定數量的糖果，小挖土機會根據你的運氣選出糖果或新奇物品。這些新奇物品包含照相機、花俏的打火機、手表、鋼筆、賽璐珞骰子跟類似物品。幸運的玩家可以拿這些新奇物品跟店主換現金，想要自己保留也可以。我花 3 美元買來一打外型好看的相機、3.6 美元買一打打火機，鋼筆是 29 美分。雖然可以買到更便宜的商品，但外觀就沒那麼精緻了。這才是成功關鍵。如果要吸引消費者「挖」你的相機、打火機跟手表，商品的外觀質感就很重要，必須看起來很精美，而且讓淘寶者覺得很容易抓起來。」

「雖然箱子裡任何商品的零售價可能只有 1 或 2 美元，但碰運氣的樂趣就足以吸引多數玩家小試身手。這台機器不需要維修，通常都能正常運作。不過，開始使用這種機器時我犯過一個錯，以為自己能用劣質產品來矇騙消費者。而且當時我也不太知道怎麼挑選好地點。」

「一個好地點勝過十個爛地點，體會到這點之後，我開始研究選擇好地點的方法。我很快就發現，想賺大錢的人必須像經營連鎖店那樣有系統地研究開店地點。他必須研究走進藥店、理髮店、雪茄店、糖果店跟熟食店的人潮規模。他應該要知道大概什麼時候會有一大群人進來，以及哪裡會有大規模人潮。他會發現，如果一群人在一個地方逗留了一個小時，離開之後當晚幾乎再也沒有其他顧客光臨的話，那這台機器就沒有什麼搞頭。在這種地點，機器每週最多只能賺 10 美元。若換成是城市裡社區熱門地點的角落，例如酒館、咖啡館、藥店或糖果店，整個下午和傍晚都有人進進出出，而且店裡一直有超過五位以上的顧客，你大概就能確定這台抽抽樂的平均利潤會

很不錯。把機器擺在那種地方，每週很容易就能撈到 25 或 30 美元的利潤。」

「扣掉兌換現金的費用，我付給店主的佣金是抽抽樂箱裡金額的 35%。雖然分給店主的份額還滿高的，但只要把機器擺在好的位置，這就值回票價。一年前我在一家藥店擺了一台機器，每天都有 29 美元的收入。那是一個整天人來人往的地點。醫生會進出這家藥店，時不時丟個硬幣來玩抽抽樂，由於這個地方的客流量很大，每三、四天我就得去補充新的商品。」

「抽抽樂之所以這麼受歡迎，原因之一在於民眾總是相信自己能抽到大獎。但事實上，這種機器存在的目的就是要讓老闆賺錢的，所以消費者再怎麼玩都不可能贏過機器，事實就是如此。但這種信念會促使民眾一而再、再而三投錢玩機子。他們的目標其實不是贏到什麼了不起的獎品，而是打破機器的魔咒。有些人確實辦到了，但大多數人並沒有。大家都是為了找點樂子跟贏得獎品才來玩的。這就是吸引民眾投錢玩抽抽樂的因素。」

在他經營這些機台的頭五個月，萊恩的利潤就遠超過 1,000 美元了。他直接買下這些機台，每台價格 89 美元。如果你打算經營這些機台，最好先買一台新的或幾台二手的就好，二手機台價格都不高。在這個領域，你真的有辦法靠這種機台賺錢。

賺飽飽的媽咪家事服務

在美國，每年有超過兩百萬名新生兒，這代表嬰兒服裝、用具、玩具、傢俱與各類商品的市場相當廣大。這也代表嬰兒母親所需的設備、服裝和用品需求相當大。有名女子想到了一項能吸引這兩百萬名新生兒母親的服務。她知道這些媽媽很希望能找人幫忙在嬰兒出生第一年清洗嬰兒的服飾和用

品，讓她們不必整天洗東洗西，可以有時間喘口氣。於是，她向丈夫提了這個點子。他起先有點遲疑，但仍同意一試。芝加哥的 Dy-Dee Wash 洗衣店就這樣誕生。

這項服務吸引了幾乎每一位剛生產完的婦女。某種程度上，這家公司的發想是來自毛巾供應服務。他們提供嬰兒使用的小毛巾，並回收髒衣服、留下乾淨的「必需品」。想經營這種業務，乾淨與衛生自然是首要條件。到 Dy-Dee Wash 的工廠裡走一圈，就知道他們真的有符合這兩大條件，而不只是掛在嘴邊的口號。這個理念成功深植人心，讓 Dy-Dee Wash 的十幾家分公司得以順利營運。但這些分公司其實不算分店，因為每座工廠其實都是獨立運作。每個分支據點的經營者只會付費使用 Dy-Dee 的牌照，其他業務跟母公司無關。

這項有利可圖的業務再次證明，如果社區居民對某項服務有需求，那致力於以有效、符合經濟效益的方式提供這項服務的人，很快就能賺飽飽。

有加分效果的撞球桌

俄亥俄州哥倫布（Columbus）的馬丁（H. L. Martin）擁有一棟大樓，其中一位租戶在大樓裡經營雪茄店。簽約續租時，那位租戶只續租了其中四分之一的店面。馬丁很擔心，因為當時幾乎找不到租客，而且似乎也沒有人願意承租店舖後方的空間。他很快就放棄繼續尋找租客的希望，開始考慮自己或許能用這個空間來獲利。

研究過雪茄店的經營模式後，他發現年輕男子想要的，是一個能在下午和傍晚跟朋友見面聊天的空間。每天下午 4 點過後，總是有幾名男子圍在雪茄攤旁，他們似乎沒有別的事可做。馬丁認為，只要能滿足這些男子的需

求，提供他們健康的娛樂活動，就能帶動租客的雪茄銷售量，自己也能從中獲利。

店裡的空間足以擺放兩到三張迷你撞球桌，而且多數時間客流量都很充足，應該常常會有人在店裡打撞球。馬丁決定擺兩張桌子試試看。他的租客很喜歡這個點子，因為走進店裡的人越多，就能賣出更多雪茄和香菸。桌子跟設備都備妥之後，馬丁就正式開放撞球間讓大家來打球了。他收取每根球桿 5 美分的費用，或者以每小時 50 美分的價格將桌子租給玩家。但很少有人按小時租用球桌。通常會有兩到四個人在那邊打球，打完之後再付錢。下午跟傍晚打球的人最多。第一個月的利潤是 156 美元。

馬丁在球桌和設備上投資的總金額是 198 美元。這些桌子是從製造商那邊買來的，送來時已經重新修整過、狀態良好。而且他是以分期付款的方式購買，所以不需要準備許多現金。

許多城市都有這樣開設小型撞球間的機會，而且你也能從各地製造商那邊買到翻修整新過的設備。要在好地點找到店鋪空間並不難，與理髮師或雪茄店老闆合作使用他們的店鋪空間，就不需要付太多租金，也絕對能賺到利潤。

假以時日，生意越來越興隆之後，你就能從中累積數千美元的利潤，並且開一間屬於自己的店，在裡頭擺更多球桌。這是一門不需要經過特別培訓就能從事的行業，而且也不會把你綁住。此外，你還能藉此經營許多賺錢的副業。

比方說，只要在角落擺一台放滿可口可樂的冰箱，賺到的錢幾乎就能拿來付場地租金，擺一些遊戲機台也絕對能讓你賺錢。在這個休閒娛樂當道的年代，人人都有機會替社區民眾開辦一個提供正當休閒娛樂的空間。這幾乎是不費吹灰之力就能成功的業務，再也沒有比這更能輕鬆賺到第一桶金的辦法了。

有利可圖的汽車旅遊業務

幾年前，普雷西亞多（A. A. Preciado）打算搭車到西海岸旅遊。為了減少開支並且讓旅途更輕鬆愉快，他刊登了尋找旅伴的廣告想一同分攤旅費。廣告引來一百多人回覆，而當他準備規畫回程路線時，類似的廣告甚至引來兩倍多的回覆。回到家，他思量一陣子後，認為自己可以從事服務遊客的生意，於是成立了一家「輕鬆駕旅遊團」的旅行社。

在他的「旅伴」清單上，多數人是學生、暑期學校教師、大學教授跟女性商人。不過，就連醫生、律師跟電影明星也會透過他的旅行社來跟其他人組團旅行。他表示：「女性尤其不喜歡自己進行長途旅行，我的工作有一部分就是幫她們尋找負責任的年輕大學生幫忙開車。」

由於他滿足了長期以來的市場需求，業務也管理完善，生意越做越繁榮興盛。現在，普雷西亞多在各大城市有幾位助理與代表。他也有許多競爭對手，但他聲稱自己是此領域的第一人。當然，他的旅遊車如今遍布全國，舊金山、芝加哥、聖路易等城市的運輸需求量更是已高到一定程度，這讓他有辦法定期派車來往這些地區。所有費率都是按里程計算，距離越遠費用越高。旅行社會從額外加入的乘客身上抽取一般佣金，剩下的錢則歸車主所有。

主動上門找讀者的租書店

芝加哥的沙利文兄弟（Sullivan）對流通圖書館業務進行一番調查後，發現如果圖書館定期向讀者送書，而不是被動等待讀者在想看書的時候才來找書，就能賺到更多利潤。他們在城市北方的辦公大樓裡租了一個空間，但

不準備做那種讓顧客上門取書的服務。他們準備幾冊知名作家的作品，各自用購物袋裝了一打書，開始在密西根大道與城市中心商業區的大型辦公大樓中奔走。基本上，他們的目標客群是祕書、速記員和文書行政人員。當祕書對他們所提供的作家作品不感興趣時，沙利文兄弟就會進一步詢問對方喜歡的閱讀類型、希望他們下禮拜上門拜訪時能提供哪些書。

他們以這種方式，根據拜訪的辦公室人員的喜好與要求來編制清單，最後建立起一座有幾千冊藏書的圖書館，顧客人數高達兩千八百人。這個流通圖書館的會費是 1 美元，3 美元以上的書每週租金為 50 美分，2.5 美元到 3 美元的書每週租金為 35 美分，兩塊半以下的書每週租金則是 25 美分。沙利文兄弟會各自安排在特定日期去拜訪目標的辦公大樓，每週固定造訪所有客戶一趟。

為了不要在每天拜訪顧客時攜帶不必要的書籍，他們會在拜訪客戶的前一天晚上，仔細查看隔天每位客戶的檔案資料，記下他們已經讀過的書，並從新的庫存中挑選會符合顧客偏好的書。比方說，假如有位顧客已經讀過《賈爾納》（*Jalna*）或《賈爾納的白色橡樹》（*The Whiteoaks of Jalna*），那他肯定會想要讀同一位作者寫的《芬奇的財富》（*Finch's Fortune*）以及《賈爾納的主人》（*The Master of Jalna*）；喜歡休‧沃波爾（Hugh Walpole）應該會很開心能拿到《凡尼莎》（*Vanessa*），而威廉‧福克納（William Faulkner）的讀者應該會喜歡厄斯金‧考德威爾（Erskine Caldwell）的書。

《寂寞之井》（*Well of Loneliness*）出版時，兄弟倆大賺一筆。他們買了四百本《寂寞之井》，每週收取 50 美分的租金，並允許會員持有這本書一個禮拜。兩年來，這四百本《寂寞之井》不斷流通。另一本傳閱度極高的書是瑪格麗特‧米切爾（Margaret Mitchell）的《飄》（*Gone with the Wind*）。他們也買了四百本，成功做到穩定持續流通借閱。

這類書籍替沙利文兄弟帶來豐厚的利潤。不過，他們卻在《尤利西斯》

（*Ulysses*）上吃了虧。這本書他們買太多，但讀者興趣缺缺。他們用 7 折的價格跟批發商買書，或以 6 折的價格從出版社那邊進書。不過考量到快遞費用，跟出版社買書其實沒有省太多錢。

如果一本書乏人問津了，他們就會把書賣給醫院或其他單位，也會賣給二手書店。沙利文兄弟之所以能穩定接應這麼龐大的客群，而且客戶滿意度又高，主要原因是他們熟悉客戶，了解讀者的品味，而且願意在辦公室女職員忙於工作時再另外找時間上門拜訪（這樣她們就能持續仰賴兄弟倆送新書來、將舊書回收）。不管是在哪個產業，滿意的顧客是最棒的廣告。

提供藝術家剪報服務

卡爾・傑克森（Carl Jackson）向藝術家與他們的朋友銷售雜誌訂閱服務時，發現藝術家作畫過程中，經常缺少真實的插圖可參考。在規模較大的城市，公立圖書館裡有許多插圖檔案，但通常要花很多時間才能找到自己需要的圖片。對藝術家而言，時間就是金錢，所以他開始提供藝術家剪報服務。過去兩年來，他幾乎不花半毛錢就從中賺到了將近 1,500 美元。

傑克森指出：「優秀的藝術家、藝術界的佼佼者，都跟那些窮到請不起模特兒的人一樣，人人都想請我提供剪報服務。在芝加哥，有數百位男男女女靠這種類型的藝術創作謀生。他們無法購買所有出版品（較高價的外國出版品更是買不起），因為這會把他們賺來的錢都花光。就算他們真的買了雜誌，也不一定能從買來的雜誌裡面得到創作靈感。但是，每本雜誌的插畫圖片都是藝術創作，藝術家不可能只參考他們買的那幾本。我的厲害之處在於，我會從一系列精挑細選出來的雜誌中剪下精心繪製的插圖，並幫這些剪報編列索引，隨時提供藝術家想要的各類插圖，讓他們在繪製草稿時當作參

考。比方說，某位藝術家被委託繪製一幅羅賓漢時期弓箭手的畫作。他大可大老遠跑到圖書館找自己需要的參考圖片，然後畫出幾張初稿。但藝術家並沒有把時間浪費在這些瑣事上。他打電話給我，我就把做好的檔案拿出來，從裡面挑出兩、三張寄給他。收費是 3 美元。」

「這裡有四十七個鋼製文件櫃。我剛開始的時候只有一個櫃子，手邊的雜誌大概有三打。那是我在雜誌訂閱公司上班時，帶在身邊當作樣本讓客戶參考用的。我把每張插圖剪下來，並且告訴幾位藝術家我提供的服務。有時他們會接到一些特殊的案子，例如幫教科書畫插圖，或是幫雜誌畫一幅舊墨西哥的圖畫，而他們需要一些參考用的剪報圖片，我手上剛好就有他們要的圖片。靠著提供雜誌插圖的收費，我慢慢有資金能購入其他雜誌。我會到二手店以低價購入一些雜誌，也訂閱了幾份比較大型的期刊。隨著藝術家口耳相傳，不久後我的業務利潤就變得相當高。接著，我主動寫信給幾家電影公司，向他們介紹我提供藝術家的服務，並提到我接觸的某些藝術家曾要求我提供電影明星的照片，因為他們需要替雜誌繪製明星的肖像。其中兩家電影公司願意提供照片給我，前提是我絕對不能拿這些照片來打廣告。電影人實在很會找角度，非常擅長拍出姿態完美的肖像照，而藝術家知道後，個個都迫不及待想擁有這些照片，並慷慨大方地立刻買下這些照片，我還靠其中一批照片賺到 75 美元。」

「在許多情況下，藝術家會將參考過的剪報歸還給我。如果剪報的狀態良好，我就會給他半價優惠。平均來說，每天會有九個人打電話來徵求剪報。由於大部分的剪報都會在使用後送回我這裡，平均每筆訂單的獲利是1.8 美元。收到委託後，我通常會親自交件跟回收剪報。」

時常替藝術家這類的群體解決他們的問題，這種服務對客戶來說相當珍貴，對你來說也很有利。只要你所在的城鎮有夠多藝術家能撐起剪報服務，你就能做這門生意。這項服務也不受地理限制，你可以透過郵寄將服務延伸

到鄰近城鎮。這種服務絕對會廣受歡迎，而且基本上也不需要任何資金。

寶刀未老的印刷工法蘭克

半世紀前，在伊利諾州的羅斯維爾（Rossville）小鎮，法蘭克‧弗萊利（Frank Frailey）決定學習印刷工的必備技能。他的繼父在那個村子裡經營旅館，而在他成為印刷好手之前，多數時間都在那間旅館裡鋪床、服務賓客、替舊式火爐添柴火，以及負責各種跟旅館業務相關的雜務。在那個時期，印刷工是各行各業間的貴族，他們工作時身穿長版禮服大衣、頭戴高聳的絲帽。對年輕人來說，成為如此偉大的專業人士是一大憧憬。

法蘭克成為了印刷工，而且是相當優秀的印刷工。之後，他從羅斯維爾到丹維爾（Danville）、到布盧明頓（Bloomington）以及斯普林菲爾德（Springfield），最後來到厄巴納 - 香檳（Champaign-Urbana）這座姐妹市，在那裡度過大半輩子。有段時間，他在當地的幾家商店擔任主管，並在《厄巴納先鋒報》（*Urbana Courier Herald*）任職。弗萊利老爹成了著名印刷工，他安排印刷工作時的態度與精神，就像畫家繪圖或音樂家寫交響樂的投入，充滿對工藝的執著與熱忱。現在，很少有其他印刷工的排版能力能跟老爹相提並論。不久之後，他就在厄巴納開了自己的店，知名商業人士都指名找他印東西，伊利諾大學的學生也找他製作舞蹈節目冊。

不過，當印刷店的老闆相當辛苦。弗萊利老爹的兒子已經大學畢業，他似乎沒有必要繼續這麼辛苦工作了。於是，他賣掉自己的印刷店，成為雙城印刷公司（Twin City Printing Company）的店長。他擁有自己的房子、存了夠多的錢，可以舒舒服服過日子。但他離不開印刷廠的油墨味跟戈登印刷機的鏗鏘敲擊聲，這種氣味跟聲響對印刷商來說，就像鋸木屑的味道跟馬蹄聲

對馬戲團表演者來說一樣，都是非常迷人的誘惑。他打算繼續工作到老死。

　　有一天，公司老闆為了減少開支，決定改找年輕人來顧店。弗萊利老爹已經六十多歲，是該退休了。老闆說：「你年紀已經大到不能再做了，應該過得輕鬆一點。」這番話對所有年過五十的人來說都是夢魘，而且在經濟大蕭條期間，成千上萬人都聽過這句話。幾年前，在雙城印刷公司的前台，老爹親耳聽到這些話。當晚，他就離開公司了，背著「年紀太大不能再做了」的標籤。

　　不過，老爹跟多數面臨相同問題的男人有點不一樣，他不同意年紀太大的論調，也不打算輕言放棄。他知道對自己來說，無所事事地坐著就是通往死亡的捷徑。當天晚上，弗萊利召開家庭會議，老爹坐下來跟老婆商談，儼然像是公司董事會那樣。形同公司總裁的老爹說：「我打算在我們家開一間小店。我會購買一些字體、印刷機、切割機跟其他需要的東西。在這兩座城市，有很多人知道我的專業，也很信任、喜歡我的服務。他們會欣然提供許多我能承接的工作。我的想法是把地下室改成店鋪空間……」

　　此時，氣氛變得有些緊繃。沒有任何一個女人會希望自家地下室變成印刷廠，這會製造太多噪音，環境也會變得很雜亂。他們最後達成共識，用家裡的小車庫來開印刷店，不過空間不大，內部只能停一台車。在那之前，這個車庫只用來存放他們歷年來買進跟賣出的那幾台福特汽車，製作這些福特汽車的亨利·福特，剛好也是另一位注定要一輩子工作到老的男人。比起旅遊區的遊客小木屋，老爹的磚砌車庫沒有大多少，但他創立了全新的印刷業務──開銷極低，而且很快就開始獲利了。不到一年，空間裡就擺滿印刷大師的工具跟機器。印刷店開幕的消息不脛而走，大家都聽說老爹依然在印製精美的印刷品，他一刻也不得閒，完全不需要自己去招攬任何生意。這位「年紀大到不能再做」的男子，請了一位年輕人負責操作印刷機，偶爾會有一位女孩來幫忙裝訂，就這樣在自己的磚砌印刷店中賺取平均每週 100 美元

的利潤。

他怎麼辦到的？老爹在一個資料夾上寫了愛默生（Ralph Waldo Emerson）的名言，這句話或許就傳達他成功的祕訣：「如果一個人能寫出更棒的書、布道內容贏過其他人，或是做出最頂尖的捕鼠器，那就算他住在樹林深處，大家也會蜂擁而至去找他。」不管是捕鼠器還是印刷品，道理都一樣。在任何一項手工藝領域有出色成就的人，如果身體依然硬朗、心態依舊年輕，就不必擔心老化與年紀的威脅。

自由攝影師

拍攝具豐富情感與人情味的照片也是賺大錢的方法，李‧克拉克（Lee Clarke）就成功證明了這點。過去幾個月，他藉由在芝加哥各地拍攝照片，每天大概可以賺 15 美元。

而這個計畫的是源自克拉克參加了一場城外報紙舉辦的比賽，才促使他開始拍攝有溫度與情感的照片。比賽報酬是，該報願意支付每張發表在報上的照片 5 美元。於是，克拉克決定拍攝一些非比尋常的主題或對象來參賽，希望能用賺來的錢買一台相機。他買了一台要價 73 美元的二手相機，其中包含兩卷底片。起先，他拍攝芝加哥市區及周邊特色景點的特寫照，並將照片寄到報社。一週後，他收到一張 80 美元的支票，他投稿的二十四張照片中有十六張被選中。他沒有獲獎，但在接下來三週，他把照片賣給全美各地的報社集團與廣告公司，收到總額 70 美元的支票。這確實是相當可觀的數字。

克拉克指出：「許多照片之所以賣不掉，是因為構圖不好，或是沒什麼人味。從某個角度拍攝照片，照片可能一點意義也沒有。但如果從獨特巧妙

的角度拍攝，照片就會立刻變得搶眼吸睛。小貓、小狗、嬰兒跟名人的照片最好賣。拍出一張小貓將頭探出鞋子邊緣的好照片，報社就會付你 5 美元以上的費用。我把三隻棕色卷毛小狗放進鐵絲紙簍中拍了一張特寫，一家紐約廣告公司馬上付我 20 美元買這張照片。他們後來用這張照片替客戶的罐裝狗食打廣告。」李·克拉克的照片之所以大賣，另一個原因是他針對目前全國廣告中使用的照片、觀察趨勢加以研究分析，然後據此調整自己拍攝的素材。

照片沖洗以及印刷的過程會大幅影響銷量，所以克拉克讓最懂得展現照片優勢的專業人士來負責。有些攝影師喜歡自己洗底片，但他花 20 美分來沖洗每卷底片，印刷每張照片則付 5 美分。當然，他拍的照片並非每張都賣得出去，他的平均銷售比例是九張賣出一張。他每天拍攝三十五到四十張照片，包含底片、印刷與沖洗費用在內的所有成本約 6 美元。

透過相機的毛玻璃來研究拍攝對象，你就能輕鬆找到最理想的拍攝角度。毛玻璃中顯示的圖像，跟成品照片的影像一模一樣。在閒暇時間拿起相機研究攝影，確實是一件有樂趣而且能獲利的活動。報社集團、雜誌出版商、廣告公司、大公司、百貨公司、服裝店、男裝店以及學校，這些單位都對特定類型的照片有一定的需求。吸睛的照片很難找，但你在自己所屬的社區就有很多機會能拍出這種照片。如果具備良好的「攝影概念」，並且發展必要技能，就能替獨一無二的照片找到不錯的市場，把照片賣給替零售店製作日曆的公司，例如喬利埃特的傑拉·巴克洛（Gerlach Barklow Company）或是聖保羅的布朗與比格洛（Brown & Bigelow）公司。代頓的約翰·卡貝爾（John Kabel）每年光是四處旅行拍攝「日曆」照片，就能賺到 1 萬美元以上。還有比這更有趣好玩的生意嗎？

販賣市調數據

在每座城市，通常會有四到五個經營各種家用產品的經銷商。有人負責銷售洗衣機與類似電器設備，也有販賣瓦斯爐的公用事業公司，還有賣收音機的商店，跟一家賣燃油器的商店。過去幾年來，坊間出現越來越多專賣空調設備的店鋪。這些商人都是靠「線索」來賣產品的。換言之，他們需要知道鎮上有哪些民眾正考慮購買他們銷售的設備，這樣他們就能拜訪這些潛在客戶，讓潛在客戶對他們販售的特定電器感興趣。

用挨家挨戶拜訪的方式來取得「線索」成本太高。雖然真有人採取這種辦法，但這不僅要花很多錢，還得聘請很多銷售員。經銷商個個都恨不得能用更少的錢來獲得「線索」，讓旗下所有銷售顧問把時間拿去拜訪已知的潛在客戶就好。某天，有位失業的廣告人靈機一動，他想到自己可以在鎮上拜訪每一戶人家。他只要拜訪一次就能得到的資訊，那五位經銷商要各別拜訪五次才能得到。透過這個行動，他就能滿足成功經商的首要條件：提供明確、有市場需求的服務。

所以，他印製一些空白表格，上頭列出各種能從家庭主婦那邊取得關鍵資訊的問題。例如：您使用吸塵器嗎？吸塵器有多舊？您何時準備購入新吸塵器，將舊吸塵器淘汰？您可能會買什麼牌子的吸塵器？並在這些空白表單上方打上煞有其事的標題，例如「洛克福特家庭設備調查」。他用活頁夾裝了大約五十份這樣的表格，然後就開始挨家挨戶拜訪。他是這麼介紹自己的：

「我的名字是斯塔姆（Stamm）。我正在調查洛克福特當地家庭使用的家用電器，以便在《洛克福特日報》（*Rockford Star and Register*）上發表一篇文章（他之前曾跟該報接觸，出版商表示很樂意將他的調查摘要刊登在新聞專欄。這對報社的廣告商很有幫助）。您是否願意回答一些關於家用電器

與煤氣設備的問題呢？」

接下來，他會去拜訪各大經銷商，向他們展示自己親自拜訪家庭主婦得到的資訊，並詢問他們是否願意購買每一條跟他們正在主推的銷售設備的相關線索，每個線索價格 25 美分。他坦承有些線索是經銷商已經接觸過的人，但他表明這種線索的比例很低，經銷商絕對不會浪費錢買無用的資訊。多數情況下，他獲得的是經銷商手上沒有的數據，而這些數據對經銷商來說都有莫大助益。比方說，經銷商能透過這些數據，來得知某戶人家比較喜歡競爭對手販賣的設備。當然，他只能把這種線索賣給銷售同類設備的其中一家經銷商，先搶先贏。

斯塔姆每次上門訪問時，一定至少會為一位「客戶」找到線索，不過大多時候，他通常也替其他五位客戶找到線索。經過測試，他一天內能拜訪四十戶人家，白天和晚上都在外奔走。扣掉印製問卷的費用，其他都是利潤，所以大家能自己想想看他花多少時間就賺到第一桶金。

伊利諾州埃文斯頓的聖公會聖路加教堂的婦女協會也採用這個想法，但形式略有不同，她們的目的是替教會籌措預算資金。教會中每位婦女會拿到空白調查表單，並分配埃文斯頓電話簿的其中一頁，然後要在一個月內把那一頁上的電話打完。在這個案例中，電話調查也做了廣泛的需求調查，其中包含汽車、輪胎、收音機、熱水器、焚燒爐等等。這項計畫後來總共募集數百美元。

靠便攜式複印機賺錢

剛從商學院畢業的米爾德・康納利（Mildred Connery），一離開學校就開始求職了，她打算找份祕書工作。但她很快就發現要找到一份工作難如登

天，於是她以自由接案的速記員為職。事與願違，沒有什麼生意找上門，有時她甚至好幾天都沒工作做。

米爾德心想：「獲得業績的方法是主動去挖掘。但我該如何招攬生意？」她考慮各種方法，試了幾次都沒成功。她在辦公室留下名片，也拜訪租借辦公室同棟大樓裡的商人，但生意都沒有起色。有一天，一位小男孩走進她辦公室，手裡拿著一本雜誌。他把雜誌遞給她，然後說：「10美分。」她把錢給小男孩後，說她真希望自己也能像他那樣快速把東西賣掉。男孩回道：「只要把你賣的東西展現出來，說出價格，這樣就行了。」

米爾德表示：「那男孩可能不曉得，但他確實點醒了我。我心想，如果我能找到方法來讓別人知道我提供哪些服務，就能賺到錢。直到那時，我幾乎沒有接過什麼模板印刷業務。我知道小商人會從某些地方取得模板印刷的信函來使用。後來，我想到曾在學校用過便攜式複印機，很快就決定要買一台測試看看。我帶著這台複印機拜訪各大辦公室，並在每間辦公室留下一份複印機製作出來的信函樣本。」

這個策略立刻奏效。米爾德走進辦公室時，沒有對任何人講半句話。她打開複印機，打印出一封樣本信。把信遞給商人之後，她會保持微笑、等待商人發表意見。這封樣本信上有一個女孩的頭像，上面還寫著：「這是我提供的複印服務樣本。您看，打字機色帶搭配多麼完美！您可以用您的打字機在這些信上填寫姓名與地址。附上經濟實惠的服務價格參考，跟我下試用訂單吧！」接下來，她會列出詳細的價格清單。便攜式複印機加上其他雜物，她的全部投資是30美元。第一天，米爾德就獲得十八筆小訂單，一週的淨利潤為60美元。展示複印機只需要幾秒鐘，因為這台機器一打開就能操作。樣品信很短，能夠快速閱讀，報價也相當合理。此外，插圖是根據雜誌上的插畫所描摹的，能讓商人近一步了解這些信件還有哪些用途。

只要有市場需求，任何擁有便攜式複印機的人都能像米爾德那樣，靠這

台機器賺到不錯的收入。小企業、律師、銷售代理與房地產商都是很不錯的潛在客戶，因為他們經常使用小量的信件與價目表。餐廳以及販售簡餐的藥店通常會在店鋪附近印製一些傳單來發放，這也是客群方向。一台模板印刷機可印出多達三千份傳單。

蒐集稀有硬幣

威廉斯（W. F. Williams）看到報上一篇報導記述有位婦女以 400 美元的價格，將半美元硬幣賣給收藏家。自從讀到這則報導後，他就開始用閒暇時間來尋找稀有硬幣。他找到一份需求量最大的便士、鎳幣、25 美分和半美元的清單，並記住所有價格高昂的硬幣的日期和鑄造戳章。每天晚上，他都會仔細檢查白天在餐館、雪茄店和加油站把鈔票找開時拿到的小硬幣。在閒暇時間投入這般心力，替他帶來豐厚的收益。威廉斯指出，許多硬幣的價值是面額的一千多倍，每天有成千上萬個大家爭相想收藏的美國硬幣在全國各地流通，但持有者都不曉得這些硬幣的價值。

威廉斯指出：「我賣出去的第一枚硬幣，是 1913 年的自由女神頭像鎳幣。我賺了 50 美元，這次成功的經驗讓我更有動力去尋找其他稀有硬幣。」幾天後，他從一位電車售票員那邊拿到一枚美國半角硬幣，這是一枚 1803 年鑄造的銀幣。「售票員遞給我那塊小銀幣時，以為是給我 1 角錢。不過，我很高興拿到這枚硬幣，因為幾天後我以 30 美元的價格把硬幣賣掉了。大約一星期後的某天，我在一家快餐店裡準備結帳時，排在我前面的男人正在跟收銀員爭論，因為那名男子拿 1 美元鈔票付帳時，店員找他一枚硬幣。那是 1853 年鑄造的半美元，收銀員說這枚硬幣跟其他硬幣一樣好。於是，我盡可能不經意地說：『那這枚硬幣給我吧。』兩週後我順利以 165 美

元的價格賣掉這枚硬幣。」

不過，威廉斯並不是透過這種方式取得所有稀有硬幣的。有時，他會象徵性地付一些費用，從朋友和鄰居那邊收購硬幣，並將硬幣轉售之後賺取高額利潤。例如，有個朋友在後院挖出一個舊錫罐，裡面有七枚 1894 年的 1 角硬幣。他知道這是威廉斯正在尋找的其中一種硬幣，就把這些硬幣拿給威廉斯。威廉斯仔細檢查這些硬幣後，挑出其中一枚，並拿出 1 美元購買，而朋友當然很樂意接受這筆交易。威廉斯表示：「你們看，他以為這些硬幣的價值是一樣的。但我選擇的那枚是裡面唯一一枚價值超過 10 美分的。那枚硬幣上有一個『S』鑄造戳章，讓這枚硬幣更有價值。很快，我就以 100 美元的價格賣出這枚硬幣了。」

以下是一些價格高昂的美國硬幣：1796 年的半美分硬幣，最高可賣 75 美元；1799 年的 1 美分硬幣，最高可賣 80 美元；1802 年的半角硬幣，最高可賣 150 美元；1827 年的 25 美分硬幣，最高可賣 300 美元；1838 年的紐奧良鑄造半美元，最高可賣 500 美元，硬幣的半身像跟日期中間有一個「O」的符號；1853 年的半美元，最高可賣 250 美元；1804 年的銀幣，最高可賣 2,500 美元；1885 年的貿易銀元，最高可賣 250 美元；1863 年「S」鑄幣的 2.5 美元金幣，最高價為 250 美元；花環下方有字母「C」的金幣（北卡羅來納州），最高價為 500 美元；1873 年的 3 美元金幣，最高價為 1,000 美元；1822 年的美國 5 元金幣，最高價為 5,000 美元。其他數百種硬幣的價值在 15 美元至 70 美元之間。

任何人都能利用閒暇時間四處蒐集收藏家夢寐以求的美國硬幣。你可以從值得信賴的硬幣收藏家那邊取得完整的高價硬幣清單。這些清單會列出硬幣的鑄造年份、戳記跟其他特徵，讓你能一眼看出那些具有收藏價值的硬幣。清單上也會列出收藏家願意支付的價格。硬幣因為交易轉手而被打磨光滑，只要拿放大鏡（在任何新奇小物商店花 25 或 50 美分就能買到）來檢查

硬幣，就能清楚看出肉眼無法辨明的特殊鑄幣字母與戳記。

　　找到一枚罕見的硬幣，請將硬幣寄給硬幣商，他會立刻寄支票給你。不過，你也要確保硬幣收藏家是值得信任、拿得出公平交易證明的。跟蒐集郵票一樣，硬幣收藏領域也有很多騙子。

來者不拒的手工縫紉工作室

　　伊利諾州威爾梅特（Wilmette）的林斯特夫人（Lindstrom）一直都很有活力，生活也過得相當忙碌。從事打磨與修整地板工作的先生事業逐漸走下坡時，她決定想辦法幫忙養家。

　　她的專長是縫紉，所以想在家開一間專門提供手工服務的店。她在當地報上刊登一則小廣告，宣布自己的「手工便利店」正式開張，提供修補、縫紉、服飾翻新，以及各種許多婦女因為沒時間或不想做而擱置的雜項工作。

　　廣告刊出不久，她就接到許多不需要花太多時間就能完成的修補工作。後來，她的名號越來越響亮，除了修補工作之外，也開始接到很多製作新衣的工作。她原本只是在自家老式大宅中的餐廳一角做這項工作，但訂單數量與日俱增，她乾脆將整個餐廳跟優雅的凸窗空間轉換成工作室，從早到晚在裡頭忙個不停。牆面除了有儲物架，還有用來懸掛服飾成品的衣櫃。

　　不久後，林斯特夫人停止提供修補與翻新的服務，接下來的四年內忙於製作窗簾、精美的綢緞蓋被、貼花與絎縫拼接毯子，以及一般的服裝製作。如今，她工作量大到必須額外雇用助手才能準時完成訂單。

　　好一段時間，在丈夫的事業剛劃下句點的日子，這家店是全家六口人的唯一收入來源。丈夫現在有了新工作，兩個成年的兒子也有穩定收入，女兒們唸書去了，而商店生意卻比以前更繁忙。開這樣的店一直是林斯特夫人的

小夢想，但也是因為家裡有經濟壓力才促使她真的去實踐。今天，芝加哥北岸的富裕之家和幾間大型室內裝潢店都是她的客戶。

現在就算沒有店裡的收入，家裡的經濟也能過得很好，但她是否打算退休？她會說：「絕對不會！這是我的事業，只要有訂單，我就會全力以赴。」到目前為止，每年的利潤持續大幅躍進。

行動農村商店

瑞亞（Rea）和摩爾（Moore）在印第安納州洛根斯波特（Logansport）附近開了一家店，不過他們並沒有呆坐在十字路口的鄉村商店裡等生意上門，而是自己出去找顧客。他們在舊卡車上搭建一個車身，內部裝有貨架，改裝完成後，就開始向農民推銷產品。卡車上放了充沛的雜貨庫存，足夠一整天的買賣使用。每週有四天半的時間，這間行動商店都在路上，足跡遍布方圓7英里的範圍。他們大概拜訪了兩百家農舍。當卡車開進前院，他們會將台階放下，家庭主婦就可以走到「商店」裡面，在店裡選購需要的商品，並用現金或雞蛋來付款。

這樣一來，農婦們不僅不用大老遠跑到鎮上購買必需品，也不用到外面推銷雞蛋。由於卡車每天只行駛約15英里，汽油跟油的開銷不超過1.25美元。在舊卡車上搭建新車身的費用約為65美元。在試營運的前四個月，業務量就翻到4倍了，這讓瑞亞跟摩爾更有信心認定這是一筆很不錯的投資。

獲利滾滾的體重計

「你體重多少？」1933 年，哈利‧拉森（Harry Larson）在一家藥店被問到這個問題時，他四處尋找磅秤。他在投幣機的溝槽裡放了 1 便士。過一下子，他走下磅秤，大步走到櫃檯前買了一包菸。當他站在雪茄櫃檯前時，陸續有七個人走到磅秤前量體重。哈利好奇地問藥劑師這個磅秤每個月能賺多少錢。

「他說平均每個月大約可以賺 20 美元，但這台機器並不是他的。一位操作員將磅秤放在那邊，而他的佣金是每個月從機器取出金額的 25%。這台磅秤本身很精美，我看得出來民眾會被磅秤的外觀吸引，而且他們會好奇量一次體重要多少錢。聽完答案後，我記下製造商的名字，並寫信詢問了所有關於成為操作員的資訊。這就是我開始從事投幣式體重計業務的契機。」

「我總共購買七十台磅秤，只有前三台是用我存的錢買的，剩下的六十七台都是用前三台賺來的錢買的。頭三台機器成本 175 美元，每個月可以替我賺進 98 美元的利潤。投資報酬率相當高。我發現，這些機器不需要維修，也不用調整。你只需要挑一個好的地點，把機器安裝好，好奇心旺盛的人就會自動把 1 便士投進去。這是很正當、不複雜的事業，你八成找不到更穩固、更好的賺錢方式了。購買前三台磅秤之後，我跟製造商達成信用額度協議，以定期付款的方式購買另外五台。這幾台機器的每月收入略有不同，前三台平均每台收入 33 美元，後三台平均單台收入 19.85 美元，還有兩台的每月收入低於 17 美元。七十台機器的月收入總共是 768 美元，每台平均高於 10 美元。九個月內，我賺到的錢已經足夠付清所有磅秤的費用，生活也過得不錯。」

「我擺放磅秤的商店通常是藥店、糖果店或雜貨店。我發現，每天有許多婦女消費購物的雜貨店和肉店是最棒的地點。女人多少都會擔心自己的體

重，她們總想知道自己是胖了還是瘦了。為了確認體重，她們喜歡一直站到體重機上量體重。由於她們習慣在鄰近的商店購買肉品跟雜貨，所以必然有很大機率使用那邊的投幣式體重計。」

市面上有好幾家投幣式體重計的廠商。他們都提供了詳細的方案，協助你吸引商家的興趣，說服老闆同意將你的磅秤擺在商店前方或收銀台附近的某個位置，好讓在旁邊等待結帳的客人站上去量體重。有了製造商提供的說明指南，優秀的推銷員通常很快就能成功將磅秤推銷出去，並馬上開始獲利。

堅韌的捕蝦漁婦

佛羅里達州房地產泡沫化後，薩迪・米勒（Sadie Miller）跟很多人一樣破產了。就在她四處尋找重新振作爬起來的方式時，她發現了「捕蝦」這個工作。不久後，她成立了自己的賣蝦站，並請一名男子來管理經營，但後來男子去了北方度假卻遲遲沒有回來，她便決定自己來經營這家店。

「捕蝦」對任何人來說都是相當艱苦的工作，對女性而言尤其艱難。在繁忙的季節，她必須日以繼夜工作。薩迪・米勒和助理穿著橡膠工作服與長度及臀的長靴，四處尋找難以捉摸的蝦子。這些蝦子的需求量相當大，漁民都會將這些蝦當作捕魚用的誘餌。蝦子每天棲息在不同地區，所以捕蝦人必須積極尋找蝦子的蹤影。蝦子的尺寸是大是小並不重要，漁民只想要有新鮮的活餌。蝦子在冬天更難找，所以價碼更高。在 1 月到 3 月蝦子稀少的季節，一打就能賣 50 或 75 美分。在夏天，價格低到一百條只有 25 美分。不過，薩迪・米勒從未以低於一百條 1 美元的價格出售自己捕獲的蝦子。

雖然起步時規模非常小，這門生意現在已經發展到她需要在旺季聘請助

手。捕蝦不至於讓薩迪・米勒致富，但她已經靠這門生意賺了好幾千美元。

專營社交印刷品服務

　　許多當今成功的出版商或印刷商剛開始創業時，都是在地下室裡靠一台老式凱爾西印刷機（Kelsey）來提供印刷服務的。俗話說，一旦開始碰印刷墨水，這輩子就跟印刷脫不了關係了。法蘭克・道布戴爾（Frank Doubleday）、唐・塞茨（Don Sietz）、提姆・綏夫特（Tim Thrift）、喬・米切爾（Joe Mitchell）跟魯亞德・吉普林（Rudyard Kipling）都是利用業餘時間使用印刷機，從而展開印刷出版職涯的成功範例。現在，如果能擁有一台二手印刷機，就依然握有許多機會，不僅能賺錢，還能在出版、廣告或寫作這三個相關領域其中之一展開迷人的職涯。

　　幾年前，一位年輕的小夥子在芝加哥的大型包裝廠擔任辦公室職員，同時，他也開始自己經營社交文書用品銷售代理，樣品與價目表主要來自當地一位雕刻師。當時剛好適逢畢業季，所以他打電話給附近學校，從學生那邊獲得第一張雕刻卡片的訂單，他們需要在畢業邀請函中附上這些卡片。準備打包訂單時，他在每箱盒子底部都貼上一張標籤，上面寫著製作卡片的銅板以及登記號碼、他的姓名地址，以及一份簡單的表格，以便學生在這批卡片全部用完後重新訂購。

　　成功把這批卡片賣掉之後，他開始有動力四處尋求更多業務。詳讀當地各大報紙之後，他發現近期有很多訂婚跟即將舉辦婚禮的消息。他記下這些地址，接著立刻上門拜訪準新娘的母親，向她們爭取婚禮公告和名片的訂單。參考雕刻師給他的銷售建議時，他也發想了一些自己的點子加以融入，成功地建立頗有規模的小生意。這段期間，他依然保有原本的正職工作，並

在平日傍晚與星期六下午處理銅板雕刻卡片印刷服務。

不久後，他覺得如果有一台小型印刷機應該會很有幫助，所以用分期付款的方式買了一台二手印刷機，並將印刷機裝在一家商店後方，開始四處爭取印刷訂單。他發現專業人士是不錯的潛在客戶，因為他們通常會把訂購印刷品這件事拖到最後才做。如果能在短時間內得到迅速的服務，他們當然很樂意，所以他很快就向專業人士爭取到不少訂單，替他們印製開票單收據、信紙與信封。運作一陣子後，他覺得自己的工作空間太小了，所以在一棟現代辦公大樓租了一間更大的辦公室，付了一點租金。在這裡，他成立起屬於自己的「社交文書用品印刷店」。大概是在這個時候，名片的訂單開始增加，他也收到許多銅版雕刻印刷聖誕與新年賀卡的訂單。

為了盡可能讓老顧客回頭下訂單，他鼓勵顧客將專為他們雕刻的銅版留在他那邊，並留下登記編號來標示每位顧客專屬的銅版。他的銷售台詞強調銅版會被維持在完美的狀態，這樣以後要重新拿出來印刷時上頭就不會有摩擦或刮痕。等到競爭對手發現他的登記銅版印刷業務規模已不容小覷時，他開始收到收購各項設備的報價，例如銅版以及壓印模具等等。競爭對手開始競標他的生意，而在幾星期後一個好機會出現了，他原有的正職工作得以爬到更高的職位，所以他接受出價最高的競標者，以 1,500 美元的價格把這門獲利優秀的事業賣給對方。

新興的啤酒機線圈保修服務

啤酒重新合法化之後，酒館在美國各州如雨後春筍般湧現。某天，在一間這樣的酒館中，吉米・柯伊爾（Jimmy Coyle）聽到酒保低聲咒罵。「怎麼了？」吉米問道。「該死的線圈又故障了。早就該來清理線圈的清潔工已經

消失好幾個禮拜了。」吉米聽了很納悶。後來經過一番研究，他才發現每家酒館的線圈每隔幾天就要徹底清理一次，而且酒館老闆也很樂意為這種服務定期支付費用。所以，他與線圈清潔器的製造商聯絡，開始建立自己的生意，替酒館、餐館、午餐餐館、酒店、汽水攤、咖啡廳、旅棧、俱樂部與娛樂場所的啤酒機線圈提供清潔服務。他從這項服務中獲得的收入每週超過100 美元，很快就賺到第一桶金。

吉米說：「這種線圈清洗裝置的好處在於，任何人都能操作這台機器，不需要經驗就能上手。只要擁有一台設備，建立起自己的服務事業，就能賺進不錯的收入。每家酒吧我都收取 1 美元的服務費，目前一共替一百一十二家賣啤酒的酒吧服務。不過，我並沒有在一夜之間建立起這門生意。絕對沒有那麼輕鬆！我花了很多時間跟功夫才做到現在的規模。不過當時我想，不管從事哪一行，都必須努力工作，不然就賺不到錢。事實上，我開始從事這項服務時，根本就沒有人替酒吧清理線圈。想當然，線圈的狀況很糟，每次清理都要花很長的時間。鎮上那位提供線圈清潔服務的傢伙太忙了，沒辦法接應每家酒館。所以我一踏入這行時，他就主動打電話給我，提供了一些客戶的名字，告訴我一定要去拜訪這些客戶。我照他的話做，但他之前服務這些客戶的時候，在客戶心中留下不好的印象。我花了幾個月的時間才克服這項障礙。」

吉米在巡視他服務的酒館時，會將線圈清潔機裝在一個便利的箱子內。他只需要將清潔機接到線圈上、將小把手轉開，機器就會自動清潔線圈了。這台靠電力發動的機器能徹底清洗、清潔線圈，不需要額外使用化學清潔劑、酸類清潔劑或蒸汽。清潔器可以隨身攜帶，輕巧又方便，只要接上酒吧的插座就能運作。

吉米花在這個設備上的資金是 107 美元。他在購買這台機器時，身邊還有一台輕便的小敞篷車，所以接到任何電話都能緊急趕過去處理。啤酒機線

圈必須維持在乾淨的狀態，啤酒喝起來才會美味可口，所以啤酒機線圈清洗服務成了一項能永久經營的業務，想做多大就做多大。

這項業務目前還處於起步階段，對於任何急著想用小額資本創業的人來說是非常理想的選擇，而且也有機會得到不錯的報酬。確實，將生意做起來之後，任何在這個產業提供迅速服務的人，未來很多年都能享有不錯的業務成果。吉米購買設備時廠商也提供他所需的一切。

營收直升的出租輪胎事業

一想到輪胎站，腦中就會浮現一個人買了幾百顆輪胎、取得執照、租了一間商店，然後開始營業的畫面。這正是哈羅德‧霍特（Harold Holt）創業的方式。他在設備與庫存方面投入了將近 300 美元的資金，但生意並沒有如預期般滾滾而來。直到一位朋友建議他學習一些商管知識，他才發現自己之所以入不敷出，是因為沒有相關經驗。所以他開始研究各家商管課程，並在一家評價不錯的函授學校報名。上了三個月的課，生意逐漸好轉。他在十八個月內完成課程，但早在畢業前，他的生意就已經變得相當穩健、獲利穩定，也順利賺到了第二桶金。

「我起初的想法是，企管課程教我的只不過是記帳方法之類的東西，這些不會帶來任何收入。我不需要以系統化的方式來記帳，真正需要的是創造新業務並保持原有業務的點子。但在課程初期，我驚訝地發現許多課程教的東西，正是我需要的業務發展策略。有一個課堂實例就示範了某個人是如何將一個想法運用到業務中，最後成功賺大錢。這個例子講的就是赫茲（John D. Hertz）發想出來的租車服務。我開始仔細思考，決定嘗試類似的點子，並將這個原則套用在汽車輪胎上。我計算出一顆輪胎的批發成本，以及一顆

輪胎要出租多少天才會回本。算出來的利潤讓我十分驚訝，但我不覺得有任何人會想要租汽車輪胎。我心想這可能需要好好打廣告，所以就立了一個招牌，廣告標語主打提供汽車駕駛全新的出租輪胎，每天 25 美分。」

「隔天一早，有兩個人到店裡來，替自己的汽車各租了四顆輪胎。我記下客戶的車牌號碼、幫他們換輪胎。據他們所說，他們需要新輪胎，但身上的錢還不夠買輪胎。我向他們保證租金的一半能拿來扣抵新輪胎的費用。他們聽了很開心。他們離開後，我覺得自己應該針對日租輪胎收取最低標準費用，但我沒有這樣做。那天稍晚，我又租出六個輪胎，換輪胎的最低收費為 75 美分，兩天的租金為 50 美分。這讓我在輪胎上面能多點保障，並將可能的風險壓到最低。不過在這週結束之前，我發現其實一點風險也沒有。那週我租出二十六個輪胎，有二十四個被租戶買走了，另外兩個退回來之後也有將租金付清。」

「還有另一件事也讓我驚訝，那就是短時間內，非租戶的輪胎銷量就翻了一倍。那塊招牌吸引很多新顧客到店裡光顧。」

商業管理培訓課程當然很有價值。這些課不僅能提供減少開支的實質建議，還能讓你不會因為缺乏經驗而做出危險的決定。這類課程的價格差異很大，不過，你都能用每個月付幾美元的分期方式來購買課程。

給婦女的 52 個賺錢妙招

一位多才多藝的婦女做了八年多的兼職工作，她表示只要有工作意願、不會輕視各種不起眼的小工作，而且動作迅速可靠的話，任何婦女都能在業餘時間賺錢。

她強調很重要的一項關鍵，是讓你所在社區的每個人知道你提供的各種

服務。「拜訪每一個你可能服務的商業場所，不要要求對方給你工作，但把你的名字跟地址還有電話留下來，並告訴對方如果碰到任何急需，他們隨時都能跟你聯絡。請婦女俱樂部、教會協會與其他組織的主席多多宣傳你能接工作的消息。主動向醫生、紅十字會的護士，以及當地紅十字會的負責人聯繫。請那些跟你做一樣工作的婦女把做不完的工作分給你。但反過來，如果你工作多到應接不暇，也要把工作機會轉介給她們。就算得付錢請鄰居替你接電話，也一定要準備一支電話號碼。很多人之所以錯失那些急件工作的機會，都是因為業主無法用電話聯絡到他們。不要拒絕小工作，就算只是一小時的工作也要接。很多這種短時間的工作在月底累積起來就會非常可觀。」

如果想要找出究竟能如何利用閒暇時間來賺錢，最好的辦法是把你能提供的服務列成清單。開始列清單時，你一定會很驚訝於自己多年來竟然學會了這麼多技能。以下清單涵蓋多數婦女能從事的活動，你或許能勝任六、七種以上，而且這些工作還不會互相衝突：

讀書小組：對於讀很多書的婦女來說，組織一個十五到二十位婦女的讀書俱樂部，然後在俱樂部中評論大家目前閱讀的書籍，這絕對是一個很愉快而且能賺錢的消遣娛樂。這種類型的俱樂部大約每週在成員家中舉行一次，並收取象徵性的會費，負責評論書的導讀人就不需要付這筆錢。在芝加哥郊區就有一個這樣的讀書俱樂部，成員有三十位，她們會舉辦十二場系列講座或評論活動，費用為 10 美元。在這個案例中，負責主持與導讀的婦女與當地一位婦女合作，召集身邊朋友來加入俱樂部。作為合作的補償，她不需支付會費。

去市區代購：小鎮上的專業採購者，懂得為她的顧客省下時間以及搭火車的費用。她不需要跟顧客收費，因為市區商店提供的採購者折扣高達

10% 或 15%。每週到市區購物的人可以賺取 15 到 40 美元以上的代購費用。

替流通圖書館送書：圖書館可以透過送書給顧客來提高書籍流通量。假如你有車，有能力每天送兩到三趟。一次替多家圖書館送書，就能增加收入。

教導男女老幼跳社交舞：你可以在家開設小班課程。打開收音機或放黑膠唱片來當作背景音樂。如果你的城市沒有大型學院，就能成功開設一間這樣的舞蹈教室。入場費在門口入場時支付，或是販賣季票。空間內包含一個飲料吧台（可以把飲料吧台租給別人），並在你能負擔的情況下找管絃樂團來伴奏。

算命：現在茶室老闆都知道如果在店內安排一位算命師，生意就會更好。你可以用紙牌、看掌紋或水晶來算命。占星術也很流行。如果你對人性有很深刻敏銳的判斷力，就能很快上手。市面上有很多關於算命方法的書籍，只要稍加運用即可。在夏季和冬季度假勝地，這也是一項有利可圖的事業。

加入教堂唱詩班：許多教堂會付錢請唱詩班來唱歌，但你的歌喉必須在一定水準之上。

餐廳服務員：只提供午餐或晚餐的餐館，用餐尖峰時段都需要額外的人手幫忙。餐飲業者、酒店餐廳和旅館也會雇用服務生，維持人力資源充足。拜訪這些地方的經理，留下你的名字與電話號碼。

教橋牌：許多精通橋牌的婦女在家庭收入開始減少時，都能用這個技能來賺取豐厚利潤。你可以提供一對一的私人課程（收費通常較高）或是團體課程。如果橋牌小組在你家聚會，合理收費是每人一小時 25 美分。

在緊急期間提供家務服務：某個家庭的母親住院或在家休養時，如果孩子還小需要人照料，就得請人來打理家務、看顧小孩。這通常是屬於緊急類型的工作，報酬很優渥。

女童軍輔導員：如果你夠了解小孩、能輕鬆跟小孩互動應對，那這份工作不僅能帶來收入，還能讓你度過愉快的夏天。

如果你有車：每天早上開車送四到五個鄰居去上班，晚上再去接他們下班。提供駕駛指導，每節課應該能替你帶來 1 到 1.5 美元的收入。接送一群孩子上下學。在當地酒店或旅行社留下你的姓名與電話，替那些想參觀小鎮的遊客提供服務。如果附近有避暑勝地，就去火車站或港口把遊客接送到飯店。

縫補亞麻布和精美的蕾絲：只要稍加練習，你就能成為這項工作的專家。修補亞麻布最理想的方法，是在磨損或撕裂處縫上亞麻線。你可以在下擺或摺邊的內側固定這些線。蕾絲花邊比較困難，不過這類主題的書都會提供詳細解說。

清洗窗簾與精緻的亞麻布：多數婦女對窗簾與高級床單都很謹慎小心，不喜歡把這些紡織品交給一般洗衣店處理。只要提供完美服務，就能輕鬆在這個領域建立聲譽。在煙塵滾滾的大城市中，以這項服務與顧客簽合約，每

年清潔固定次數的窗簾，並在每次洗窗簾時收費。

教高爾夫球：許多婦女打得一手好球，但從來沒試著教人打球。有興趣學習打高爾夫的人比比皆是，依照行情，收費從每小時 2 美元到 4.5 美元不等。

提供演講課程：行銷課程時，強調演講訓練能讓一個人的儀態與口才更沉穩有自信。參加俱樂部的婦女和許多商務人士都同意這個論點。如果你在校時是位優秀的辯論者，不妨考慮提供這樣的課程。花時間研究那些探討演講的書籍。

在學校放假期間幫功課落後的學生補習：如果你曾做過教學工作，或是曾在家幫小孩複習功課，就能勝任這項工作。

在暑假讓孩童到家裡寄宿：如果你家很寬敞、位於鄉間或海邊，就能在暑假期間開放幾位孩子來寄宿。假如你住在一座舒適、現代化的農場，有廣大的空間讓孩子活動筋骨，還能提供均衡營養的餐食，那就是最理想的寄宿地點了。

清洗與染色作業工作室：光成立工作室並等待客戶上門是不夠的。你必須走出去招攬訂單。這項業務的優勢是在於客戶有可能會反覆上門光顧。

房地產租賃仲介：只要在家就能經營這項業務。聯絡你住家附近與鄰近地區的房產業主，如果有機會，不要漏掉任何銷售房地產的案子。事實上，只要建立起自己的租賃仲介業務，就能進軍房地產銷售業務。多閱讀房地產

法律與合約方面的書籍，這方面的知識越充分越好。

替俱樂部的婦女準備論文或演講稿：這項服務的收費取決於準備時間與研究工作的份量。在圖書館就能找到針對各種主題的資料。演講稿或論文應該仔細打成一式兩份，並在演講或繳交論文的前幾天提供。你可以主動向俱樂部或文學社團聯繫來徵詢工作機會，同時也多加注意報紙上的會議公告。

為病人準備飲食：照顧病人的工作不只在於看護以及護理，準備適合病人食用的食物也非常重要。就算沒有受過看護訓練，只要是一位好廚師、能將食物烹飪得色香味俱全，就可以靠滿足病人挑剔的胃口賺飽飽。要維持業務量，建議與住家附近的醫生保持聯絡，以獲得客戶的預約。

在你的城鎮建立一間娛樂機構：在你的社區招募人才，然後跟教堂、兄弟會組織或俱樂部聯繫。從表演藝人的報酬中抽取一定比例作為你的佣金。有時候你必須與附近城市的大型經紀公司聯絡，來拉攏自己在社區找不到的優秀表演人才。總之，要讓目標客群以及觀眾知道你很會準備表演節目、策畫娛樂活動。

替當地銀行招攬客戶：與當地銀行建立關係，並提供潛在客戶的姓名，藉此收取象徵性的費用。對於熟悉自身社區並且喜歡與人來往的婦女來說，這是一份有趣的工作。

指導業餘劇團：如果你有戲劇方面的經驗，就能在當地組織一個劇團，或是提供教會的義演團體技術指導，也可以協助主導社團的短劇和獨幕劇。依工作內容，收取適當的費用。

接線總機控台：有些旅館或公寓式酒店願意提供總機服務員住處。如果你不知道如何操作總機，可以找人教你，並且替他工作一小時來作為教學的報酬。有這項技能，你也能在休假期間到各大酒店或辦公室代班。

記帳：許多小型零售商、製造商、旅館和商店都請不起全職會計。如果你曾有這方面的工作經驗，不妨主動拜訪這些公司，透過提供每月一次的帳目處理服務來累積客群，並收取少量費用。

膽打信封地址：如果你家有打字機，就能在家工作。幾乎每個營業場所、文書用品店和印刷店都是潛在客戶。跟這些商家、所在城市的職業介紹所，以及俱樂部和協會等聯絡。有些公司喜歡你用手抄寫地址。三行地址的價格從每一千份 2 到 3 美元不等。一位優秀的打字員能在一天內解決一千個信封。

教音樂：如果你爸媽曾花很多錢讓你上音樂課，而且你家也有鋼琴，那就把舊的樂譜拿出來複習，重新熟練一下彈奏技巧。你很快就能進入狀況、重新上手。請記得，就算你不是有名的音樂家，也能教別人彈琴。教幾位學生彈琴，學費就夠你繳很多帳單或是拿去買新鞋跟其他必需品了。

美甲店：每座社區都有不喜歡進城上美容店的婦女。如果你有車，就能提供到府修指甲的服務。你需要攜帶的只有一個裝了修甲工具的包包。美甲技術很容易學，而且只要有心，要經營出好口碑、讓客戶不斷上門，也不是難事。當然，你的收費應該比美容店還要高。

管理慈善市集：慈善義賣或其他慈善活動之所以沒能賺到更多錢，原因

往往是缺乏管理。如果你對這種事很有天賦，就能賺取義賣收入的 10％ 至 15％。成功管理一到兩場活動之後，大家就會接著放心把其他活動交給你管理了。

電話推銷：許多零售商會委託婦女打電話給他們的顧客，讓顧客知道目前有哪些特別銷售活動，或是替銷售電器產品的推銷員預約時間。零售商會支付電話費，並另外付一筆工作費給你。有些廠商還會從訂單中撥出一點佣金給你。

城鎮調查員：債務催收公司、食品製造商、郵購公司和廣告公司通常會請婦女協助進行客戶調查工作。寫信給這些公司，告訴他們你能處理這類工作。而你需要的名單相關資訊，在公共圖書館就能找到。

照顧孩童：孩童父母晚上去看電影、參加橋牌聚會等活動時，你就能提供照看孩子的服務。收費通常是 75 美分到 1.25 美元。或是在孩子放暑假時，幫他們的父母照顧小孩。這項服務的收費取決於父母離開時間的長短跟其他因素。

陪伴病人：需要休養或身體病弱者通常會覺得日子漫長無趣。如果你活潑開朗、聲音悅耳，願意朗讀書籍或說故事來娛樂年輕或年邁的病人，這會是一份收入不錯的工作。聯絡附近的醫生、牧師和護士，以尋找工作機會。

整理墓地：檢查鎮上的墓地，找出疏於整修維護的墳墓，找出跟死者關係最近的親屬，向他們推銷整修墓地、種植鮮花跟剪草的服務。很多婦女都認為這份工作很好賺。

提供寵物寄宿服務： 主人暑假外出度假時，家中寵物就必須到別人家寄養，因為外出旅遊不方便攜帶寵物。如果你在郊區有充足空間能讓小狗開心四處奔跑，就能宣傳你的小狗寄宿服務。聯繫當地獸醫和寵物店，讓他們知道你有提供這樣的服務。留意附近報紙上的休假通知，並確認那些要離開小鎮度假的人是否有寵物需要寄宿。

在床單上繡花押字： 你可以在自家開一間花押字工作坊。跟新娘推銷在新床單上繡字母的服務，或是額外提供花飾線跡或是褲襪修補服務。只要多買一塊便宜的附件，把這塊附件擺在縫紉機上就能完成花飾線跡工作了。

教游泳： 如果你是優秀的游泳健將，而且游泳經驗豐富，與酒店游泳池合作提供游泳課程，也是不錯的選擇。規畫一個兒童初級班和兩個成人班，一班是專攻初學者，另一班是給程度較進階的學生。在每學期末表演一次花式跳水與游泳，有助於學生對課程維持高度興趣。如果剛開始教課時資金不夠，可以提出以免費教酒店的學生游泳來換取游泳池的使用權。

使用相機： 如果你有一台好相機，而且還具備一些拍照技巧，那就能專門替孩子、寵物以及民眾的住家拍照。父母總是以孩子為榮，絕對會花錢買下你替孩子拍的照片。民眾都喜歡自家寵物與房屋的照片，把這些畫面拍下來，照片沖洗出來之後拿給民眾看，他們十之八九會願意把照片買下來。你也可以去夏令營為孩子們拍照，或是以野餐的民眾為主題。留意不尋常的狀況與事件，像是自然界的突發事件、山谷中突然的狂風暴雨，以及各種戲劇性事件。工會報紙、報紙與雜誌會購買這些照片。柯達公司出版了幾本便宜的手冊，能提供你一些關於用相機賺錢的點子，這些小冊子在相機店跟公共圖書館都找得到。

訓練動物與鳥類：許多婦女在這個領域非常成功，因為她們超級有耐心，而且天生就跟寵物很親近。例如，有位婦女訓練出來的小貓非常搶手，總是供不應求。她在貓咪還很小時就開始訓練了，從她手中出來的每隻貓都活潑可愛。她訓練過的每隻貓總是立刻被買走。另一位婦女則成功訓練金絲雀唱特殊歌曲，例如《洋基傻子歌》（*Yankee Doodle*），所以她訓練的金絲雀也很熱門。還有一位女士成為訓練導盲犬的專家，目前正在培訓其他導盲犬訓練師。

租借設備：如果你家有吸塵器、電動洗衣機或熨斗、電動縫紉機、太陽燈，移動式電影放映器材，就能在未使用時將這些器材租借給鄰居，收取少量費用。把設備借給別人之前一定要仔細檢查，歸還時也要檢查一遍。

替郵寄公司編制名單：多數編制郵寄名單的公司都對特定名單很感興趣，例如富裕的居民、農民、準新娘、果農、家禽飼養者、新生嬰兒等。同樣的姓名與地址名單可能會被賣給好幾家公司。這些公司偶爾也會需要一般名單。

剪報服務：你住的地方絕對有些人或公司受到外界關注。人都喜歡知道別人是怎麼說自己的。如果想經營剪報業務，請告訴這些人或公司某份報紙上出現了什麼樣的報導。告訴他們，只要給你 25 美分就能得到一份副本。為自己的剪報工作室取一個像樣的名字，訂閱比較知名的報紙，並從二手雜誌店、當地報紙編輯那邊取得其他報紙，或是透過經銷商購買未售出的報紙。

園藝規畫：如果你知道如何種植植物和花卉，並對顏色與形式的安排有

獨到見解，就能幫助別人規畫他們的花園。仔細觀察鄰居的花園，會發現很多花園的設計都不盡理想。在紙上畫出一份設計圖，用最有吸引力的方式來構思灌木、花卉與樹木等植栽的位置。讓客戶知道花園的植物每過一年會長成什麼美麗的樣子，以及未來整體看來會出現什麼變化。完成這份設計草圖後，拜訪花園的主人並把草圖拿給他看。請注意，不要貶低他現在花園的樣貌，而是向他推銷能讓花園變得更美的方法。你的設計概念應該能賣到 1 美元左右。如果還要監督種植，那收費應該更高。請翻閱園藝雜誌來了解各種種植的靈感。

活動主辦人：如果你有良好的社交背景，就能靠擔任女主人或女主人的助手來賺錢，協助舉辦晚宴、橋牌聚會、文學或音樂晚會。主要工作內容是挑選宴會布置、規畫菜單以及娛樂活動。酒店、觀光牧場、度假村、俱樂部、協會、郵輪公司跟其他機構時常需要這種協助。那些經常要招待客人但缺乏這種才能的人也是潛在客戶。

打包達人：有些人天生很會整理、打包東西。如果你有這種能力，印一些卡片，把卡片放在房地產辦公室、儲物倉庫、公寓大樓管理員，或是把卡片寄給你知道常外出旅遊的有錢人。有些家庭在暑假出遊、搬到另一座城市，或是出國旅遊時，會很樂意委託你幫忙打包。與這項工作相關的另一項業務，是在別人準備到夏季別墅度假前把房子整理好、離開之後幫忙收拾善後。幫出國旅遊的人顧家也是服務項目。這類工作的包含儲放貴重的銀器、掛畫或瓷器，還有防止毛皮與羊毛服飾被蟲蛀等等。

開辦洗衣業務：許多婦女都將洗衣店業務經營得有聲有色。通常，洗衣公司會在洗衣店辦公室後方提供員工生活空間，並每月支付固定工資。如果

代理人積極進取、努力爭取更多業務，就能跟老闆談好抽取新業務的佣金。有些代理人還負責熨燙不能用機器熨燙的高級桌巾或絲綢服裝。

操作複印機：如果你曾經做過複印工作，或是可以輕鬆學會這種操作簡單的機器，就能買一台二手複印機、替自己的服務打廣告。很多辦公室、俱樂部或機構一年到頭都需要用到複印機。在你的城市拉攏業務，很快就能找到讓你每天忙上幾個小時的工作。

食品展示員：許多食品領域的製造商會聘請婦女在零售商店展示他們的食品。這項工作報酬優渥，對喜歡與人互動、能言善道、容貌體面姣好的女性來說是一份輕鬆的工作。

自由接案祕書：小型企業通常請不起全職速記員或祕書。拜訪城市的辦公大樓，讓裡頭的小公司成為你的客戶。醫生和牙醫，有時連牧師也需要這種服務。城鎮裡的社交名媛也屬於潛在客戶。在小城鎮，社交名媛的祕書相當少見。所以對一位上進積極的婦女來說，如果每天能拿出幾個小時來服務客戶，應該能得到很多工作。從事這份工作時，便攜式打字機必不可少。如果你設法在業餘時間銷售文書器具，應該就能賺到足夠的錢來買一台打字機。如果你有需要，也能用租的。

看護：對許多普通家庭而言，聘請專業護士的費用太高，所以業餘看護的需求非常大。幾乎任何婦女都能履行業餘看護的職責，例如按摩、洗澡、替病人準備三餐，以及遵循醫生的指示。你可以到附近的診所、護士登記處、醫生辦公室和醫院登記。一定要讓附近的攤商知道你能提供看護的服務，因為他們常被客人要求推薦看護。紅十字會分會或許在你所在城市有提

供培訓。參加這類培訓也很不錯，有助於讓你找到更多工作。

編織教學： 許多社區編織店的老闆通常都覺得工作量太大，無法靠一己之力完成。這是當然的，畢竟每位初學者都希望老師能多花時間指導自己。擅長編織的婦女可以將自己的服務賣給附近小店的編織店老闆。雖然店主或許不需要全職助理，但可能很需要一位好手每天來幫忙兩、三個小時。到附近商店繞一繞，看看這些店舖什麼時候最忙，然後向店主提議，在他們忙不過來的時候找你去協助指導，並以小時為單位收費。有些商店在某幾天的傍晚也會營業，這樣你就可以下午在一家店幫忙，晚上再去另一家店打工。有些店可能需要你每週到店裡幫忙兩到三個下午時段，有些則是兩到三個晚上。請以小時來收費，如果需要加班半個小時或一小時，就能很輕鬆把整天的報酬算出來。

電話服務： 很多專業人員在他們外出拜訪客戶時，會需要有人幫忙接聽電話，醫生尤其需要。這類服務通常被稱為醫生電話服務。跟當地電話公司談好之後，客戶接到的電話就會轉到你這裡，你再把來電者留下的訊息轉達客戶就行。客戶通常會在固定隔段時間打電話給你，索取電話訊息。你所在的城市可能已經有這種服務了，但就跟很多專業服務一樣，你絕對能找到自己立足的空間。關於營運成本以及方法的必要資訊，電話公司會提供你。

重點回顧

- 如果想透過販賣服務來賺到第一桶金，就必須專精。
- 你要做的第一件事是先清楚了解自己。如果能找出答案，就能輕鬆建立個人的服務業務。
- 不管是在哪個產業，滿意的顧客是最棒的廣告。
- 如果一個人能寫出更棒的書、布道內容贏過其他人，或是做出最頂尖的捕鼠器，那麼就算他住在樹林深處，大家也會蜂擁而至去找他。

11

賺取大學學費
的各種機會

PAYING FOR A COLLEGE EDUCATION

複利的本質

　　許多成功人士的成就，都歸功於他們大學的打工經歷。

許多商業領袖之所以能有如今這番成就，都歸功於他們讀大學時為了賺學費所做的打工。學生在打工時培養出來的興趣，往往會成為未來職業生涯的基礎。有時候年輕人為了賺錢付學費，無意間發現自己其實具有擔任推銷員的潛力，畢業後就進入大公司擔任銷售員。有些人在大學報社工作，慢慢培養出對編輯與新聞工作的喜好。有些人發現自己在承辦活動方面很有才華，就開始管理大學足球隊或棒球隊的事務。

基於這個原因，學生都要盡量找機會來發展自己的賺錢能力。無論畢業之後做什麼工作，這種與人打交道、說服對方接受銷售建議的經驗都非常珍貴。在平等的基礎上與人互動的訣竅，以及簡潔扼要表達自我的能力，都能透過這類工作經驗來培養，而且就算畢業很久了也不會忘。

更重要的是，學生在享受教育的同時還必須一邊賺錢，從而能夠理解金錢的價值，這對人格養成相當重要。這其實都要歸功於美國社會制度，因為我們很欣賞、敬重那些半工半讀的年輕人。一般來說，比起出身富裕之家、爸媽已經幫忙負擔所有學費的年輕人，半工半讀的學生能學到更多、累積更多人生歷練。

當然，你也可以靠一些比較傳統的方式來賺錢，例如當服務生、家教、在學校圖書館或辦公室幫忙、在當地商店當店員，或是替當地報紙編輯專欄等等。任何一項工作都能讓你賺到足夠的錢來支付學費。不過，能賺到最多錢的其實是比較罕見的工作。這類工作的內容取決於學校所在的社區、學生本身的能力，以及看那些十八般武藝樣樣精通的學生能開發出哪些機會。

比方說，有位年輕人靠銷售珠寶來支付普渡大學（Purdue University）的學費。他的生意好到畢業後直接被聘到製造商公司擔任正職銷售員，現在已是該公司的銷售經理。同一所大學的另一位學生想到出版學校日曆的點子。這份日曆看起來像是海報，中間的欄位則列出學校當月的活動日程，周圍的廣告欄位則賣給當地社區的商人。他將這些海報貼在學生經常出沒的地點。

廣告收入正好能拿來付印刷費用，而且還帶進高額利潤，足以支付大學生的大部分學費與生活費。

幾年前在埃姆斯（Ames），有兩位工程系學生為了賺取學費跟生活費必須去打工。他們組織了一個寄宿俱樂部。這個創業點子源於他們觀察到許多學生租房子的地方沒有提供餐食，學生只能到各間小餐館吃飯。兩人從中看到了提供餐食的商機，便四處尋找適合執行這項業務的地方。

鎮上有位婦女把家中的房間租給學生，但不提供三餐。交涉後，她同意將家裡的大餐廳租給俱樂部，還願意提供地下室空間讓他們存放食物。每週五，這兩位學生會計算一週的開支，加上他們的管理費用，然後按比例跟俱樂部的每位成員收費，藉此分攤開支。支出中包含兩位準備膳食的婦女工資，用餐時有兩位學生當服務生端盤子。他們以批發的方式採購所有食品，也會特別留意哪邊有打折優惠，藉此降低整體開銷。每頓飯大概會有三十位學生來吃，這大概是那間大飯廳能容納的總人數。

飯菜雖然簡單，但味道非常好，而且費用比其他住宿餐館還要低，俱樂部的人數總是額滿。這兩位男孩努力經營，從來不放過任何一個向新生推薦俱樂部的機會。當然，他們也會從附近的學生宿舍招募俱樂部會員。

為了吸引大家加入俱樂部，男孩還會辦抽獎活動，獎品是主場足球賽的季票，還會另外抽獎贈送本賽季最重要的城外比賽門票。

靠上街拍照來支付大學費用

多年來，哈洛德・沃克（Harold Walker）一直是對拍照相當有熱忱的業餘攝影師，這也成了他在放假期間賺錢的手段，收入足以支付他在大學最後兩年的學費與生活費。沃克使用的新型相機根據動態影像的原理，能高速拍

攝清晰銳利的照片。他會將相機背在身上，讓相機緊貼胸前，將雙手空出來。不管在什麼距離，相機的焦距都是固定的，曝光限制在 1/250 秒，能避免因曝光不足或定焦錯誤而無法拍出好照片的風險。所以說，任何業餘攝影愛好者都能拍出不錯的相片。

帶著一批完成印刷跟編號的卡片，沃克背著相機來到繁忙的街角，替所有進入鏡頭範圍內的人拍照。他會遞卡片給每個人，上面印著：「我剛才拍下您的照片。請將這張卡片和 25 美分寄給哈洛德·沃克，我就會將照片由寄給您。」上午 10 點跟下午 4 點之間，沃克拍了大概三百人，並在幾天內收到這些人寄來裝有銀幣的卡片，總共有一百一十四張。他替每個人拍照的平均成本略高於 2 美分。這種生意你絕對也能做。

為了做好這門生意，他用一套簡單的系統來確定每張卡片對應的正確照片。卡片的前三個數字表示該月的週數、一週中的哪一天，以及拍照的月份。最後的數字代表照片本身的編號。每天數值最小的數字代表第一張照片，下一個數字就是第二張，以此類推。所以，15637 號是 6 月第一週第五天拍攝的第三十七個人的編號。這套系統對於照片的保存與分類相當有效。

沃克剛開始的總投資是 135 美元，其中包含相機的費用。他自己做印刷，不過沖洗底片則讓當地工作室來完成，費用並不高。他表示通常每天至少都能賺到 10 美元。

你能在各種場合使用這類相機，在街上、海灘、夏令營、集市、嘉年華會，甚至是高速公路邊都行。只要拍幾個小時的照片就能獲得不錯的收入。就算沒有操作相機的經驗，也能拍出不錯的照片，因為你只需要按下快門就行了。

製作百葉窗來支付學費

你或許已經注意到百葉窗近來相當流行，很多私人住宅、公共機構和商業辦公室都大量使用這種窗簾。這種類型的窗簾勝過普通的捲簾，因為百葉窗能夠增加採光、促進空氣流通，同時還能阻擋陽光。羅伯‧彼得森（Robert Peterson）曾在芝加哥的尼古拉斯‧森恩高中（Nicholas Senn High School）上過手工培訓課程，他想在暑假賺到一筆錢足夠他度過大一生活，發現百葉窗的需求不斷上升之後，他決定投入這個產業，因為他覺得百葉窗不難製作。他買了一把曲線鋸、一架鑽床、一隻噴槍跟其他工具，並從一家專門生產木條的工廠購入一批木條。他做了一些實驗，唯一碰到的困難是找不到能在遮光處正常運作的細繩。他嘗試幾種不同的繩索，最後發現義大利的大麻纖維繩效果還不錯。一開始他也找不到適合的膠帶，幸好從事傢俱製造業的叔叔幫他打聽到，品質最好的膠帶來自英國，很快就幫他進貨了。等待膠帶到貨的那段期間，羅伯勤勞地主動詢問附近住戶是否有興趣裝設百葉窗，成功拉到不少訂單，讓他整個夏天都忙得樂不可支。過程中，他還發現小工廠是不錯的潛在客戶，因為他們大多都需要能遮光、又能通風跟提供適當採光的百葉窗。

瑪莎阿姨的以物易物所

雖然已經 55 歲了，瑪莎‧霍普金斯（Martha Hopkins）還是個很有活力的人，她依舊對冒險懷抱熱情。她心想，自己應該能在家中室內空間第二大的會客室舉辦婦女以物易物俱樂部，來賺到足夠的錢讓姪女上大學。由於她有加入婦女俱樂部，平常也積極參與教會工作、講座與社區會議，在社區中

算是小有名氣。所以沒過多久，鎮上所有人都知道她開辦的「以物易物所」。

　　幫鄰居賣出古董，她能從中抽 25％的佣金。在某些情況下，當客戶手邊沒有足夠的現金時，她也接受用一件傢俱、一幅畫或其他有價值的東西，並且額外補上一筆小錢，讓顧客將夢寐以求的物品帶回家。很多客人會跟她討價還價，但霍普金斯夫人是天生的商人。這間交易所很快就開始賺錢了。如果你問她成功的祕訣是什麼，她會說：「其實，我只是喜歡買賣東西而已。當然，我也認識很多人。而且在這個鎮上，我爸是這個社區的第一批住戶。他是一位醫生，所以這裡的每個老家庭我們都認識。但我認為真正的關鍵在於，每個人都有自己不想要、但別人想要擁有的東西。這其實就是交換的概念，而且對成年人跟年輕人來說，以物易物都是件有趣的事。」

有創意的門牌號碼業務，每日進帳 5 美元

　　早在 1937 年，在伊利諾州埃文斯頓讀西北大學的勞夫和喬治都覺得，要是不盡快開發一些收入來源，他們好像就沒錢繼續讀大四了。某天晚上，勞夫去找當時的女朋友時，靈光一閃想到了賺錢的超級好點子。當時，有兩個人開車在他女友家門前停下來，並拿出門牌號碼問路。他幫忙指引方向後，發現民眾根本無法從路邊看到門牌號碼。那天晚上，回到與喬治合租的房子之後，他們集思廣益，經過一番巧妙但不複雜的策畫後，決定用一套做記號的印刷模板，在埃文斯頓的住戶屋前路邊石上畫門牌號碼，希望能藉此賺到一大筆錢。

　　他們各自負責街道的其中一側。站在住戶的屋前，他們會在路邊石上用白漆刷出一個格子，然後按門鈴。屋主現身後，他們會指一指白色的格子，

詢問屋主想不想將自家門牌號碼用黑色顏料塗在白色格子上。令人訝異的是，許多住戶都很希望他們能幫忙把門牌號碼塗在路邊石上。埃文斯頓大約有四分之三的屋主都在路邊石上畫了門牌號碼。

他們先沿著街道畫出白色格子，再回頭將黑色的數字印刷在格子上，這樣就有足夠時間等白色的油漆乾透。任何數字組合費用皆為 25 美分。第一天早上，他們在四個小時內塗完二十二戶人家，一上午就賺了 5.5 美元。

每週六，以及在他們能騰出來的課前與課後時間，這兩位積極的年輕商人都非常努力投入工作。不久，他們就發現埃文斯頓的市場已經開發完了。於是他們轉向埃文斯頓以南的地區，也就是芝加哥本地，並在那個區域工作。完成芝加哥的案子之後，他們又到北方的其他郊區，繼續替當地的居民「編號」（勞夫都這麼描述他們的工作）。春假期間，他們也完成了埃文斯頓以北和以西的區域。暑假來臨時，兩人決定帶著油漆與畫筆，沿著去勞夫家的路線「替當地人編號」。喬治在那裡度過一整個夏天。在沿途的農場地區，他們用鋁漆粉刷農村郵筒，並在上面印上名稱、郵局、農村免費投遞路線和郵筒號碼，這份工作的工資為 50 美分。暑假期間，他們在勞夫的家鄉與鄰近地區工作，那裡有十五萬人口，工作機會夠多。秋季學期開學時，他們已有足夠的錢來讀大四了。

熱血的運動照片市場很廣大

加州聖馬刁（San Mateo）短期大學的新生艾倫・盧比諾（Aaron Rubino）正在就讀醫學預科課程，被問到他是如何邊讀書邊將副業經營得如此成功時，他回答：「應該是我很幸運吧。」盧比諾是一位臉上掛著微笑、頭髮黝黑、體型高大的 19 歲青年，他常被大家稱為盧比。他用格拉菲的硬片攝影

機拍照，照片賣得很好。

他一直都對攝影很感興趣，但一直到 1935 年得到一整套攝影裝備後，攝影才成為他的嗜好。他常常在看足球比賽時，拍下精彩畫面。某週六，他在球場上向一位攝影師討教，希望能拍出好照片。那人是《舊金山紀事報》（San Francisco Chronicle）的明星攝影師，他不僅提供建議，還大方跟盧比說如果需要任何資訊，隨時都能到辦公室去找他。盧比真的這麼做了，兩個人後來變成了朋友，這位報社攝影師甚至成為盧比諾家族的朋友。

這位青年投入所有閒暇時間拍照跟沖洗照片。因為他對運動賽事超級熱衷，專門拍攝體育題材的影像，這項特色讓他持續接到訂單。

有一天，他向《舊金山紀事報》的體育編輯展示一批照片，編輯不只收下這些照片，還主動說要購買其他一樣拍得這麼好的照片。盧比每次都交出幾十張照片，他的毅力與熱情逐漸獲得編輯部的肯定。他不僅能使用報社的暗房，也常常獲得專家的建議與指點。從前，他得自己去買底片、自己花錢完成拍攝。要是照片沒賣出去，他基本上就是在做白工。但現在，這種事很少了。報社會派他出任務，除了花錢跟他買照片之外，還會支付底片的費用。他有一張記者證，可以免費參加所有體育活動，城裡的每一位新聞工作者他幾乎都認識。

跟報社員工一起工作但不隸屬於報社，盧比覺得這是自己的一大優勢。自由攝影師能夠販售沖洗出來的照片，但把底片留下來，這是報社的專職攝影師無法做到的。拍攝後，盧比會把優秀的照片賣給合眾國際社（United Press）、美聯社（Associated Press）、寬廣世界（Wide World），跟其他不錯的平台。以下是他給想當自由攝影師的人的建議：

一定要準時。他已經學到教訓了。某天晚上，他看一場校園大火從 12 點看到凌晨 3 點，之後才趕回家沖洗照片，並在 4 點前將照片送到《紀事報》，報社卻說：「太晚了，我們已經開始印刷了。」

不要害怕與人交談。他經常搭便車從大學回家，路程有 19 英里，而這是因為他很愛與人互動接觸。從福特汽車到帕卡德他都搭過。他說：「這是一個了解人性的好方法。」

要動腦筋想辦法。足智多謀讓他拍出許多震撼的獨家畫面。某天早上，他在大學裡聽說中午有人要在校園裡舉行「紅色」示威。這根本是拍照的大好機會！但遺憾的是他卻沒把相機帶在身邊。直到早上上課時，他還一直苦思該如何拍到照片。示威遊行開始時，他已經在群眾中按快門了。腦筋動得很快的他，跑去借了學校的相機。他記錄下混亂瘋狂的場面，雞蛋跟番茄在空中飛舞，砸中試圖平息混亂的校警與大學的重要人物。盧比是唯一在場的攝影師。暴亂者試圖拿雞蛋跟番茄砸他跟他的相機，但他順利脫身，並趕到《紀事報》的辦公室。其他報社都想要買他的照片，但他不願意賣，因為《紀事報》是唯一一家會在頭版新聞中使用照片的報紙。

「我只是在一群暴徒中拼命抓機會拍照而已，應該算是運氣好吧？」盧比說。這是運氣嗎？聽起來更像是勇氣與意志。

用冰淇淋機來賺大學學費

露西・曼納斯（Lucy Manners）在大學暑假期間到一個營地度假，當她發現營地那邊都沒有人賣冰淇淋給度假的女學生時，就買了一台手動冰淇淋機。她在這台機器上的投資不到 50 美元，其中包含運送跟附帶設備的費用。這台機器大概一次能製作 10 加侖的冰淇淋。機器送到之後，她也收到關於操作機器與製作各種冰淇淋的詳細說明。接著，她把機器安裝在帳篷內，到附近小鎮訂購所需的冰以及食材，並向農民買了牛奶。一切準備就緒後，就開始製作第一批 10 加侖的冰淇淋。

露西說：「我以為女孩最愛濃郁的香草冰淇淋，但其實多數人比較愛巧克力，我實在太驚訝了。所以，我第一天做了 10 加侖的香草口味跟巧克力口味冰淇淋。營地裡有兩百六十個女孩，年齡介於 15 到 22 歲之間。大家都想吃冰，但 20 加侖似乎超過她們在一天之內願意消耗的量，所以我花了兩天時間才賣完。」

她將冰淇淋裝在甜筒裡面販售，每支甜筒 5 美分，10 加侖的冰淇淋總共能裝五百五十支甜筒。營地裡的每個女孩每天平均買兩支甜筒。她的冰淇淋銷售利潤平均為每天 13 美元又 60 美分。在夏令營度過的那一百天中，露西的冰淇淋生意利潤遠超過 1,000 美元，這對她的大學學費來說幫助可大了。

「有一天異常炎熱，我不得不做 30 加侖的冰淇淋。我必須努力工作，但我對於能靠自己的力量賺這麼多錢也感到很興奮。那是我進帳最多的一天。那天有很多父母來探視自己的孩子，下午還有從 20 英里外的男孩營地過來玩的一大群男孩們，所以我生意超好。製作 1 加侖冰淇淋的成本是 64 美分，其中包含冰、牛奶、萃取物跟其他食材。每三百支甜筒的成本為 1 美元。」

露西使用的這種機器任何人都能操作，賺錢的機會根本無可限量。在小城鎮，如果將冰淇淋機擺在商店裡、學校附近或商店街旁，投資報酬率會高出很多倍。

擔任代理家長

大約兩年前，從布林茅爾學院（Bryn Mawr）畢業的艾莉森·雷蒙（G. Alison Raymond）小姐發現自己只找得到臨時工的工作。連續幾週找工作失

敗後，她意識到自己必須生出一份工作。當然，要生出一份工作比找一份工作還困難。不過，雷蒙小姐在組織事務方面的專長，讓她成功經營出一項非比尋常的事業，她將這份工作稱為代理家長。

對於那些必須在零散時間打工賺錢的年輕學生來說，代理家長是個不錯的選擇。代理家長在白天和晚上的任何時間都隨時待命。比方說，如果瓊斯夫人的小女兒要從學校或夏令營回家了，而夫人趕不上火車，她就會打電話給代理家長，請大學生去幫忙送女兒安全回家。或者，假如有位母親的小孩正在養病，希望有人能陪在小孩身邊、念故事書給他聽，或玩遊戲，她也會打電話給代理家長。

除了接送、照顧在家或醫院休養的孩子，代理家長也能負責在下雨天陪小孩子玩，或是帶一個或一群小孩到博物館、電影院、海灘、遊樂場、公園或其他地點走走。母親出門購物時，代理家長也需要隨傳隨到，去家裡陪孩子一兩個小時。要是父母傍晚出門，他們也會幫忙照顧小孩。

課業不會太繁重、有生意頭腦的女孩，能在大三或大四這兩年從事這項工作，並在畢業後繼續發展。代理家長的業務除了要具備一份學生名單，還要列出他們有空的時段、特殊技能，另外也要準備一份鎮上有小孩的家庭清單。

賺錢的衣領小道具

在埃文斯頓就讀西北大學的埃爾・漢德勒（Al Handler）決定趁放假賺點外快，他選擇銷售一款能讓柔軟的領子立起來的道具。在假期中，他銷售這些產品的收入遠超過 1,000 美元，而且他賣的商品只要 25 美分，這實在是件了不起的成就。

漢德勒表示：「這個專門道具對我來說很有意思，我自己常穿軟領襯衫，知道這種襯衫有哪些缺點。這種襯衫的領子，看起來比較沒有像上過漿的領子那麼俐落、有精神。例如，我的軟領襯衫看起來有點沒精神、表面不平整，而且在炎熱的夏天穿起來很容易起皺。所以，當我發現這種能讓軟領子立起來的小鐵絲裝置時，就立刻愛上了。我買了一大堆。起初，我拜訪年紀相仿的男性，迅速示範該怎麼使用這個道具，他們通常看過之後都會掏錢買。不過，我還是花了不少時間才把這一批道具賣完。有時候，我一小時的銷售量不會超過兩個，這算滿少的。因為每賣出 50 美分的產品，我的佣金只有 35 美分。我顯然必須迅速增加銷售量，才能賺到我需要的錢。」

　　「我試著拜訪撞球館、理髮廳跟類似的場所，常常發現裡面只有一兩位顧客，人數並沒有多到能增加我的產品銷量。我該去哪裡拉攏更多訂單？我滿腦子只想著這件事。有一天下午，我在比賽開始前一小時抵達一座棒球場。這裡有成千上萬人。如果我只賣給其中幾人，應該就能有一些收穫。所以我主動找了幾個看台上的人交談，賣出幾份產品，然後再移動到看台的另一個地方又賣了一些。那天下午，我賣出一百一十四個能讓軟領立起來的鐵絲道具，賺到 19.95 美元的佣金。隔天我又到球場，賣出九十多份產品，但再隔一天的銷量就沒那麼好了。接下來我到海水浴場，因為我認為那邊一定會有成群身穿襯衫的男子圍坐在一起。在兩個小時內，我成功賣出三十五個，然後開開心心離開海灘，深信自己已經很有斬獲。我想通了，關鍵在於，每天都要設法找到有一群男人聚集的地方。一旦融入群眾，我就能做一大筆生意。所以我走遍城市的各個角落，甚至到酒店大廳去賣產品。」

　　「有些人會跟我要名片，有些人一次就買了兩、三份，當然也有很多人拒絕我。每接觸四十個人，我大概能賣出十個。很多人在球場或海灘等地方一待就是好幾個小時，要跟他們交談並不難，幾句就能直接知道他們的購買意願。但我盡可能避免任何形式的集體示範，我不想讓人覺得我是在舉辦什

麼大規模的產品示範會。我並不是當街吆喝叫賣的小販，而是以安靜低調的方式和男性對談，請他們看看我衣領擺放的方式，並快速示範產品的使用方法，就是這樣。」

漢德勒從那些跟他要名片的人那邊得到一些訂單。一位潛在客戶是當時紐約巨人隊的大聯盟捕手，他跟漢德勒買了半打產品，並把這個資訊告訴隊裡其他成員。後來陸續又有幾個人從紐約跟漢德勒下訂單。

芬頓夫人的蔬菜罐頭業務

女兒準備上大學時，德州林恩郡（Lynn County）的芬頓夫人（R. W. Fenton）才意識到，光靠種植低價農作物可能無法支付女兒四年的大學學費。但俗話說，有志者事竟成，只要好好把握機會，這四年中每年都有辦法賺到足夠的錢來付學費。

而芬頓夫人靠製作蔬菜罐頭賺到了這筆錢。在家庭用品展示俱樂部工作的經驗，讓她生產出高品質的產品，她還得到在罐頭產品上使用官方示範標籤的特權。她接到的其中一筆大訂單是來自德州農工大學（Texas A&M College），因為她曾經讓該學校試吃自製的豌豆罐頭。學院之所以下訂單，是因為大學食堂的廚房想用罐頭蔬菜入菜，他們一次就訂了一千個三號罐頭。該校的另一筆訂單是三百罐二號豌豆罐頭，而德州技術學院（Texas Technological College）則訂了一百罐三號跟兩百罐二號黑眼豌豆罐頭。她的另一位忠實顧客是拉巴克（Lubbock）的一家大飯店，他們會購買她的罐頭產品來製作宴會或特殊活動的菜餚。

所有家庭成員齊心幫忙備貨，協助整理、清洗、烹調用來做成罐頭的蔬菜。他們用兩個大型壓力鍋來烹煮罐頭蔬菜，其中一個鍋子的烹煮量能裝九

個三號罐頭，另一個一次能做出十五個三號罐頭。一天內，在家人的協助下，芬頓夫人裝了一百五十個三號罐頭跟兩百個二號罐頭。製作罐頭的期間約為八週。雖然芬頓夫人的廚房在這段期間相當繁忙，但精心安排工作流程、規畫廚房動線後，他們也大幅簡化工作流程。他們以兩週為間隔來種植蔬菜，就能將每種作物的收成時間錯開，保留足夠的時間讓廚房有條有理地製作罐頭蔬菜。

雖然許多蔬菜是種在農田裡，但多數蔬菜是在家庭菜園中透過地下灌溉種植而成。他們必須靠地下灌溉法來種植，因為土壤中有一定比例的礦物質沉積，所以經過幾年的地面灌溉之後已無法耕種。地下灌溉法並不難，需要的設備包含三排自製的混凝土排水瓦溝，每英尺成本為 1 美分，但這個成本不包含勞動、一架風車和水箱，以及一根軟管。風車將水抽入高架水箱，並透過重力讓水通過軟管流進瓦溝的入水處。除非天氣異常炎熱，否則每週澆水兩、三個小時就能讓土壤保持充分濕潤了。

漸漸地，芬頓夫人的客源越來越廣，賺的錢也足夠女兒上大學，甚至還有多的錢能買一些多數家庭主婦夢寐以求的家電設備，來減輕家務方面的負擔。

靠烹飪技能賺學費的女孩

珍內特・哈迪（Jeannette Hardy）一心一意想要上大學。上高中之前，她已經計畫好要學習家政相關專長，並打算在大學畢業後教授這門學科。但是，她阿姨的存款只夠能讓她讀完高中，沒辦法送她上大學。

珍內特還在念小學時，就已經懂得把跑腿跟幫忙做一些小家務賺來的錢存起來。她的專長是烹飪，也下定決心要成為這方面的專家。讀高中時，她

已經有能力做出一桌子好菜。她會到住家附近的公寓大樓，幫那些喜歡在下午打橋牌或高爾夫的家庭準備晚餐，並在過程中發掘自己的烹飪長才。跟客戶約好要到家裡做飯的前一天晚上，通常她會打電話給客戶，列出隔天晚餐需要的食材清單。3 點半從學校回家的路上，她就順路到超市把食材買齊。

抵達雇主家並從警衛那邊拿到鑰匙後，她會先把午餐或早餐時用過的餐具洗乾淨，並將蔬菜跟甜點準備好，然後開始布置餐桌。烹飪晚餐時，也順手整理餐廳與客廳，撿起散落的報紙和書籍、清空菸灰缸、將椅墊立起來、把窗簾拉整齊，像個好管家一樣把每間房間打掃的乾淨整齊。如果客戶指定晚餐想吃烤肉，美味的烤肉料理就會在烤箱裡等待主人回家。如果晚餐是牛排或肉排，她會在雇主返家的那一刻將肉醃漬好放進鍋爐裡，20 分鐘就能上菜。晚餐後，她會洗碗並整理廚房。這項服務的收費為 1.25 美元。如果不需要上超市買菜，費用則為 1 美元。

剛開始的時候，她每週有一位顧客。後來她又多了兩位客戶。在此期間，她也幫忙料理餐食，還提供大型派對外燴服務。上學期間，她平均每週有四場案子。來到第二年暑假，她花一個月的時間專心照顧一位病人、幫忙準備病人的三餐。病人的家屬每週付給女孩 15 美元。高中第一年，她只賺了 150 美元，第二年則賺了 200 美元。這些錢加上她的 150 美元大學基金，到了高三，她身上總共就有 500 美元。在接下來的兩年內，她存了 400 美元。每逢聖誕節或重大節日，她就會做一些咖啡蛋糕、李子布丁、水果蛋糕跟類似的甜點來賣，賺取額外收入。高中畢業時，她的積蓄小有成果，已足夠讓她在不縮衣節食和不婉拒任何社交活動的情況下，安穩度過至少兩年的大學生活。頭兩年大學生活結束後，一份阿姨在珍內特小時候買的保險到期了，這筆錢剛好夠她度過剩下的大學兩年。

運作良好的家庭核桃生意

　　哈里斯夫人（Mrs. Harris）住在密蘇里州一個小鎮外的農場，身為寡婦的她有一個正在讀大學的女兒。一般來說，農場是賺不到什麼錢的。有一天，哈里斯夫人注意到核桃樹上掛滿核桃，心想也許能將這些核桃賣掉換點錢。隔天，她立刻請來在農場附近打零工的男孩撿了一些核桃，並將核桃攤在太陽底下曬乾。等核桃乾了之後，男孩將核桃敲碎，她則將核桃果仁挑出來，仔細將果仁跟殼分開。

　　在此期間，她寫信給住在芝加哥的一位姐妹，問她那邊是否有人想買黑核桃。這位姐妹立刻回信，說她能幫忙將大約 10 磅重的核桃賣給附近兩家糖果公司，並報上這些公司開的價格。那位姐妹還建議她多寄 10 磅來，這樣她就能賣給朋友跟熟人。於是，她將 30 磅的包裹郵寄給姐妹，兩批 10 磅的核桃則被送往糖果工廠。這位姐妹在自己的橋牌俱樂部中端出加了核桃的蛋糕，並特別表明這些核桃是來自姐妹的農場。這個不錯的小生意就這樣展開了。她們將核桃裝在小玻璃紙袋中，售價高於一般市場價格。上大學的女兒也幫忙做生意。她說服當地一家專賣學生軟糖的商店購入一包 10 磅重的核桃，還接到一家冰淇淋製造商的訂單。一家專門製作各種名為「黑核桃之吻」糖果的店鋪，也買了一包 10 磅重的核桃。消息傳遍整個大學城，當地大學生的母親也陸續向女孩發出訂單。收到訂單的哈里斯夫人將 10 磅重的核桃包裹寄給女兒，女兒只要像芝加哥的阿姨那樣，將核桃分裝在玻璃紙袋內出售就可以了。

　　住在芝加哥的姐妹真的是閒不下來，她接著拜訪麵包店跟糖果店，以及當地的特色食品店，很快就找到一群不錯的客戶。有些公司會直接下訂單，因為他們希望透過大量買進去壓低價格。其他當地居民則直接向住在農場的哈里斯夫人購買。

為什麼很少有農場做這種生意呢？為什麼城市的人很少想到可以跟農場居民合作，靠銷售農場中的優良作物來賺進第一桶金呢？伊利諾州溫內特卡（Winnetka）的一名年輕人，就靠著跟聖塔克拉拉谷（Santa Clara Valley）的一位無花果農合作，以銷售加州無花果賺了不少錢。亞特蘭大另一位小伙子，也靠著去年賣佛羅里達州的墨西哥萊姆給當地的飲料店跟高級雜貨店，順利賺到 1,000 多美元，因為他有管道取得生長在麥爾茲堡（Fort Myers）旁開普提瓦島（Captiva Island）上的萊姆。只要不怕辛苦不怕累，就能靠販售任何像是上述列出的高級食品來賺到豐厚利潤。

勤奮青年靠汽車打蠟來賺學費

某週六下午，亨特利（E. A. Huntley）正忙著在車庫中洗車，這時一位小伙子走過來對他說：「要是你的汽車有打蠟，看起來一定更帥。」亨特利同意他的說法，表示：「沒錯，但這要花 5 到 6 美元。我不想花這麼多錢。」年輕人拿出一張看起來很簡單的卡片，上頭印著「打蠟」兩個字，左下角是他的名字、地址跟電話。

「我可以幫你的車打蠟，只要 3 美元，而且結果包你滿意。我現在正在幫你鄰居的汽車打蠟，就在小巷另一頭。我是華盛頓大學的學生，週末都有空。下週六上午幫你的車打蠟，要嗎？」

確實，他的車需要打蠟拋光，而這個年輕人的態度看起來也很認真，所以亨特利叫他下週六上午來打蠟。他也對少年的工作感到好奇，他問：「你接了很多這類型的工作嗎？」學生回答：「對啊，滿多的。每週六跟週日我都有案子，週間的空閒時間也會拿來工作。我每天至少會服務一輛車，現在我在華盛頓大學讀大三。到目前為止，除了第一個學期，我都靠洗車跟拋光

打蠟來付生活費。我有固定的客戶，他們都會把我推薦給朋友。因為我的服務真的很不錯。」他聰明地補了最後一句。

「但是你如何建立客群？」亨特利繼續問。「就像我成功說服你接受我的打蠟服務一樣啊。我印了這些卡片，沿著巷子走，看到有人在洗車就會把卡片拿出來，主動上前表示我願意好好幫忙打理他的車。成功接到案子之後，我就會去找客戶的鄰居，繼續向他們推銷。我還會到辦公室跟工廠繞一圈。只要看到有人搭上一台看起來需要打蠟的車，我就會走過去給他一張名片，並介紹我提供的服務。這個方法似乎很有效，因為我接到的案子已經多到讓我閒不下來了。而且一般來說，有人還會提前跟我預約時間。」學生笑著說。

「好啦，我要回去幫你鄰居的車子打蠟了，我答應他會在下午 4 點半之前完成。我留幾張名片給你，如果你有朋友想要洗車或幫汽車打蠟，幫我推薦一下，我會很感激的。下週六早上我會準時來幫你服務。謝謝你願意給我這個機會。下星期六，等你看到我把你的車擦得乾淨發亮時，一定會眼睛為之一亮的。」

亨特利後來跟妻子說這件事的時候，他表示：「這麼有禮貌、有抱負，而且積極進取的男孩，你怎麼能拒絕他呢？」

熱銷全校的木製小狗

有位年輕女學生住在密蘇里州的韋伯斯特格洛夫斯區（Webster Groves），她的興趣是木工，這跟多數女孩截然不同。一有空，她就會跑去父親在家裡地下室的工作台做木工。有一天，她試著用一些薄木片跟線鋸做出一些東西，結果做出一隻小型蘇格蘭㹴犬。加上一根別針，這隻木製小蘇格蘭

犬就成了飾品。其他女同學看到這個飾品驚奇不已，幾乎人人想擁有一件，所以她幫每個朋友都各做一隻。她也因此注意到，幾乎每位姐妹會成員都想在帽子或圍巾上別一隻活靈活現的木製小狗。她開始製作各式各樣的狗，其中以蘇格蘭㹴犬最受歡迎。接著，她針對這些裝飾品收取小額費用。這種小飾品越來越流行之後，開始有商店也想大量進貨，所以爸爸跟兄弟姐妹也加入了幫忙的行列，一起做出幾十種裝飾別針。不久之後，地下室的工作台就成了一個小工廠，所有人都忙著趕工。

這股熱潮不斷延燒，沒過多久，校園裡的每個女孩身上都別了流行的木製小狗別針。順道一提，這位年輕女學生本來沒錢支付大學四年的費用與開銷，現在卻存到不少錢，而且付完學費還有剩。木製裝飾品、鈕扣、腰帶扣、髮夾甚至是耳環，還有火柴盒、托盤、燭台等物品的熱度依舊未減，看來還會繼續流行一到兩季左右。

各種賺大學學費的方法

運動跟遊戲：除了教游泳、網球、高爾夫、滑雪跟其他運動，精通體育的學生也有機會當高中球隊的教練、擔任裁判、在社區俱樂部指導體操、管理夏季高爾夫俱樂部、擔任運動場教練助理、管理溜冰場、在夏令營擔任體育輔導員、在夏天擔任救生員、在俱樂部或教會中組織體育活動。當然，那些參加足球隊或其他球隊的學生就不能做這類工作，不然他們會失去業餘資格，被禁止參加大學體育比賽。教橋牌也是另一種賺錢方式。

課輔與家教：課輔的報酬從每小時 50 美分到 1.5 美元不等。如果大學生能找到夠多學生，收入就會不錯。許多上大學的學生為了滿足入學需求，

都需要針對特定科目的加強與輔導。他們最需要幫助的科目通常是：數學、外語、物理和英文。

音樂： 受過音樂教育的學生可以教社區的兒童或成人音樂課，藉此賺取大學學費與生活費。他們也能在當地音樂學校找到兼職工作，教授聲樂、小提琴、鋼琴和其他樂器。與學生討論出適合的上課時間，這樣就不會影響自己的課業。如果你是優秀的風琴演奏者，或許可以到小教堂擔任風琴師。招募一支大學管弦樂隊，到夏季度假村、酒店或其他娛樂場所演奏賺錢，也是一種選擇。許多學生會在週末到舞廳樂隊演奏，在教堂唱詩班中唱歌也能賺到一點錢。

教師助理： 向學校老師爭取工作機會，找到在實驗室或圖書館中的工作。其他工作機會還有批改課堂論文、檢查學生出勤狀況、監督音樂練習等工作。雖然這種工作的報酬不高，但很值得爭取，因為這就在校園裡，讓你可以趁零星的空閒時間來打打工。

教學： 當地學校通常會提供高年級學生擔任助教的工作機會。這些工作的報酬相當優渥，但條件也很嚴格，跟其他打工的工作比起來也要花更多時間。有些學院的部門會聘用學生負責教學工作，這些職位的報酬通常很優渥。

文書工作： 你可以在校園中、當地商辦單位或零售商店找到這類工作。已經學會打字和速記的學生要盡量好好把握這類兼職工作。除了祕書工作，這些工作還包含整理發票、文件歸檔、模板切割、油印、寫地址與郵寄等。報酬取決於勞動市場規模、所在社區，以及工作的重要性，工資從每小時

15 至 40 美分不等。

提供服務：唸書給病人聽。照顧兒童。替病人按摩。清洗和熨燙衣服。縫補。家務。園藝。顧火爐。洗窗戶。端盤子。替商店送貨。洗碗。外燴服務。到俱樂部、大學宿舍和教堂擔任守衛。鏟雪。拍打地毯。謄打學期論文。當司機。剪草。洗車與汽車打蠟。當球僮。替圖書館送書，以及替商人發傳單……這些都是賺錢的方法。很多大學已經有專門處理這類工作的學生機構，像是洗衣服務、寄宿俱樂部、熨燙與清潔團隊、旅行社、新聞部等單位。如果組織完善、管理得當，負責人就能賺到不錯的利潤，來支付大學期間的學費跟開銷。

雜活零工：學生通常都能在當地的冰淇淋公司、銀行、伐木場與煤場、卡車公司、製造廠、酒店、避暑勝地、汽船公司、修車廠等單位找到兼職工作。這些公司的工作包含各種零工，像是食品檢查員、卡車司機、收銀員、製冰員、旅館服務員、貨運員、汽車維修工、計時人員、銀行職員等。除了兼差打工，這些工作機會通常也能在你畢業後變成正職工作。

手工藝：擅長使用針線、鋸子、畫筆或剪刀的人，通常可以利用放假時間製作手工藝品來賺到不少錢。節日期間能製作和銷售的商品包含：手工編織圍巾、領帶跟新奇的手套，像是冬季運動時可配戴的手套。以學生、歷史人物或寵物貓狗、松鼠為主題造型的剪紙工藝。手繪賀卡。手工手帕。領口與袖口套組。花押字服務。娃娃玩偶。洗衣袋和鞋袋。胸花。布質或紙質封面剪貼簿。衣物防塵套。書架。折疊屏風。船舶或飛機模型。校園內的景點照片。懸掛式書架。印花棉布或絨布坐墊。直接把這些手工藝品賣給學生，

讓他們自己留著或當成禮物送給親友。也可以透過禮品店、婦女交易中心或學生交易中心來出售。

賣糖果：如果你家裡有人很會做糖果，就能以磅為單位把糖果賣給同學。在節日或假期期間，糖果的需求都很大。奶油糖、糖蜜之吻、太妃糖、軟糖、焦糖、楓糖、花生糖、復古薄荷條、蜜餞、塞了餡的棗子或無花果、海泡糖和椰子糖等，這些都非常受歡迎。

促銷與專賣：前面提到的學生組織就屬於這個分類。你也能在校園內販售紀念品、珠寶、新奇小物、食品、水果、刻字卡和其他商品來賺錢。多花點時間經營銷售手工藝品和藝術品的學生交易中心，就能賺到不錯收入。這些比較少見的促銷活動通常是由高年級學生經手處理，也需要比較高的主動性與執行能力。

農場與花園工作：就讀農業或園藝學系的學生，可以考慮幫忙農場擠奶、照顧家禽家畜、採摘水果、打穀、堆放小麥、剝玉米和其他勞動工作來換取食宿以及工資。農業學院還會提供學生工作機會，請學生照顧校園中的農地以及溫室。農業實驗站也會花錢請學生負責完成一些特殊的技術性工作。

專業工作：精通某項專長的人，往往能在特定領域找到報酬優渥的工作。修理無線電、理髮、修理汽車、製作藍圖、排版、修理電器、沖洗照片、木材加工、木工、修理手表，以及各式各樣的工作都有機會。女孩也能靠洗頭、剪髮、美容和修甲等服務來賺到足夠的食宿費用或生活費。

銷售：很多公司喜歡請大學生來銷售產品，而許多大學生也會透過銷售工作來賺取學費，以完成大學學業。商品販售範圍很廣，各式各樣的類型都有，目前比較主流的有：襪類、珠寶、雜誌、糖果、賀卡、書籍、電器、鋁製炊具、育兒照護用品、保險、煤炭、小飾品、新奇小物、滅火器、雞蛋與家禽、廣告、日曆、化妝品、消毒劑、筆和鉛筆套裝、霓虹燈標誌、汽油瓦斯節能器、汽車俱樂部會員資格、潤滑油、鐘表、刷子、女性內衣、男士西裝、襯衫等。

新聞工作：新聞專業的學生則可以為地方報紙或大城市的報紙進行採訪報導。除了能發揮自己的專業，也能順便賺錢。這份工作的報酬是按照版面尺寸來計算。一般來說，學生不需要自己動筆寫，只要打電話向報社報告即可。有天分的學生往往能寫出具發表水準的好文章，大學出版物也是個賺錢的機會。對廣告感興趣的學生，不妨考慮兼差替零售店寫廣告，或是替報紙準備文案。學院的印刷廠是另一個賺錢的管道。你通常可以在當地出版物上找到排版、印刷和校對的工作。除了這些，可能是其他兼職工作，學生或許也會在額外需要人手幫忙的工作尖峰期找到打工機會。

攝影：如果你是一位攝影好手，通常能靠拍攝大型足球賽、田徑賽，或當地有趣的場景來賺外快。把這些照片賣給當地報紙、雜誌或報社集團。當你拍攝照片時，應該要拍出獨一無二的視角，換句話說，影像應該要凸顯某些觀點或想法。你拍出來的照片，必須與同類型的普通照片有所區隔，至少要值得一看。只要仔細審視、觀察目前雜誌與報紙上刊載的影像照片，業餘攝影愛好者就能對攝影市場有更深刻的了解。

重點回顧

- 爭取打工機會的建議：一定要準時。不要害怕與人交談。要動腦筋想辦法。
- 與其說成功靠部分運氣，不如說是勇氣與意志讓人把握住每個機會。
- 精通某項專長的人，往往能在特定領域找到報酬優渥的工作。

12

舉辦受歡迎
的慈善募款

RAISING MONEY FOR CHARITY

複利的本質

只要找到社區居民有興趣、在地商人有利可圖的主題，

慈善活動必能一呼百應。

在經濟大蕭條期間，大家都迫切希望能透過慈善募款來籌措資金，但歷來常見的募款方式已顯得有些不夠力。往年能靠年度慈善集市來籌措資金的教會，發現可支配所得減少後，這項活動的淨收益也大幅降低。嘉年華會曾是美國退伍軍人協會和類似社群組織的主要資金來源，但現在這種活動能募集的資金也相當有限，甚至連慈善舞會也失去了吸引力。不過，對資金的需求已經來到史上新高，負責募集資金的人不得不想些新方法來籌錢。

其中一項相當亮眼的操作，是所謂的古德溫計畫（Goodwin plan），該計畫曾在一段時間內頗為流行。芝加哥的古德溫公司（Goodwin Corporation）跟一批製造商合作，在一份特殊的目錄中列出這些製造商的展品。他們將這些目錄大規模分發給教會工作人員與其他人，並且讓收到目錄的人知道，只要他們幫忙銷售目錄中列出的產品，古德溫公司就會支付他們佣金。數以千計的慈善機構接受這項計畫，當地商人卻集體反對。他們認為這是種競爭，搶走他們商店的生意。想當然，商人都抵制參與該計畫的製造商的產品，反對聲浪強烈到很多人退出這項計畫。

這次經驗點出一個相當重要的問題，而任何舉辦慈善募款活動的人都需要考量這點：原本應該受到社區支持、保護的在地商人與生意人，他們的業務是否會被影響？比方說，多數教會在舉辦活動時做的第一件事是印製慈善節目冊，並以商人願意支付的最高金額把冊子裡的廣告版面賣給他們。教會幾乎或根本沒有考量到廣告對商人的價值。推銷員普遍抱持一種態度，就是他們已經與這些商人合作多年，現在是他們回報的時機。但這些推銷員忽略一項事實：多數情況下，這種廣告是在浪費錢，而商家為了支付營運成本，必須把這些錢加在產品售價上。大型連鎖店的原則很明確，他們絕對不會做這種廣告，所以這個「負擔」就落在獨立商販身上，往往也使他們更難與連鎖店競爭。所以在不知不覺中，這些好心人以為自己在替意義非凡的慈善活動募集資金時，卻將獨立商人逼出所在社區。

基於這個原因，籌備募款活動時，必須注意不要破壞當地社區的經濟生態，也不要挖東牆補西牆。幸好，以下例子提供了許多不會威脅到當地商家生存空間的籌款方式。

大受歡迎的嬰兒節目

　　每個人都愛嬰兒，最能吸引社區母親興趣的莫過於嬰兒表演與比賽了。由於這種表演的本質在於讓母親把嬰兒盡可能打扮得可愛討喜，所以不僅是種募款方式，更能間接帶動當地商店嬰兒產品的銷量。當地商人通常很樂意配合這種活動，還會張貼海報跟廣告大肆宣傳。

　　想在假期節日舉辦嬰兒表演，方法有很多種。最受歡迎的方式是讓嬰兒的母親帶嬰兒來展示、接受評比。跟當地商人合作，在教堂大廳或舉辦比賽的場地展示嬰兒用品，並向他們收取總銷售額的一定比例作為佣金。如果社區夠大，比賽就能接連舉辦數天，每天評比不同年齡組別的嬰幼兒。由當地醫生組成的委員會會很樂意擔任評審。如果場地允許，也能每小時舉辦一次關於不同成長階段的嬰兒照護講座。收取門票，並舉辦門票抽獎活動，也是一種活動方式。雖然嬰兒表演活動能籌到的資金相當有限，但從宣傳的角度來看，這種活動卻相當有優勢。報紙絕對會大幅報導這種活動，因為多數讀者都覺得這種報導讀起來很有趣、有共鳴。

刺激有趣的舊物出售

　　這項策略是讓所有想參與慈善活動的人，有機會把他們擁有但用不到的東西捐給慈善機構來拍賣、協助募集資金。這些免費捐贈給慈善團體的物品會被帶到拍賣會場，每個「獎品」都被裝在一個盒子裡或單獨包裝。如果想參加拍賣活動，就要付門票錢，通常是 25 美分。買票入場的人會被分成二十人一組，每組要圍成一個圈坐下。坐好之後，圈圈中的每個人都會拿到一個包裹，但他或她不知道裡面裝了什麼，只知道裡面是某人擁有但不需要的物品。活動主持人會要求每個人將手上的包裹傳給左邊的人，並一直傳下去，鈴聲響起時停止動作。一聽到鈴聲，每個人會打開包裹的蓋子或掀開包裝紙，看看裡頭是什麼，但不能讓隔壁的人看到。每個人有三分鐘時間檢查。想要保留手上包裹的人可以退出圈外。鈴聲再次響起，剩下來的人繼續交換包裹。之後鈴聲會再度響起，圈圈中的人再次檢查包裹、決定是否要保留。活動就這樣反覆進行直到每個人都拿到一件包裹為止。這種活動會設定時間限制。時間一到，剩下的人必須在最後一聲鈴響起時帶走手中的東西。這種噱頭每次都能吸引很多興致高昂的民眾來參加，但其實這只是用新奇的手法來包裝大家都很熟悉的摸彩活動而已。每場活動通常都能賣出兩百張票，這代表總共會有十組人，能賺進 50 美元的利潤。一年只要舉辦十場，你的慈善機構就能賺進 500 美元。當然，在某些社區，入場門票能賣到 35 或 50 美分，淨額也會隨之提高。這種活動通常不需要任何開銷，門票錢就是直接收益。

家庭裝潢系列講座

　　這些講座通常是跟當地傢俱店、瓷器店、地毯商、珠寶商等合辦的，並且會有五到七位婦女提供自己的住家作為講座場地。

　　第一場講座可能是關於古董傢俱。合作的商人會在舉辦講座的家中擺放傢俱，並且在一邊講解的同時替居家空間布置擺設。第二場講座可能是關於水晶，講師會在活動開始前，擺好一張展示各種水晶杯的桌子。第三場講座可能會討論東方風格地毯，這種物件對女性來說相當有吸引力。當地的地毯經銷商會很樂意在舉辦講座的住家展示他們販售的地毯。第四場講座則能談談瓷器。這類居家空間講座的主題不計其數：亞麻布製品、蕾絲、銀器、掛畫、燈具，任何能用來裝飾居家空間的東西都行。為了獲得最大效益，應該要提前販售整個系列講座的門票，以套票形式開一個象徵性的價格，比方說五場講座 1.5 美元，七場 2 美元。選擇販售系列套票而不是讓參與者在入口處支付每場講座的費用，這個做法的好處在於能確保不會有其中一場講座沒人參加。這種講座對當地商人來說是很棒的廣告，他們通常願意提供門票抽獎的獎品。準備好講座的海報，把海報貼在合辦講座的商店中。對於婦女俱樂部和教會等這類有演講廳的組織來說，這項策略特別有利可圖，因為比起在社區的私人住家舉辦講座，把活動辦在這種演講空間能賣出更多門票。

當地商店的試用品之夜

　　這是另一個能支持當地獨立商店對抗連鎖店的點子。想要成功舉辦這類活動，就需要一間大廳，然後以象徵性的價格將展示空間租給當地商人，比方說 5 到 10 美元。為了爭取生意，商人會盡可能與眾多供應商合作，展示

眾多精挑細選出來的商品，並在攤位上發放試用品。參展者能分發的試用品數量沒有限制，所以食品店能發早餐食品、咖啡試吃包，藥店能發放肥皂、牙膏和藥品的試用品，菸草商能提供香菸跟菸草等樣品，糖果店則能發放口香糖跟糖果試吃品。在大多情況下，這些樣品都是由製造商免費提供給商家，製造商的廣告預算中就涵蓋這類試用品的成本了。如果受到邀請，有些製造商會很樂意派代表來準備食物或展示產品。為了吸引觀眾，應該要安排一些很有吸引力的活動或噱頭，通常還會舉辦門票抽獎活動。這種樣品之夜相當受歡迎，每張 25 美分的門票很容易就銷售一空。事實上，收取適當的費用本來就是必要的，這樣才能控制入場的兒童數量。不只如此，舉辦這類活動也應該要與造紙廠合作，替每一位參加活動的人提供一個手提大紙袋，讓他們將試用品帶回家。藉由讓參展者販售他們展示的產品來增加收入，除了跟他們收取空間租金，也能向他們收取銷售額的一小部分作為佣金。

聖誕布丁銷售

食品銷售基本上就是一種無往不利的慈善募款法，如果能將地點安排在市中心的商店那就更棒了。威斯康辛州伊格爾河（Eagle River）有位五金商人將他的商店提供給一座教堂使用，每年固定有一天上午舉辦烘焙品銷售活動，特色是在銷售過程中示範烘烤過程。一位販賣電爐的當地代理商會提供電爐做展示，而在烘焙銷售過程中順便賣出去的電爐收益，則有 10％ 會歸給教會作為募款資金。新英格蘭的另一個慈善組織每年會在感恩節前幾天，舉辦聖誕布丁與肉餅銷售活動，通常都會賺到 1,000 美元以上。復古的英國李子布丁在這種銷售活動中，每磅能賺進高達 1 美元的利潤。一般來說，發起活動的組織會購買烘焙用食材，然後大家在烘焙專家的指導之下幫忙製作

布丁，肉餅也是這樣製作而成的。

有趣的接力午宴與卡牌聚會

這個點子特別適合郊區的社區。組織的每個成員邀請四個人到家裡吃午餐聚會，而每個人又各自邀請另外四個人在下週到家裡參加午餐宴會。這樣不斷反覆進行，直到社區中每個人都受邀參加過為止。

每位女主人都要規畫午餐後的活動。有些人會邀請客人帶自己的縫紉或編織品來，有些人打牌，有些人讀書。這個方法的好處在於，這不會讓任何一位女主人壓力太大。午餐的經費是由每一位客人支付 50 美分或 1 美元來籌集。為了確保活動能成功進行，指定的委員會成員會追蹤每一場午餐會的賓客，確保他們有在隔週邀請人到家裡吃午餐、不讓這個連鎖活動斷掉。這個概念也能套用在晚上的卡牌聚會上。但在這種情況下，主人要邀請的不是四個人，而是四對夫妻。為了讓牌局更有趣，就必須制定規矩，而且每天晚上打牌一定要玩到固定局數。一系列活動結束時，積分最高的人能獲得大獎，這樣就不必針對每場聚會安排獎項，不然利潤可會大打折扣。

佛羅倫斯博覽會

替教會或慈善機構籌措資金，最古老也最可靠的方法之一是舉辦集市。不過，由於民眾對集市已司空見慣，所以需要端出更厲害的噱頭來吸引人群。

一座郊區教會就將集市稱為佛羅倫斯集市，成功吸引大批人潮。舉行集

市的禮堂被裝飾成義大利佛羅倫斯的街景。攤位上和空間四周都掛著色彩繽紛的裝飾，參加者也會穿上別緻的義大利服飾。集市的一大特色是露天餐廳，民眾一走進餐廳就能看到一串串的大蒜，以及各種令空間洋溢著佛羅倫斯街頭咖啡館氛圍的擺飾。還有街頭歌手彈奏義大利歌謠，增添現場活潑熱鬧的氣氛。

為了吸引人潮，他們與義大利美食進口商合作，在集市上設立一個攤位。家裡有義大利掛飾或傢俱的組織成員都必須借出這些傢飾品。最受歡迎的是攤位上有一群黑髮花童的鮮花攤位，其他像是義大利手工藝品攤位也很熱門。

這場集市非常成功。這座教堂舉辦的普通集市能賺到 1,000 美元的收入，而有了佛羅倫斯氛圍加持，集市的收入超過 3,000 美元。其中，也有部分要歸功於當地報紙大幅報導這場集市的消息，因為讀者對於這種資訊通常都特別有興趣。

1 英里硬幣的噱頭

這個點子是鼓勵組織的所有成員和他們的朋友，將他們的便士存在小布袋中。每個袋子裡有 16 個便士，這些便士排在一起就是 1 英尺的便士。發放袋子時，會在每個袋子上貼標籤，讓收到的人知道袋子的用意。由於 1 英尺有 16 個便士，1 英里有 5,280 英尺，如果所有袋子都裝滿並回收，組織就能獲得 844 美元又 80 美分。

全年營運的二手商店

一些婦女俱樂部已經找到獲得穩定收入的方法，就是將閒置的商店空間拿來出售各成員丟棄的物品，或是希望以寄賣方式脫手的東西。一般來說，組織會要求每位成員每個月撥出一天時間來顧店。如果商店利潤夠高，就能雇用一名長期服務員。要是想要增加商店收入，就增設一座流通圖書館，圖書館內的書籍由組織成員捐贈。由於圖書館是為了慈善而設，所以不收固定的租書費用。借書者應該在能力所及範圍內協助組織。他們會將自己願意捐獻的金額，放進貼在書封內的一個小信封袋中，信封袋上印有一段解釋這場慈善活動之計畫與目的的文字。

這種商店另一個不錯的收入管道是銷售針織紗線。有一家這種類型的商店，就請了身為編織專家的組織成員，每週撥出一個下午的時間在現場指導編織。紗線是根據需要，以批發的方式進貨，所以不需要投資太多經費在上面。

萬年不敗的寵物表演

每座社區通常都有一些居民對自家的寵物狗感到自豪，他養的可能是觀賞犬、獵犬、看門狗，或者是一般常見的狗。不管是哪種的狗，主人永遠都覺得自己的狗最棒。想要好好利用社區居民的愛狗天性，就舉辦一場狗展吧。得獎的狗可以獲頒絲帶製成的獎章。由於參賽的品種很多，而且不一定是純種狗，所以可將獎項分為最小的狗、最大的狗、最漂亮的狗、最有趣的狗、最聰明的狗、尾巴最長的狗，會最多花樣的狗、耳朵最大的狗等。

無往不利的鄉村博覽會

這是另一種形式的集市，在城市特別流行。舉辦集市的人通常會租一座穀倉，每位參加集市的人都穿上合適的服裝，例如工作服、牛仔襯衫或格子布裙。集市的特色是復古的穀倉舞。鄉村集市的各種特色噱頭，也能拿來吸引更多人潮與收入。

銷售洋李乾與杏桃

一支男子童軍隊在社區挨家挨戶拜訪宣傳，接到許多聖塔克拉拉谷洋李乾與杏桃的訂單，這讓他們賺到了足夠的錢來購買所有必要設備，而且還有多餘的錢能花在戶外活動上。頒獎給賣出最多箱產品的童子軍。他們的運作方法是這樣的，與聖塔克拉拉谷的一家包裝公司合作，在產季運送果乾來賣。這個點子也能用在山核桃或其他特產上。由於洋李乾是人人都愛、人人都吃的食品，需求量相當大，多數家庭主婦都願意一箱一箱購買，同時也能幫助這些男孩。

階段式午宴與造型秀

有些人反對以舉辦午餐會的方式來替慈善活動籌措資金，原因之一是難以滿足群眾的需求。要克服這個障礙，可以在同一個街區找四到五個人，每個人在家提供一道午宴菜餚。所以說，開胃菜在第一家吃、主菜在第二家、沙拉在第三家，甜點又在第四家。如果居家空間有限、需要服務的人數太

多，賓客能輪流來用餐。

為了讓午宴更有趣，也可以同時舉辦造型秀或是類似的活動。在第一個家庭，可能會有當地專賣居家服飾的服裝店來展示居家服。在第二戶人家，可能會有運動服裝跟女帽的展示活動。再到另一戶人家用餐時，則能順便欣賞適合下午穿的洋裝。在最後一戶人家，則有晚禮服跟披肩的展示活動。在每戶人家展示的服裝都能當場出售，而組織午宴的人則能從銷售中獲得佣金。

春季花園嘉年華

伊利諾州埃文斯頓的露天花卉與花園銷售活動已成為一項傳統，這場活動是由埃文斯頓的花園俱樂部主辦。這個活動在城市廣場舉辦，時間為兩到三天。俱樂部成員將前一季的種子與球莖保存起來，放在信封裡銷售。每個信封上都有這些種子的種植人姓名。其他俱樂部成員也會從自己的溫室或溫床中提供盆花。除此之外，還能以抽佣金的方式幫忙銷售陶器製造商的產品，並邀請當地商家參與，販賣各種園藝工具和用品，並請他們支付少量佣金。除了春天的鮮花與花園配件，還能增設一個小吃攤跟一些常見的攤商，這樣就能讓街頭集市成為受年輕人歡迎的活動。

歡聲舞動的「好運」慶典

慈善活動的另一個形式，是在濃厚的加州淘金熱氛圍下舉辦集市。這種慈善活動的主要賺錢手法是舞廳，舞廳裡擺放各種賭博設備以及賭桌。在禁

止賭博的城市，出席者會在入口買一包代幣，在各種遊戲桌上代替貨幣來使用。晚會結束時，手上持有最多代幣的人就能獲得獎品。宣傳活動的手法百百種，有個組織在集市開幕前幾天，在街上拉著一輛老式的馬拉篷車跟一列牛隊遊行來吸引群眾注意。

春季花園導覽

如果你的社區內有特別精心規畫的花園，慈善組織就能跟花園主人談合作，在每年春天開放一天讓遊客參觀，賺取豐沛資金。遊客要買門票才能入園，入場時要將門票撕掉，以利辨識門票已經使用過了。一本十張門票的價格通常是 50 美分。

「金錢翻倍」競賽

比賽開始時，每位組織成員都能從組織經費中得到 1 美元。比賽規則是，參加者應該善用這筆錢買些東西來製作或出售，並在比賽結束時繳回至少 2 美元。當然，如果能用 1 美元賺超過 2 美元更好。評比的基準是，把 1 美元翻倍數量最多的人就能獲得獎品。

「最珍貴的收藏」展覽

住著數戶富裕家庭的社區，每個家庭通常會有一些值得收藏的物件，例如藝術品、書籍、披肩、裝飾品、郵票或硬幣收藏、蕾絲或其他珍貴的寶物。負責舉辦活動的委員會，會邀請這些人在特定日期將這些物件擺放在社區中的一座大房子裡展覽。製作活動邀請卡，上面列出每件展品的有趣細節和展出者的姓名。將邀請卡發給附近任何可能會感興趣的人，並歡迎他們帶朋友來參觀。你可以向參觀者收門票，如果現場有提供茶水，也能讓賓客自行捐款。

有求必應的女服務員公司

紐約女孩俱樂部聯盟（The New York League of Girls' Clubs）需要錢。這是柯特蘭特・巴恩斯（Courtlandt D. Barnes）夫人最喜歡的組織，她必須負責想出賺錢的辦法。為了募集資金，她偶爾會打電話向聯盟中的女孩求助，請女孩幫忙解決各種問題。聯盟中總會有人知道誰能完成特定需求。

有了這些經驗，巴恩斯夫人發現她可以成立一個替聯盟賺錢的組織。與幾位朋友討論後，大家都覺得這個想法可行，所以她成立了女服務員公司。路易絲・埃文斯（Louise Evans）小姐被指派為負責人，並有一位助理。這兩人是公司裡唯一領全職工資的人。後備人員中還有一批兼職員工。當然，所有利潤都歸聯盟所有。

該組織打造了一支能滿足任何緊急需求的員工團隊。客戶可能需要飛行教練、能管理公寓的人、接待外地賓客的人、年長女伴、看護、水電工、嬰兒照顧者，或是想要出遊穿搭的建議、禮儀函授課程、想知道通往各地的安

全交通方式。埃文斯小姐會爽快答應幫客戶解決這些問題，還能派人幫你在週末搬辦公室、請人收購客戶的舊衣服並協助賣出、請人替客戶撰寫文件跟演講稿、幫忙寫信、送孩子上學或回家過節。對她來說，沒有任何事是處理不來的。女服務員公司成立以來，聯盟賺了數百美元，也替許多需要工作的人找到工作機會，更迅速解決不少商人或家庭主婦的困擾。

重點回顧

- 民眾對一般集市已司空見慣，必須設法端出更厲害的噱頭來吸引人群。
- 小孩和寵物，永遠是受歡迎的主題。
- 集結社區居民的力量，讓每個人都能出一份力，提高參與感。

13

第一桶金之後

BEYOND THE FIRST THOUSAND

複利的本質

「現在我有了賺錢的祕訣，什麼事都辦得到。」

如果你是這麼想，現在的你非常危險！

在近期經濟蕭條期間，有句金玉良言聽來特別讓人印象深刻，這句話的大意是賺錢比守錢容易。想賺到第一桶金的人只需要抓住機會，而且如果他能聰明運用自己的能力，就絕對會換來一定程度的成功。在正常情況下，他應該也能輕鬆賺到第一桶金。在前面章節，大家已經讀到數以百計的男女是如何賺到第一桶金，但第一桶金畢竟只是第一階段，一隻腳踏上階梯後，你就會面臨各種誘惑。這些誘惑其實一直存在，只是當你專心賺第一桶金時不會受到這些誘惑影響。

首先，有一種誘惑是你現在已經有錢了，那就休息輕鬆一下吧。你打了一場漂亮的仗，而且贏了。身為正常人的你，理所當然會認為有充分理由享受努力換來的回報。所以你買了新車、去旅行，或是做了其中一件你計畫賺到錢後要做的事情。但是，只是發生一件好事，不代表未來會永遠光明美好。如果你現在大肆揮霍過好日子，晚年淪落到只能靠國家或親戚維持生計，那也只能怪自己。

真正考驗你業務能力與成功本錢的挑戰根本還沒結束，還在等著你去克服。你會拿著這第一桶金，把這筆錢當成巨大財富的幼苗，讓自己出人頭地嗎？或是你打算像個小男孩那樣，把自己在週六晚上拿到的 1 角硬幣拿去隨便花掉呢？你可能跟成千上萬人一樣，都覺得：「現在我有了賺錢的祕訣，什麼事都辦得到。」這種想法相當危險，因為你的處境更有可能吸引一些不懷好意者的注意，那些不懷好意者正在尋找銀行裡有第一桶金的「傻瓜」。很快，鎮上就會傳出你正在賺錢、手頭寬裕，甚至很富有的消息。民眾會開始向你「提議」，其中會有人提出不用工作就能賺錢的萬全之策，像是你只要買一家新創公司的股票就行了。另一人則會提供油田租約的內線消息，只要你夠聰明現在入股投資，就能輕鬆賺到 100 萬美元。

不要搞錯了，每個靠投機取巧賺到 1,000 美元的人，最後都會把錢輸光。目前還沒有人真的找到一種方法，能讓你不需勤奮認真工作就能賺到

錢，占有一席之地。

　　一般來說，照別人的遊戲規則走是賺不到錢的。無論對方要你投資企業的理由聽來多合理，請記住，十家新公司中有九家會倒閉。你只有十分之一的機率能拿回自己的錢。許多成功的商人都制定了一項鐵律，就是不把錢投到他們無權掌控的公司企業中。但這不代表他們不會投資有長期盈利記錄的老牌公司的普通股，這比較像投資而非投機。但他們不會把錢丟到新企業中，除非他們有公司掌控權。

資深金融家的肺腑之言

　　美國前財政部長安德魯・梅隆（Andrew Mellon）在 1929 年經濟崩盤前受訪指出，多數普通股的價格過高，並暗示市場上的人將錢投入債券。他提出十一條投資理財的原則。當你已經賺到第一桶金、迫不及待想花錢，而且還在思考如何不勞而獲地錢滾錢時，務必謹記這些原則。梅隆先生的十一項要點如下：

　　「不要購買你不了解的礦場股票。不要被遠方礦場的美好承諾所迷惑。」

　　「除了超級有錢人，沒有人有本錢玩得起油田。」

　　「專利代表的有可能只是訴訟權而已。心懷不軌的人會剝削每一項重要的發現和發明，而其中有些人除了承諾之外什麼都沒有賣。」

　　「你真的想買沼澤嗎？有些房地產推銷員會把沼澤包裝成『海岸線』賣給你。如果要買房地產，請買離家近的地方。」

　　「要注意那些透過郵件銷售的新公司。他們可能永遠賺不了比工資更多的錢，而且賺來的錢還全部花光了。」

「一定要親自審核、調查新的製造方法。」

「『要買要快，不然就來不及了。』這是高風險股票銷售員最愛用的話術。聽到這種話要有所警覺。」

「碰到聽起來很迷人的現金折扣或股票紅利的報價，也要有所警覺。」

「銀行業者會告訴你，股票市場的『提示』一點價值也沒有。不要以為你能與企業發起人享受同等利益。」

「有錢人才有本錢做投機買賣。如果他輸錢，還有其他錢在銀行裡。小散戶玩不起。永遠不要把手頭上全部的錢丟進股市。」

「以別人的成就為基礎而組成的公司的股票，很少會有好的結果。不要把你的錢丟到別人的夢想中。」

你會說這個建議還不錯，不過看看那些把錢投到福特公司、標準石油公司和其他如今眾所周知的企業，那些投資者所創造的財富。假如他們只投資房地產，現在會是什麼光景？

你永遠贏不了「內線」

每項規則都有例外。有些人一輩子玩股票，也賺了錢。有些人玩賽馬，賺到不少錢。有些人買了路易斯安那州的彩券，也中獎賺了成千上萬美元。但永遠別忘了，**你是不可能贏過「內線」的**。如果你玩股票、賽馬和撲克的時間夠久，股票經紀人、賭馬業者跟內線就會把所有錢贏走。很多富裕的銀行家有 6% 的收益就很滿意了，而許多投機者或賭徒玩到最後只剩窮困潦倒。他們雖然能快速賺錢，但也很快就會把錢輸光了。這種人通常都晚景淒涼。

根據一家大型保險公司分析，終生投資的平均收益不到 4.5%。這樣一

說，大家就能發現，這比金邊債券的收益還少。除了債券跟抵押貸款帶來的常規收益，大家通常會認為這輩子還能靠其他投資來獲得大量收益。事實正好相反。在一段時間內，投機性買賣的報酬率已確定比金邊證券還低。

這不難理解。假設你真的在一些「長線」投資中賺到 10% 或 15%。下一次，你有可能會輸掉全部的錢，而這種損失會遠超過你之前贏到的總額。在還沒有足夠判斷力之前就把錢投資在無用的股票上，那不僅會損失本金，還會損失比複利高出 4 倍、5 倍的金額。

具體說明複利的本質

為了清楚說明前面提到的論點，我們舉兩位商人為例。一位是你，另一位是你的朋友。某家大飯店的股票在出售時，你們的銀行裡各有 1,000 美元，當時你們都剛好 30 歲。

你朋友被豐厚紅利的承諾沖昏頭，把 1,000 美元全部拿去買飯店股票，結果慘賠。把錢拿去投資別人的夢想，這對你來說完全沒有吸引力，所以你買了另一家經營長久且商譽良好的企業債券，利率為 6%。

我們再進一步假設，你及時將債券的利息再拿去投資其他禁得起考驗、利率 6% 的證券，因為你每半年都能固定領到債券的利息。

五十年過去，現在你已經 80 歲、準備退休。我們來看看你現在有多少財產。40 歲時，你投資在金邊債券的 1,000 美元已經成長到 1,806 美元。到了 50 歲，攀升到 3,262 美元。60 歲時，繼續上升來到 5,891 美元。70 歲時，更是狂飆成長為 10,640 美元。來到 80 歲，也就是現在，你原本的 1,000 美元經過一點一滴的滋養與守候，已經成長到將近 2 萬美元。按照 5% 的比例來投資，在你的餘生中，每年將有 1,000 美元的收入。

秉持保守心態和銀行家的謹慎態度來投資，你在一開始的投資中賺了 1 萬 9,000 美元，但你朋友決定承擔高風險追逐最大回報，損失 2 萬美元。這就是謹慎投資跟投機買賣之間的區別。你要擔心的不是輸掉本金，而是把複利一起賠光。了解複利的概念，你肯定會豁然開朗。

商業人士的最佳投資

想要安全投資，方法其實很多。有些人認為建設與貸款協會最保險，有些人則傾向於有擔保價值的優質財產，有些人認為除了上市債券之外其他都不要碰，還有一些人偏好歷久不衰的特別股。坦白說，市面上並沒有所謂「最理想」的投資法。某種投資對某人來說或許很優，但對另一個人來說可能就非常不理想。除了投資標的本身的價值，這還取決於許多條件。

在經濟大蕭條的環境下，分散投資風險的古老智慧始終屹立不搖：不要把所有雞蛋放在同一個籃子。累積一定比例的儲蓄之後，不妨挪出其中一部分，拿來購買你認為可能會升值、有長期分紅記錄的上市股票。除非你有能力承受損失，而且也不需要額外收入，否則不要以投機的方式來買賣上市股票。

購買比較基本入門的經典股票，挑選一個與國家繁榮密切相關（目前經濟不景氣）的產業。

購買具有高擔保價值的債券，換句話說，就是銀行會同意讓你抵押貸款，最高可達價值 80% 的債券。你永遠不曉得什麼時候會出現需要你快速籌錢的突發狀況。也許你需要的金額可能只比債券的擔保價值多一點，在這種情況下，你必須在價值下跌時把債券賣掉。擔保價值高的債券通常是「登記上市的」，這是另一項優勢。

盡可能購買大面額債券，因為銀行家或經紀人在出售你的債券時會收取小額手續費。一般而言，這個費用是以 1,000 美元為單位。比起掌握大量的嬰兒債券，掌握幾張高面額的債券還比較容易。只有在你想單賣其中一張債券時，擁有五張 100 美元債券而非一張 500 美元債券才有意義。不過對商人來說，用債券來借錢比直接把債券賣掉還要好。

　　不過對於一位商人來說，很少有外部投資能贏過自己的生意。你或許不會想要把錢全部拿來拓展自己的業務，但是碰到那些笑你把業務收入拿去投資建築物或設備很蠢的人，絕對要當心。他們會慫恿你把盈餘拿去投資股票市場，並告訴你能藉此賺個 10％ 或 20％，但事實上你頂多只能賺 5％ 或 10％。

未雨綢繆

　　賺錢不僅是為了讓資本帶來利潤與回報。當你把錢放回自己的事業，是在保護業務不受下一個經濟週期的谷底震盪影響。永遠別忘了，景氣跟生意有可能會下降，當然也有可能回升。如果你有自己的事業，工廠與設備的開銷都已付清，而且沒有背債，那不管景氣多蕭條都不用害怕。你已經替自己打造出一個能遮風避雨的港灣。不管別人怎麼說，在經濟起伏跌宕的國家內，身邊這個能遮風避雨的港灣是最有用的。多數人在潮水來臨時大賺錢，潮水退去時把錢賠光了。所以說，如果你是明智的生意人，就會懂得利用好時機在潮水退去那天把錨拋上岸。

　　永遠不要趨之若鶩追隨一大群人的行動。金融界中所有偉大的富豪，都是靠「與人群唱反調」來累積財富的。換言之，永遠不要在買家多於賣家時買入，也不要在賣家多於買家時賣出。大家狂買時你要賣，大家狂賣時反而

要買。引用知名金融作家赫伯特‧卡森（Herbert Casson）的名言：「多數人在景氣好時很樂觀，蕭條時則態度悲觀，這是天經地義的現象。但真正會賺錢的人，反而是在繁榮時期悲觀、在蕭條時期樂觀的人。**要買就要跟悲觀者買，要賣就要賣給樂觀的人。**」投資第一桶金時遵循這個建議，就能賺很多錢。

重點回顧

- 每個靠投機取巧賺到錢的人，最後都會把錢輸光。
- 照別人的遊戲規則走是賺不到錢的。無論對方要你投資企業的理由聽來多合理，請記住，十家新公司中有九家會倒閉。
- 有錢人才有本錢做投機買賣。小散戶玩不起。永遠不要把手頭上全部的錢丟進股票市場。
- 不要隨便把你的錢丟到別人的夢想中。
- 你永遠贏不了內線。
- 如果你有自己的事業，而且沒有背債，不管景氣多蕭條都不用害怕。你已經替自己打造出一個能遮風避雨的港灣。

複利的本質

One Thousand Ways to Make $1000

作　　者　F.C. 米納克（F.C. Minaker）
譯　　者　溫澤元
主　　編　林玟萱

總 編 輯　李映慧
執 行 長　陳旭華（steve@bookrep.com.tw）

出　　版　大牌出版 / 遠足文化事業股份有限公司
發　　行　遠足文化事業股份有限公司（讀書共和國出版集團）
地　　址　23141 新北市新店區民權路 108-2 號 9 樓
電　　話　+886-2-2218-1417
郵撥帳號　19504465 遠足文化事業股份有限公司

封面設計　FE 設計葉馥儀
排　　版　新鑫電腦排版工作室
印　　製　中原造像股份有限公司
法律顧問　華洋法律事務所　蘇文生律師

定　　價　480 元
初　　版　2023 年 12 月

有著作權　侵害必究（缺頁或破損請寄回更換）
本書僅代表作者言論，不代表本公司／出版集團之立場與意見

電子書 E-ISBN
9786267378182（PDF）
9786267378199（EPUB）

國家圖書館出版品預行編目資料

複利的本質 / F.C. 米納克（F.C. Minaker）著；溫澤元 譯 . -- 初版 .
-- 新北市：大牌出版，遠足文化發行，2023.12
416 面；17×22 公分
譯自：One thousand ways to make $1000
ISBN 978-626-7378-20-5（平裝）
1. 商業管理　2. 行銷管理　3. 職場成功法

112017912